Gil TAVARES

1 million de décimales de pi (π)

Le premier million de chiffres du nombre Pi

ISBN : 9798374045048

Imprimé à la demande par Amazon

Mais combien cela fait, π ? La réponse est souvent 3,14. Les plus pointilleux poussent parfois jusqu'à 3,1416, un arrondi bien loin de la réalité.

Le nombre pi (π) est un nombre mathématique qui représente le rapport entre la circonférence d'un cercle et son diamètre. Il est égal à environ 3,14159, mais sa valeur exacte n'est pas connue car il est considéré comme un nombre irrationnel, c'est-à-dire qu'il ne peut pas être exprimé comme un quotient de deux nombres entiers. Il est utilisé dans de nombreux calculs mathématiques, tels que la géométrie et la trigonométrie.

On connaît désormais 62 800 milliards de décimales du nombre Pi. Si l'on devait imprimer l'intégralité du nombre π cela représenterait quelque 62 millions de livres comme celui-ci, qui ne contient que les 1.000.000 premières décimales.

Pour les amoureux des mathématiques.

Le premier million de décimales de pi (π)

3.14159265358979323846264338327950288419716939937510582097494459230781
6406286208998628034825342117067982148086513282306647093844609550582231
7253594081284811174502841027019385211055596446229489549303819644288109
7566593344612847564823378678316527120190914564856692346034861045432664
8213393607260249141273724587006606315588174881520920962829254091715364
3678925903600113305305488204665213841469519415116094330572703657595919
5309218611738193261179310511854807446237996274956735188575272489122793
8183011949129833673362440656643086021394946395224737190702179860943702
7705392171762931767523846748184676694051320005681271452635608277857713
4275778960917363717872146844090122495343014654958537105079227968925892
3542019956112129021960864034418159813629774771309960518707211349999998
3729780499510597317328160963185950244594553469083026425223082533446850
3526193118817101000313783875288658753320838142061717766914730359825349
0428755468731159562863882353787593751957781857780532171226806613001927
8766111959092164201989380952572010654858632788659361533818279682303019
5203530185296899577362259941389124972177528347913151557485724245415069
5950829533116861727855889075098381754637464939319255060400927701671139
0098488240128583616035637076601047101819429555961989467678374494482553
7977472684710404753464620804668425906949129331367702898915210475216205
6966024058038150193511253382430035587640247496473263914199272604269922
7967823547816360093417216412199245863150302861829745557067498385054945
8858692699569092721079750930295532116534498720275596023648066549911988
1834797753566369807426542527862551818417574672890977772793800081647060
0161452491921732172147723501414419735685481613611573525521334757418494
6843852332390739414333454776241686251898356948556209921922218427255025
4256887671790494601653466804988627232791786085784383827967976681454100
9538837863609506800642251252051173929848960841284886269456042419652850
2221066118630674427862203919494504712371378696095636437191728746776465
7573962413890865832645995813390478027590099465764078951269468398352595
7098258226205224894077267194782684826014769909026401363944374553050682
0349625245174939965143142980919065925093722169646151570985838741059788
5959772975498930161753928468138268683868942774155991855925245953959431
0499725246808459872736446958486538367362226260991246080512438843904512
4413654976278079771569143599770012961608944169486855584840635342207222
5828488648158456028506016842739452267467678895252138522549954666727823
9864565961163548862305774564980355936345681743241125150760694794510965
9609402522887971089314566913686722874894056010150330861792868092087476
0917824938589009714909675985261365549781893129784821682998948722658804
8575640142704775551323796414515237462343645428584447952658678210511413
5473573952311342716610213596953623144295248493718711014576540359027993
4403742007310578539062198387447808478489683321445713868751943506430218
4531910484810053706146806749192781911979399520614196634287544406437451
2371819217999839101591956181467514269123974894090718649423196156794520
8095146550225231603881930142093762137855956638937787083039069792077346
7221825625996615014215030680384477345492026054146659252014974428507325
1866600213243408819071048633173464965145390579626856100550810665879699
8163574736384052571459102897064140110971206280439039759515677157700420
3378699360072305587631763594218731251471205329281918261861258673215791
9841484882916447060957527069572209175671167229109816909152801735067127
4858322287183520935396572512108357915136988209144421006751033467110314
1267111369908658516398315019701651511685171437657618351556508849099898
5998238734552833163550764791853589322618548963213293308985706420467525

376576183515565088490998985998238734552833163550764791853589322618548
963213293308985706420467525907091548141654985946163718027098199430992
448895757128289059232332609729971208443357326548938239119325974636673 0
583604142813883032038249037589852437441702913276561809377344403070746
921120191302033038019762110110044929321516084244485963766983895228684 7
831235526582131449576857262433441893039686426243410773226978028073189
154411010446823252716201052652272111660396665573092547110557853763466 8
206531098965269186205647693125705863566201855810072936065987648611791 0
453348850346113657686753249441668039626579787718556084552965412665408 5
306143444318586769751456614068007002378776591344017127494704205622305
389945613140711270004078547332699390814546646458807972708266830634328 5
878569830523580893306575740679545716377525420211495576158140025012622 8
594130216471550979259230990796547376125517656751357517829666454779174
501129961489030463994713296210734043751895735961458901938971311179042 9
782856475032031986915140287080859904801094121472213179476477726224142
548545403321571853061422881375850430633217518297986622371721591607716
692547487389866549494501146540628433663937900397692656721463853067360 9
657120918076383271664162748888007869256029022847210403172118608204190 0
042296617119637792133757511495950156604963186294726547364252308177036 7
515906735023507283540567040386743513622224771589150495309844489333096
340878076932599397805419341447377441842631298608099888687413260472156
951623965864573021631598193195167353812974167729478672422924654366800
980676928238280689964004824354037014163149658979409243237896907069779
422362508221688957383798623001593776471651228935786015881617557829735
233446042815126272037343146531977774160319906655418763979293344195215
413418994854447345673831624993419131814809277771038638773431772075456
545322077709212019051660962804909263601975988281613323166636528619326
686336062735676303544776280350450777235547105859548702790814356240145
171806246436267945612753181340783303362542327839449753824372058353114 7
711992606381334677687969597030983391307710987040859133746414428227726 3
465947047458784778720192771528073176790770715721344473060570073349243
693113835049316312840425121925651798069411352801314701304781643788518 5
290928545201165839341965621349143415956258658655705526904965209858033 8
507224264829397285847831630577775606888764462482468579260395352773480
304802900587607582510474709164396136267604492562742042083208566119062 5
454337213153595845068772460290161876679524061634252257719542916299193
064553779914037340432875202888903995079475729174642635745525407900146
135711136941091193932519107602082520261879853188770584297259167781314 9
699009019211697173727847684726860849003377024242916513005005168323364 3
503895170298939223345172201381280696501178440874519601212285993716231 3
017114448464090389064495444006198690754851602632750529834918740786680 8
818338510228334508504860825039302133219715518430635455007668282949304
137765527939751754613953984683393638304746119966538581538420568533862 1
867252334028308711232827892125077126294632295639898989358211674562701 0
218356462201349671518819097303811980049734072396103685406643193950979 0
190699639552453005450580685501956730229219139339185680344903982059551
002263535361920419947455385938102343955449597783779023742161727111723 6
434354394782218185286240851400666044332588856986705431547069657474585
503323233421073015459405165537906866273337995851156257843229882737231 9
898757141595781119635833005940873068121602876496286744604774649159950 5
497374256269010490377819868359381465741268049256487985561453723478673
303904688383436346553794986419270563872931748723320837601123029911367 9
386270894387993620162951541337142489283072201269014754668476535761647
737946752004907571555278196536213239264061601363581559074220202031872
776052772190055614842555187925303435139844253223415762336106425063904
975008656271095359194658975141310348227693062474353632569160781547818 1
152843667957061108615331504452127473924544945423682886061340841486377 6

700961207151249140430272538607648236341433462351897576645216413767969
0314950191085759844239198629164219399490723623464684411739403265918404
437805133389452574239950829659122850855582157250310712570126683024029
2952522011872676756220415420516184163484756516999811614101002996078386
909291603028840026910414079288621507842451670908700069928212066041837
180653556725253256753286129104248776182582976515795984703562226293486
003415872298053498965022629174878820273420922224533985626476691490556
284250391275771028402799806636582548892648802545661017296702664076559
0429099456815065265305371829412703369313785178609040708667114965583434
3476933857817113864558736781230145876871266034891390956200993936103102
9161615288138437909904231747336394804575931493140529763475748119356709
1101377517210080315590248530906692037671922033229094334676851422144773
7939375170344366199104033751117354719185504644902636551281622882446257
591633303910722538374218214088350865739177150968288747826569959957449
066175834413752239709683408005355984917541738188399944697486762655165
8276584835884531427756879002909517028352971634456212964043523117600665
101241200659755851276178583829204197484423608007193045761893234922927
965019875187212726750798125547095890455635792122103334669749923563025
4947802490114195212382815309114079073860251522742995818072471625916685
4513331239480494707911915326734302824418604142636395480004480026704962
482017928964766975831832713142517029692348896276684403232609275249603
579964692565049368183609003238092934595889706953653494060340216654437
5589004563288225054525564056448246515187547119621844396582533754388569
0941130315095261793780029741207665147939425902989695946995565761218656
196733786236256125216320862869222103274889218654364802296780705765615
1446320469279068212073883778142335628236089632080682224680122482611771
858963814091839036736722208883215137556003727983940041529700287830766
709444745601345564172543709069793961225714298946715435784687886144458
123145935719849225284716050492212424701412147805734551050080190869960
3302763478708108175450119307141223390866393833952942578690507643100638
3519834389341596131854347546495569781038293097164651438407007073604112
3735998434522516105070270562352660127648483084076118301305279320542746
286540360367453286510570658748822569815793678976697422057505968344086
973502014102067235850200724522563265134105592401902742162484391403599
895353945909440704691209140938700126456001623742880210927645793106579
229552498872758461012648369998922569596881592056001016552563756785667
227966198857827948488558343975187445455129656344348039664205579829368
043522027709842942325330225763418070394769941597915945300697521482933
665556615678736400536665641654732170439035213295435291694145990416087
532018683793702348886894791510716378529023452924407736594956305100742
108714261349745956151384987137570471017879573104229690666702144986374
6459528082436944578977233004876476524133907592043401963403911473202338
071509522201068256342747164602433544005152126693249341967397704159568
3753555166730273900749729736354964533288869844061196496162773449518273
695588220757355176651589855190986665393549481068873206859907540792342
4023009259007017319603622547564789406475483466477604114632339056513433
068449539790709030234604614709616968868850140834704054607429586991382
966824681857103188790652870366508324319744047718556789348230894310682
8702722809736248093996270607472645539925399442808113736943388729406307
9261595995462624629707062594845569034711972996409089418059534393251236
235508134949004364278527138315912568989295196427287573946914272534366
941532361004537304881985517065941217352462589548730167600298865925786
628561249665523533829428785425340483083307016537228563559152534784459
8183134112900199920598135220511733658564078264849427644113763938669248
0311836445369858917544264739988228462184490087776977631279572267265556
259628254276531830013407092233436577916012809317940171859859993384923
5495640057099558561134980252499066984233017350358044081168552653117099

570899427328709258487894436460050410892266917835258707859512983441729
5351953788553457374260859029081765155780390594640873506123226112009373
108048548526357228257682034160504846627750450031262008007998049254853
469414697751649327095049346393824322271885159740547021482897111777923 7
612257887347718819682546298126868581705074027255026332904497627789442
362167411918626943965067151577958675648239939176042601763387045499017 6
143641204692182370764887834196896861181558158736062938603810171215855 2
726683008238340465647588040513808016336388742163714064354955618689641 1
228214075330265510042410489678352858829024367090488711819090949453314 4
218287661810310073547705498159680772009474696134360928614849417850171
807793068108546900094458995279424398139213505586422196483491512639012
803832001097738680662877923971801461343244572640097374257007359210031
541508936793008169980536520276007277496745840028362405346037263416554
259027601834840306811381855105979705664007509426087885735796037324514 1
467867036880988060971642584975951380693094494015154222219432913021739
125383559150310033303251117491569691745027149433151558854039221640972 2
910112903552181576282328318234254832611191280092825256190205263016391 1
477247331485739107775874425387611746578671169414776421441111263583553 8
713610110232679877564102468240322648346417663698066378576813492045302 2
408197278564719839630878154322116691224641591177673225326433568614618 6
545222681268872684459684424161078540167681420808850280054143613146230
821025941737562389942075713627516745731891894562835257044133543758575
342698699472547031656613991999682628247270641336222178923903176085428
943733935618891651250424404008952719837873864805847268954624388234375
178852014395600571048119498842390606136957342315590796703461491434478 8
636041031823507365027785908975782727313050488939890099239135033732508
559826558670892426124294736701939077271307068691709264625484232407485
503660801360466895118400936686095463250021458529309500009071510582362 6
729326453738210493872499669933942468551648326113414611068026744663733 4
375340764294026682973865220935701626384648528514903629320199199688285
171839536691345222444708045923966028171565515656661113598231122506289 0
585491450971575539002439315351909021071194573002438801766150352708626 0
253788179751947806101371500448991721002220133501310601639154158957803
711779277522597874289191791552241718958536168059474123419339842021874 5
649256443462392531953135103311476394911995072858430658361935369329699 2
898379149419394060857248639688369032655643642166442576079147108699843
157337490400352927693282207629472823815374099615455987982598910937171
262182830258481123890119682214294576675807186538065064870261338928229 9
497257453033283896381843944770779402284359883410035838542389735424395
647555684095224844554139239410001620769363684677641301781965937997155
746854194633489374843912974239143365936041003523437770658886778113949 8
616478747140793263858738624732889645643598774667638479466504074111825 6
583788784548581489629612739984134427260860618724554523606431537101127 4
680977870446409475828034876975894832824123929296058294861919667091895
808983320121031843034012849511620353428014412761728583024355983003204 2
024512072872535581195840149180969253395075778400067465526031446167050 8
276827722235341911026341631571474061238504258459884199076112872580591 1
393568960143166828317632356732541707342081733223046298799280490851409
479036887868789493054695570307261900950207643349335910602454508645362
893545686295853131533718386826561786227363716975774183023986006591481
616404944965011732131389574706208847480236537103115089842799275442685 3
277974311395143574172219759799359685252285745263796289612691572357986 6
205734083757668738842664059909935050008133754324546359675048442352848
747014435454195762584735642161981340734685411176688311865448937769795 6
651727966232671481033864391375186594673002443450054499539974237232871
249483470604406347160632583064982979551010954183623503030945309733583
446283947630477564501500850757894954893139394489921612552559770143685

894358587752637962559708167764380012543650237141278346792610199558522
471722017772370041780841942394872540680155603599839054898572354674564
239058585021671903139526294455439131663134530893906204678438778505423
939052473136201294769187497519101147231528932677253391814660730008902 7
768963114810902209724520759167297007850580717186381054967973100167870 8
506942070922329080703832634534520380278609905569001341371823683709919
495164896007550493412678764367463849020639640197666855923356546391383
631857456981471962108410809618846054560390384553437291414465134749407
848844237721751543342603066988317683310011331086904219390310801437843 3
415137092435301367763108491351615642269847507430329716746964066653152
703532546711266752246055119958183196376370761799191920357958200759560 5
302346267757943936307463056901080114942714100939136913810725813781357 8
940055995001835425118417213605572752210352680373572652792241737360575 1
127887218190844900617801388971077082293100279766593583875890939568814
856026322439372656247277603789081445883785501970284377936240782505270
487581647032458129087839523245323789602984166922548964971560698119218 6
584926770403956481278102179913217416305810554598801300484562997651121 2
415363745150056350701278159267142413421033015661653560247338078430286
552572227530499988370153487930080626018096238151613669033411113865385 1
091936739383522934588832255088706450753947395204396807906708680644509
698654880168287434378612645381583428075306184548590379821799459968115 4
419742536344399602902510015888272164745006820704193761584547123183460
072629339550548239557137256840232268213012476794522644820910235647752
723082081063518899152692889108455571126603965034397896278250016110153 2
351605196559042118449499077899920073294769058685778787209829013529566 1
397888486050978608595701773129815531495168146717695976099421003618355
913877781769845875810446628399880600616229848616935337386578773598336
161338413385368421197893890018529569196780455448285848370117096721253 5
338758621582310133103877668272115726949518179589754693992642197915523 3
857662316762754757035469941489290413018638611943919628388705436777432 2
427680913236544948536676800000106526248547305586159899914017076983854
831887501429389089950685453076511680333732226517566220752695179144225 2
808165171667766727930354851542040238174608923283917032754257508676551 1
785939500279338959205766827896776445318404041855401043513483895312013
263783692835808271937831265496174599705674507183320650345566440344904
536275600112501843356073612227659492783937064784264567633881880756561 2
168960504161139039063960162022153684941092605387688714837989559999112 0
991646464411918568277004574243434021672276445589330127781586869525069 4
993646101756850601671453543158148010545886056455013320375864548584032
402987170934809105562116715468484778039447569798042631809917564228098 7
399876697323769573701580806822904599212366168902596273043067931653114 9
401764737693873514093361833216142802149763399189835484875625298752423
873077559555955465196394401821840998412489826236737714672260616336432
964063357281070788758164043814850188411431885988276944901193212968271 5
888413386943468285900666408063140777577257056307294004929403024204984
165654797367054855804458657202276378404668233798528271057843197535417
950113472736257740802134768260450228515797957976474670228409995616015 6
910890384582450267926594205550395879229818526480070683765041836562094
555434613513415257006597488191634135955671964965403218727160264859304
903978748958906612725079482827693895352175362185079629778514618843271
922322381015874445052866523802253284389137527384589238442253547265309
817157844783421582232702069028723233005386216347988509469547200479523 1
120150432932266282727632177908840087861480221475376578105819702226309
717495072127248479478169572961423658595782090830733233560348465318730
293026659645013718375428897557971449924654038681799213893469244741985
097334626793321072686870768062639919361965044099542167627840914669856
925715074315740793805323925239477557441591845821562518192155233709607

4833292349210345146264374498055961033079941453477845746999921285999999
399612281615219314888769388022281083001986016549416542616968586788372
609587745676182507275992950893180521872924610867639958916145855058397
2742098090978172932393010676638682404011130402470073508578287246271349
463685318154696904669686939254725194139929146524238577625500474852954
768147954670070503479995888676950161249722820403039954632788306959762
4936151010243655535223069061294938859901573466102371223547891129254769
6176005047974928060721268039226911027772261025441492215765045081206771
735712027180242968106203776578837166909109418074487814049075517820385
653909910477594141321543284406250301802757169650820964273484146957263
9788425600845312140659358090412711359200419759851362547961606322887361
8136737324450607924411763997597461938358457491598809766744709300654634
242346063423747466608043170126005205592849369594143408146852981505394
7178900451835755154125223590590687264878635752541911288877371766374860
276606349603536794702692322971868327717393236192007774522126247518698
334951510198642698878471719396649769070825217423365662725928440620430
2141137199227852699846988477023238238400556555178890876613601304770984
3861168705231055314916251728373272867600724817298763756981633541507460
883866364069347043720668865127568826614973078865701568501691864748854
167915459650723428773069985371390430026653078398776385032381821553559
732353068604301067576083890862704984188859513809103042359578249514398
8590113185835840667472370297149785084145853085781339156270760356390763
9473114554958322669457024941398316343323789759556808568362972538679132
7505554252449194358912840504522695381217913191451350099384631177401797
1512283785460116035955402864405902496466930707769055481028850208085800
8781157738171917417760173307385547580060560143377432990127286772530431
825197579167929699650414607066457125888346979796429316229655201687973
0003564630457930884032748077181155533090988702550520768046303460865816
5394876951960044084820659673794731680864156456505300498816164905788311
543454850526600698230931577765003780704661264706021457505793270962047
825615247145918965223608396645624105195510522357239739512881816405978
591427914816542632892004281609136937773722299983327082082969955737727
3756676155271139225880552018988762011416800546873655806334716037342917
039079863965229613128017826797172898229360702880690877686605932527463
7840539769184808204102194471971386925608416245112398062011318454124478
2050110798760717155683154078865439041210873032402010685341947230476666
7217490069000547076781205124736792479193150856444775370853799732234456
122785843296846647513336573692387201464723679427870042503255589926884
3495928761240075587569464137056251400117971331662071537154360068764773
186755871487839890810742953094106059694431584775397009439883949144323
536685392099468796450665339857388878661476294434140104988899316005120
7678103588611660202961193639682134960750111649832785635316145168457695
6871090029997698412632665023477167286573785790857466460772283415403114
415294188047825438761770790430001566986776795760909966936075594965152
7363498118964130433116627747123388174060373174397054067031096767657486
953587896700319258662594105105335843846560233917967492678447637084749
783336555790073841914731988627135259546251816043422537299628632674968
2405806029642114638643686422472488728343417044157348248183330164056695
966886676956349141632842641497453334999948000266998758881593507357815
195889900539512085351035726137364034367534714104836017546488300407846
4167452167371904831096767113443494819262681110739948250607394950735031
6901973185211955263563258433909982249862406703107683184466072912487475
4031617969941139738776589986855417031884778867592902607004321266617919
2235209382278788809886335991160819235355570464634911320859189796132791
319756490976000139962344455350143464268604644958624769094347048293294
1404111465409239883444351591332010773944111840741076849810663472410482
393582740194493566516108846312567852977697346843030614624180358529331

5973458303845541033701091676776374276210213701354854450926307190114731
8485749233181672072137279355679528443925481560913728128406333039373 56
2420016045664557414588166052166608738748047243391212955877763906969 03
7078828527753894052460758496231574369171131761347838827194168606625721
0368513215664780014767523103935786068961112599602818393095487090590738
6135191459181951029732787557104972901148717189718004696169777001791391
9613791417162707018958469214343696762927459109940060084983568425201 91
5593703701011049747339493877885989417433031785348707603221982970579751
1914405109942358830345463534923498268836240433272674155403016195056 80
6541809394099820206099941402168909007082133072308966211977553066591881
4119157783627292746156185710372172471009521423696483086410259288745799
9322374955191221951903424452307535133806856807354464995127203174487 19
5403976107308060269906258076020292731455252078079914184290638844373 49
9681458273372072663917670201183004648190002413083508846584152148991276
1065137415394356572113903285749187690944137020905170314877734616528798
4823533829726013611098451484182380812054099612527458088109948697221612
8524897425555516076371675054896173016809613803811914361143992106380050
8321409876045993093248510251682944672606661381517457125597549535802 39
9831469822036133808284993567055755247129027453977621404931820146580 08
0215665360677655087838043041343105918046068008345911366408348874080057
4127258670479225831912741573908091438313845642415094084913391809684 02
5116399193685322555733896695374902662092326131885589158083245557194845
3875628786128859004106006073746501402627824027346962528217174941582 33
1749239683530136178653673760642166778137739951006589528877427662636 84
1830680190804609849809469763667335662282915132352788806157768278159 58
8669180238940333076441912403412022316368577860357276941541778826435 23
8131905028087018575047046312933353757285386605888904583111450773942935
2019943219711716422350056440429798920815943071670198574692738486538334
3614579463417592257389858800169801475742054299580124295810545651083 10
4629728293758416116253256251657249807849209989799062003593650993472158
2965174135798491047111660791587436986541222348341887722929446335178653
8567319625598520260729476740726167671455736498121056777168934849176 60
7717052771876011999081441130586455779105256843048114402619384023224709
3924980293355073184589035539713308844617410795916251171486487446861124
7605428673436709046678468670274091881014249711149657817724279347070216
6882956108777944050484375284433751088282647719785400065097040330218 62
5561473321177711744133502816088403517814525419643203095760186946490886
8154528562134698835544456024955666843660292219512483091060537720198 02
1831010327041783866544718126039719068846237085751808003532704718565 94
9947612424811099928867915896904956394762460842406593094862150769031498
7020673533848349550836366017848771060809804269247132410009464014373 60
3265645184566792456669551001502298330798496079949882497061723674493 61
2262229617908143114146609412341593593095854079139087208322733549572080
7571651718765994498569379562387555161757543809178052802946420044721 53
9628074636021132942559160025707356281263873310600589106524570802447493
7543184149401482119996276453106800663118382376163966318093144467129861
5527598201451410275600689297502463040173514891945763607893528555053 17
3314164570504996443890936308438744847839616840518452732884032345202 47
0568516465716477139323775517294795126132398229602394548579754586517 45
8787713318138752959809412174227300352296508089177705068259248822322 15
4938048371454781647213976820963320508305647920482085920475499857320 38
8876391601995240918938945576768749730856955958010659526503036266159 75
0662225084067428898265907510637563569968211510949669744580547288693631
0203678232501823237084597901115484720876182124778132663304120762165873
1297081123075815982124863980721240786887811450165582513617890307086087
0198975889807456643955157415363193191981070575336633738038272152798 84
9350397480015890519420879711308051233933221903466249917169150948541401

8710603546037946433790058909577211808044657439628061867178610171567409
6766208029576657705129120990794430463289294730615951043090222143937 18
4956063405618934251305726829146578329334052463502892917547087256484 26
0034962961165413823007731332729830500160256724014185152041890701154288
5799208121984493156999059182011819733500126187728036812481995877070207
5324063612593134385955425477819611429351635612234966615226147353996740
5158499860355295332924575238881013620234762466905581643896786309762 73
6550472434864307121849437348530060638764456627218666170123812771562 13
7974614986132874411771455244470899714452288566294244023018479120547849
8574521634696448973892062401943518310088283480249249085403077863875 16
5911302873958787098100772718271874529013972836614842142871705531796543
0765045343246005363614726181809699769334862640774351999286863238350 88
7566835950972655748154319401955768504372480010204137498318722596773 87
1549583997184449072791419658459300839426370208756353982169620553248 03
2122674989114026785285996734052420310917978999057188219493913207534317
0798002373659098537552023891164346718558290685371189795262623449248339
2496342449714656846591248918556629589329909035239233333647435203707 70
1010843880032907598342170185542283861617210417603011645918780539367447
4720599850235828918336929223373239994804371084196594731626548257480 99
4825099918330069765693671596893644933488647442135008407006608835972 35
0395323401795825570360169369909886711321097988970705172807558551912699
3067309925070407024556850778679069476612629808225163313639952117098452
8092630375922426742575599892892783704744452189363203489415521044597 26
1883800300677617931381399162058062701651024458869247649246891924612 12
5310275731390840470007143561362316992371694848132554200914530410371 35
4532966206392105479824392125172540132314902740585892063217589494345 48
9068463993137570910346332714153162232805522972979538018801628590735 72
9554162788676498274186164218789885741071649069191851162815285486794173
6389066538857642291583425006736124538491606741373401735727799563410 43
3268835695078149313780073623541800706191802673285511919426760912210359
8746924117283749312616339500123959924050845437569850795704622266461900
0103500490183034153545842833764378111988556318777792537201166718539541
8359844383052037628194407615941068207169703022851522505731260930468 98
4234331527321313612165828080752126315477306044237747535059522871744 02
6663891488171730864361113890694202790881431194487994171540421034121908
4709408025402393294294549387864023051292711909751353600092197110541209
6683111516328705423028470073120058032026417116165957613272351566662536
6727189985341998952368848309993027574199164638414270779887088742292 77
0538912271724863220288984251252872178260305009945108247835729056919 88
5554678860794628053712270424665431921452817607414824038278358297193 01
0178883456741678113989547504483393146896307633966572267270433932167454
2182455706252479721997866854279897799233957905758189062252547358220 52
3642485078340711014498047872669199018643882293230538231855973286978092
2253529591017341407334884761005564018242392192695062083183814546983 92
3664613639891012102177095976704908305081854704194664371312299692358 89
5384930136356576186106062228705599423371631021278457446463989738188 56
6746260879482018647487672727222062676465338099801966883680994159075 77
6852639865146253336312450536402610569605513183813174261184420189088853
1963569869627950367384243130113317533053298020166888174813429886815855
7781034323175306478498321062971842518438553442762012823457071698853 05
1832617964117857960888815032960229070561447622091509473903594664691623
5396809201394578175891088931992112260073928149169481615273842736264298
0982340632002440244958944561291670495082358124873917996486411334803247
5777521970893277226234948601504665268143987705161531702669692970492 83
1628550421289814670619533197026950721437823047687528028735412616639 17
0824592517001071418085480063692325946201900227808740985977192180515 85
3214739265325155903541020928466592529991435379182531454529059841581 76

3705892790690989691116438118780943537152133226144362531449012745477269
5739393481546916311624928873574718824071503995009446731954316193855485
2076657388251396391635767231510055560372633948672082078086537349424401
1579966750736071115935133195919712094896471755302453136477094209463569
6982226673775209945168450643623824211853534887989395673187806606107885
4400055082765703055874485418057788917192078814233511386629296671796434
6876007704799953788338787034871802184243734211227394025571769081960309
2018240188427057046092622564178375265263358324240661253311529423457965
5695025068100183109004112453790153329661569705223792103257069370510908
3078947999900499939532215362274847660361367769797856738658467093667 95
8858378879562594646489137665219958828693380183601193236857855855819555
6042156250883650203322024513762158204618106705195330653060606501054 88
7167245377942831338871631395596905832083416898476065607118347136218123
2462272588419902861420872849568796393254642853430753011052857138296437
0999035694888528519040295604734613113826387889755178856042499874831638
2804046848618938189590542039889872650697620201995548412650005394428 20
3930127481638158530396439925470201672759328574366661644110962566337305
4092195196751483287348089574777752783442210910731113518280460363471981
8565557295714474768255285786334934285842311874944000322969069775831590
3858039353521358860079600342097547392296733310649395601812237812854 58
4317605561733861126734780745850676063048229409653041118306671081893031
1088717281675195796753471885372293096161432040063813224658411111577583
5858113501856904781536893813771847281475199835050478129771859908470762
1974605887423256995828892535041937958260616211842368768511418316068315
8679946016520577405294230536017803133572632670547903384012573059123 39
6018801378254219270947673371919872873852480574212489211834708766296672
0727232565056512933312605950577772754247124164831283298207236175057 46
7387012820957554430596839555568686118839713552208445285264008125202766
5557677495969626612604565245684086139238265768583384698499778726706 55
5191854468698469478495734622606294219624557085371272776523098955450 19
3037732166649182578154677292005212667143463209637891852323215018976 12
6034373684067194193037746880999296877582441047878123266253181845960 45
3853543839114496775312864260925211537673258866722604042523491087026958
0996475958057946639734190640100363619040420331135793365424263035614570
0901124480089002080147805660371015412232889146572239314507607167064355
6827437743965789067972687438473076346451677562103098604092717090951 28
0863090297385044527182892749689212106670081648583395537735919136950 15
3162018908887484210798706899114804669270650940762046502772528650728905
3285485614331608126930056937854178610969692025388650345771831766868 85
9236814884752764984688219497397297077371871884004143231276365048145311
2285099002074240925585925292610302106736815434701525234878635164397 62
3586041919412969769040526483234700991115424260127343802208933109668636
7898694977994001260164227609260823493041180643829138347354679725399262
3387915829984864592717340592256207491053085315371829116816372193951887
0095778818158685046450769934394098743351443162633031724774748689791 82
0923948083314397084067308407958935810896656477585990556376952523265 36
1442478023082681183103773588708924061303133647737101162821461466167940
4090518615260360092521947218890918107335871964142144478654899528582 34
3947050079830388538860831035719306002771194558021911942899922722353458
7075662469261776631788551443502182870266856106650035310502163182060 17
6092179846849368631612937279518730789726373537171502563787335797718 08
1848784588665043358243770041477104149349274384575871071597315594394 26
4125702709651251081155482479394035976811881172824721582501094960966253
9339538092219559191818855267806214992317276316321833989693807561685591
1752998450132067129392404144593862398809381240452191484831646210147 38
9182510109096773869066404158973610476436500068077105656718486281496371
1188321924456639458144914861655004956769826903089111856879869294705135

2481609174324301538368470729289898284602223730145265567989862776796 80
9146979837826876431159883210904371561129976652153963546442086919756737
0005738764978437686287681792497469438427465256316323005551304174227 34
1646455127812784577772457520386543754282825671412885834544435132562 05
4464241011037955464190581168623059644769587054072141985212106734332410
7567675758184569906930460475227701670056845439692340417110898889934163
5058515788735343081552081177207188037910404698306957868547393765643363
1979786803671873079693924236321448450354776315670255390065423117920153
4649779290662415083288583952905426376876689688050333172278001858850 69
7362324038947004718976193473443084374437599250341788079722358591342 45
8131440498477017323616947197657153531977549971627856631190469126091825
9124989036765417697990362375528652637573376352696934435440047306719 88
6890196814742876779086697968852250163694985673021752313252926537589 64
1517147955953878427849986645630287883196209983049451987439636907068 27
6265748581043911223261879405994155406327013198989570376110532360629867
4803779153767511583043208498720920280929752649812569163425000522908872
6469252846661046653921714820801305022980526378364269597337070539227 89
1535105688839381132497570713310295044303467159894487868471164383280506
9250776627450012200352620370946602341464899839025258883014867816219 67
7519458316771876275720050543979441245990077115205154619930509838698254
2846407255540927403132571632640792934183342147090412542533523248021 93
2277075355546795871638358750181593387174236061551171013123525633485820
3651461418700492057043720182617331947157008675785393360786227395581 85
7975872587441025420771054753612940474601000940954449596628814869159 03
8990718659805636171376922272907641977551777201042764969496110562205925
0242021770426962215495872645398922769766031052498085575947163107587 01
3320886146326641259114863388122028444069416948826152957762532501987035
9870674380469821942056381255833436421949232275937221289056420943082 35
2544084110864545369404969271494003319782861318186188811118408257865928
7574263844500599442295685864604810330153889114994869354360302218109434
6676400002236255057363129462629609619876056425996394613869233083719 62
6595473923462413459779574852464783798079569319865081597767535055391 89
9115133525229873611277918274854200868953965835942196333150286956119201
2298889887006079992795411188269023078913107603617634779489432032102773
3594169086500719328040171638406449878717537567811853213284082165711075
4952829497493621460821558320568723218557406516109627487437509809223021
16099826330339154169191614191004515280925089745074189676032409076898365
2940657920198315265410658136823791984090645712468948470209357761193139
9802468134052003947819498662026240089021501661638135383815150377350 22
9660746279529103840686855690701575166241929872444827194293310048548 24
4545807188976330032325258215812803274679620028147624318286221710543 52
8983482082734516801861317195933247110746622285087106661177034653528395
7762599774467218571581612641114327179434788599089280848669491413909771
6736900277758502686646540565950394867841110790116104008572744562938425
4941675946054871172359464291058509099502149587931121961359083158826206
8233215615308683373083817327932819698387508708348388046388478441884 00
3184712697454370937329836240287519792080232187874488287284372737801 78
2700805878241074935751488997891173974612932035108143270325140903048746
2262942344327571260086642508333187688650756429271605525289544921537 65
1751492196367181049435317858383453865255656640657251363575064353236 50
8936790431702597878177190314867963840828810209461490079715137717099 06
1954969640070867667102330048672631475510537231757114322317411416806 22
8642063889062101923552235467116621374996932693217370431059872250394565
7492461697826097025335947502091383667377289443869640002811034402608471
2899000746807764844088711341352503367877316797709372778682166117865344
2317322646378476978751443320953400016506921305464768909850502030150 44
8808342618452087305309731894929164253229336124315143065782640702838 98

4098416029503092418971209716016492656134134334222988279099217860426798124572853458013382609958771781131021673402565627440072968340661984806766158050216918337236803990279316064204368120799003162644491461902194582296909921227885539487835383056468648816555622943156731282743908264506116289428035016613366978240517701552196265227254558507386405852998303791803504328767038092521679075712040612375963276856748450791511473134400018325703449209097124358094479004624943134550289006806487042935340374360326258205357901183956490893543451013429696175452495739606214902887289327925206965353863964432253883275224996059869747598823299162635459733244451637553343774929289905811757863555556269374269109471170021654117182197505198317871371060510637955585889055688528879890847509157646390746936198815078146852621332524738376511929901561091897779220087057933964638274906806987691681974923656242260871541761004306089043779766785196618914041449252704808819714988015420577870065215940092897776013307568479669929554336561398477380603943688958876460549838714789684828053847017308711177611596635050399793438693391197898871091565417091330826076474063057114110988393880954814378284745288383680794188843426662220704387228874139478010177213922819119923654055163958934742639538248296090369002883593277458550608013179884071624465639979482757836501955142215513392819782269842786383916797150912624105487257009240700454884856929504481107380879965474815689139353809434745569721289198271770207666136024895814681191336141212587838955773571949863172108443989014239484966592517313881716026632619310653665350414730708044149391693632623737677770958503132559900957627319573086480424677012123270205337426670531424482081681303063973787366424836725398374876909806021827857862165127385635132901489035098832706172589325753639939790557291751600976154590447716922658063151110280384360173747421524760851520990161585823125715907334217365762671423904782795872815050956330928026684589376496497702329736413190609827406335310897924642421345837409011693919642504591288134034988106354008875968200544083643865166178805576089568967275315380819420773325979172784376256611843198910250074918290864751497940031607038455494653859460274524474668123146879434416109933389089926384118474252570445725174593257389895651857165759614812660203107976282541655905060424791140169579003383565748692528007430256234194982864679144763227740055294609039401775363356554719310001754300475047191448998410400158679461792416100164547165513370740739502604427695385538343975505488710997852054011751697475813449260794336895437832211724506873442319898788441285420647428097356258070669831069799352606933921356858813912148073547284632277849080870024677763036055512323866562951788537196730346347012229395816067925091532174890308408865160611190114984434123501246469280288059961342835118847154497712784733617662850621697787177438243625657117794500644777183702219991066950216567576440449979407650379999548450027106659878136038023141268369057831904607927652972776940436130230517870805465115424693952651271010529270703066730244471259739399505146284047674313637399782591845411764133279064606365841529270190302760173394748669603486949765417524293060407270050590395031485229213925755948450788679779252539317651564161971684435243697944473559642606333910551268260615957262170366985064732812667245219890605498802807828814297963366967441248059821921463395657457221022986775997467381260693670691340815594120161159601902377535255563006062479832612498812881929373434768626892192397778339107331065882568137771723283153290825250927330478507249771394483338925520811756084529665905539409655685417060011798572938139982583192936791003918440992865756059935989100029698644609747147184701015312837626311467742091455740418159088000649432378558393085308283054760767995243573916312218860575496738322431956506554608528812019023636447127037486344217272578795034284863129449163184753475314350413920961087960577309872013524840750576371992536504709085825139368634638633680428917671076

0211115982887553994012007601394703366179371539630613986365549221374159
7905119083588290097656647300733879314678913181465109316761575821351424
8604422924453041131606527009743300884990346754055186406773426035834096
086055337473627609356588531097609942383473822220872924644976845605795
625167655740884103217313456277358560523582363895320385340248422733716
3912397321599544082842166663602329654569470357718487344203422770665 38
3738750616921276801576618109542009770836360436111059240911788954033802
1426523948929686439808926114635414571535194342850721353453018315875628
2757338982688985235577992957276452293915674775666760510878876484534 93
6360682780505646228135988858792599409464460417052044700463151379754 31
7371877560398159626475014109066588661621800382669899619655805872086 39
7211769952194667898570117983324406018115756580742841829106151939176300
5919431443460515404771057005433900018245311773371895585760360718286050
6356479979004139761808955363669603162193113250223851791672055180659263
5180362512145759262383693482226658955769946604919381124866090997981285
7182349400661555219611220720309227764620099931524427358948871057662389
4693889446495093960330454340842102462401048723328750081749179875543 87
9387381439894238011762700837196053094383940063756116458560943129517597
7139353960743227924892212670458081833137641658182695621058728924477 40
0359470092686626596514220506300785920024882918608397437323538490839 64
3261470005324235406470420894992102504047267810590836440074663800208 70
1266642094571817029467522785400745085523777208905816839184465928294 17
0182882330149715542352359117748186285929676050482038643431087795628929
2540563894662194826871104282816389397571175778691543016505860296521745
9581988878680408110328432739867198621306205559855266036405046282152306
1545944744899088390819997387474529698107762014871340001225355222466 95
4093152131153379157980269795557105085074738747507580687653764457825244
3263804614304288923593485296105826938210349800040524840708440356116781
7170512813378805705643450616119330424440798260377951198548694559152051
9600930412710072778493015550388953603382619293437970818743209499141 59
5933963681106275572952780042548630600545238391510689989135788200194117
8653568214911852820785213012551851849371150342215954224451190020739353
9627400208110465530207932867254740543652717595893500716336076321614725
8154076420530200453401835723382926619153083540951202263291650544261 23
6191970516138393573266937601569144299449437448568097756963031295887 19
1611292946818849363386473927476012269641588489009657170861605981472044
6742866420876533479985822209061980217321161423041947775490073873856794
1189824660913091691772274207233367635032678340586301930193242996397204
4451792881228544782119535308989101253429755247276357302262813820918074
3974867145359077863353016082155991131414420509144729353502223081719366
3509346865858656314855575862447818620108711889760652969899269328178705
5764351433820601410773292610634315253371822433852635202177354407152 81
8981376987551575745469397271504884697936195004777209705617939138289 89
8453274262272886471088832701737232588182446584362495805925603381052 15
6062061557132991560848920643403033952622634514542836786982880742514 22
5674518061841495646861116354049718976821542277224794740335715274368194
0989205011365340012384671429655186734415374161504256325671343024765512
5219218035780169240326699541746087592409207004669340396510178134857 83
5694440760470232540755557764728450751826890418293966113310160131119077
3986324627782190236506603740416067249624901374332172464540974129955 70
5291424382080760983648234659738866913499197840131080155813439791948 52
8304367390124820824448141280954437738983200598649091595053228579145 76
8849625786658859991798675205545580990045564611787552493701245532171701
9428288461740273664997847550829422802023290122163010230977215156944 64
2790980219082668986883426307160920791408519769523555348865774342527 75
3119724743087304361951139611908003025587838764420608504473063129927788
8942729189727169890575925244679660189707482960949190648764693702750 77

386643239191904225429023531892337729316673608699622803255718530891928
4403805071030064776847863243191000223929785255372375566213644740096 76
0539439838235764606992465260089090624105904215453927904411529580345334
5002562441010063595300395988644661695956263518780606885137234627079 97
3272331346939714562855426154676506324656766202792452085813477176085 21
6913409465203076733918411475041401689241213198268815686645614853802875
3933116023229255561894104299533564009578649534093511526645402441877594
9316930560448686420862757201172319526405023099774567647838488973464317
2159806267876718380052476968840849891850861490034324034767426862459 52
3958903585821350064509981782446360873177543788596776729195261112138591
9472545140030118050343787527766440276261894101757687268042817662386068
0477885242887430259145247073950546525135339459598789619778911041890292
9438185672050709646062635417329446495766126519534957018600154126239 62
2864138977967333290705673769621564981845068422636903678495559700260 79
8679962610190393312637685569687670292953711625280055431007864087289392
2571451248113577862766490242516199027747109033593330930494838059785662
8844787441469841499067123764789582263294904679812089984857163571087831
1918486302545016209298058292083348136384054217200561219893536693713 36
7333924644161252231969434712064173754912163570085736943973059797097 19
7266666422674311177621764030686813103518991122713397240368870009968629
2254646500638528862039380050477827691283560337254825579391298525150 68
2996910775425764748832534141213280062671709400909822352965795799780 30
1828242849022147074811112401860761341515038756983091865278065889668236
2523937845272634530420418802508442363190383318384550522367992357752 92
9106925043261446950109861088899914658551881873582528164302520939285 25
8077969737620845637482114433988162710031703151334402309526351929588680
6908213558536801610002137408511544849126858412686958991741491338205784
9280069825519574020181810564129725083607035685105533178784082900004 15
5251186577945396331753853209214972052660783126028196116485809868458752
5129997404092797683176639914655386108937587952214971731728131517932 90
4431121815871023518740757222100123768721944747209349312324107065080618
5623725267325407333248757544829675734500193219021991199607979893733836
7324257610393898534927877747398050808001554476406105352220232540944 35
6771879456543040673589649101761077594836454082348613025471847648518 95
7583667439979150851285802060782055446299172320202822291488695939972 99
7429747115537185892423849385585859540743810488262464878805330427146301
1941589896328792678327322456103852197011130466587100500083285177311776
4897352309266612345888731028835156264460236719966445547276083101187883
8915114934093934475007302585581475619088139875235781233134227986650352
2725367171230756861045004548970360079569827626392344107146584895780 24
1408158405229536937499710665594894459246286619963556350652623405339 43
9142111271810691052290024657423604130093691889255865784668461215679554
2566054160050712766417660568742742003295771606434486062012398216982 71
7231978268166282499387149954491373020518436690767235774000539326626 22
7603236597517189259018011042903842741855078948874388327030632832799630
0720069801224436511639408692222074532024462412115580435454206421512158
5056896157356414313068883443185280853975927734433655384188340303517 82
2946253702015782157373265523185763554098954033236382319219892171177449
4694036782961859208034038675758341115188241774391450773663840718804893
5825686854201164503135763335550944031923672034865101056104987272647213
1986543435450409131859513145181276437310438972507004981987052176272 49
4065214619959232142314439776546708351714749367986186552791715824080 65
1063799500184295938799158350171580759883784962257398512129810326379 37
6218322456594236685376799113140108043139732335449090824910499143325843
2988210339846981417157560108297065830652113470768036806953229719905999
0445120908727577622535104090239288877942463048328031913271049547859 91
8019696783532146444118926063152661816744319355081708187547705080265402

5294109218264858213857526688155584113198560022135158887210365696087515
0631875330029421186822218937755460272272912905042922597877106678738400
0061677215463844129237119352182849982435092089180168557279815642185819
1197490985730570332667646460728757430565372602768982373259745084479649
5456480307715981539558277791393736017174229960273531027687194494449 17
9397851446315973144353518504914139415573293820485421235081739125497 49
8193087143966151329420459193801062314217741991840601803479498876910 51
5579055548069538785400664533759818628464199052204528033062636956264 90
9108276271159038569950512465299960628554438383303276385998007929228466
5950355121124528408751622906026201185777531374794936205549640107300134
8853150735487353905602908933526400713274732621960311773433943673385759
1245081493357369116645412817881714540230547506671365182582848980995121
3919399563324133655677709800308191027204099714868741813466700609405 10
2146269028044915964654533010775469541308871416531254481306119240782118
8690056027781824235022696189344352547633573536485619363254417756613 98
1703930632872166905722259745209192917262199844409646158269456380239 50
2837121686446561785235565164127712826918688615572716201474934052276 94
6595712198314943381622114006936307430444173284786101777743837977037231
7952554341072234455125555899986461838767649039724611679590181000350989
2864120419516355110876320426761297982652942588295114127584126273279079
8807559751851576841264742209479721843309352972665210015662514552994 74
5127631550917636730259462132930190402837954246323258550301096706922 72
0227074863419005438302650681214142135057154175057508639907673946335 14
6209082888934938376439399256900604067311422093312195936202982972351163
2593867722414779116295727807523950562515816031333593823115005186268905
3065836812998810866326327198061127154885879809348791291370749823057592
9091862939195014721197586067270092547718025750337730799397134539532646
1952699965963856549175904583335857991020127132045839032008538788816 33
6376851820837278851311752277696097879621423721625452145912818317982160
4411131167140691482717098101545778193920231156387195080502467972579249
7605772625913328559726371211201905720771409148645074094926718035815157
5715140503976109638467555692989703835473141002238025834687673501297 75
4132795320609711545064842121859364909979177668747744818828706323155158
6503289816422828823274686610659273219790716238464215348985247621678 90
5026099804526648392954235728734397768049577409144953839157556548545 90
5897649519851380100795801078375994577529919670054760225255203445398 87
1253878017106071816407812484784725791240782454443616823452395706895142
7226975043187363326301110305342333582160933319121880660826834142891041
5173247216053355849993224548730778822905252324234861531520976938461 04
2582849714963475341837562003014915703279685301868631572488401526639 83
5689563634657435321783493199825542117308467745297085839507616458229630
3244243282377374505170285606980678895217681981567107816334052667595 39
4249262807569683261074953233905362230908070814559198373553777487420 29
0390181429373115293346444681512129450975965343062842153194457271186149
0001765055817709530246887526325011970520947615941676872778447200019278
9137251841622857783792284439084301181121496366424659033634194540657183
5447719124466212593926566203068885200555991212353637182269225317814 58
7925937504414489339816086579008761650246351970458288954817937566810 46
4746141051424988702521399368705093723054477341126413548928068410591077
1667782123833281026218558775131272117934444820144042574508306394473836
3793906283008973306241380614589414227694747931665717623182472168350 67
8076487573420491557628217583972975134478990696589532548940335615613 16
7403276472469212505759116251529654568544633498114317670257295661844775
4874693784642337372389819206620485118943788682248072793520225017965453
4375727416391079197295295081294292220534771730418447791567399173841831
1710362524395716152714669005814700002633010452643547865903290733205 46
8338872078735444762647925297690170912007874183736735087713376977683 49

634425241994995138831507487753743384945825976556099655595431804092017
849718468549737069621208852437701385375768141663272241263442398215294
164537800049250726276515078908507126599703670872669276430837722968598
516912230503746274431085293430527307886528397733524601746352770320593
817912539691562106363762588293757137384075440646896478310070458061344
6731271591194608435935825987782835266531151065041623295329047772174083
559349723758552138048305090009646676088301540612824308740645594431853
4137552201663058121110334531207450868243394321590435944303124312274713
8584203039010607094031523555617276799416002039397509998976293353258555
7562480899669182986422267750236019325797472674257821111973470940235745
722227121252685238429587427350156366009318804549333898974157149054418
255973808087156528143010267046028431681923039253529779576586241439270
1549740879273131051636119137577008929564823323648298263024607975875767
745377160102490804624301856524161756655600160859121534556267602192689
982855377872583145144082654583484409478463178777374794653580169960779
4055687011923286080411309046293508718271259346687127666948738998245985
277864995691654640294589350649643358098247659651651420909867552038083
0920323048734270346828875160407154665383461961122301375945157925269674
3642531927390036038608236450762698827497618723575476762889950752114804
8525279508450339585708381304769378813211236742813194879502280663201700
2246033198967197064916374117585485187848401205484467258885140156272501
982171906696081262778548596481836962141072171421498636191877475450965
0308957099470934337856981674465828267911940611956037845397855839240761
276344105766751024307559814552786167815949657062559755074306521085301
597908073343736079432866757890533483669555486803913433720156498834220
893399971641479746938696905480089193067138057171505857307148815649920
7140867582596028760564597824237702424698053280566327870419267684671162
668794634869504645074202193739452592626686135529406247813612062026364
981999994984051438682852589563422643287076632993048917234007254717641
886853513723326678779217383475414800228033929973579361524127558295692
768372312347989894462743304545667900620324205163962825884430854383072
0149567210646053323853720314324211260742448584509458049408182092763914
000854042202355626021856434899414543995041098059181794888262805206644
108631900168856815516922948620301073889718100770929059048074909242714
101893354281842999598816966099383696164438152887721408526808875748829
3258735809905670755817017949161906114001908553744882726200936685604475
596557476485674008177381703307380305476973609786543859382187220583902
344443508867499866506040645874346005331827436296177862518081893144363
251205107094690813586440519229512932450078833398788429339342435126343
365204385812912834345297308652909783300671261798130316794385535726296
9987403595704584522308563900989131794759487521263970783759448611394519
6028675121056163897600888009274611586080020780334159145179707303683519
6977766076373785333012024120112046988609209339085365773222392412449051
532780950955866459477634482269986074813297302630975028812103517723124
465095349653693090018637764094094349837313251321862080214809922685502
948454661814715557444709669530177690434272031892770604717784527939160
472281534379803539679861424370956683221491465438014593829277393396032
754048009552231816667380357183932757077142046723838624617803976292377
131209580789363841447929802588065522129262093623930637313496640186619
5108115834711733120258058667276399927635790780638188130691563662741254
3125958993611964762610140556350339952314032311381965623632719896183725
4845333702062563464223952766943568376761368711962921818754576081617053
031590728828700712313666308722754918661395773730546065997437810987649
8024140112421427736680827513909593134041558262667895108467761186659576
6016599817808941498575497628438785610026379654317831363402513581416115
1902096499133548733131115022700681930135929595971640197196053625033558
4799809634887180391116128135959685654788683258564378961731597620024196

215528962979048198221994622694871374624447290934564700285376949588595
916067892824910544125159963007813683674902093749157328962700286568293
444313423473512392982591667395034259958689706972673325827359031212887
466604514614878503461428277659916080903986525757172630818334944418201
935333850712923457743755793440621787113300631060033240539916936826037 4
617663856575887758020122936635327026710068126182517291460820254189288
593524449107013820621155382779356529691457650204864328286555793470720 9
634807372692141186895467322767751335690190153723669036865389161291688 8
878764075254934942497334271811788927599315967193547589880979245252623 6
365903632007085444078454479734829180208204492667063442043755532505052
752283377888704080403353192340768563010934777212563908864041310107381
785333831603813528082811904083256440184205374679299262203769871801806 1
122624490909242641985820861751177113789051609140381575003366424156095 2
163281971223350231674226005679412814062172196418427057843289598028823
350598282081966662490358577899403331522748177769528436816300885317696
947836905806710648280835980466988410981351586549069333195223943632879
239905348109878302745001720654336990661177845543646877236318444647680 6
914282800455107468664539280539940910875493916609573161971503316696830
992946634914279878084225722069714887558063748030886299511847318712477 7
291910070227588893486939456289515802965372150409603107761289831263589
964893410247036036645058687287589051406841238124247386385427908282733
827973326885504935874303160274749063129572349742611221517417153133618 6
224109138695006888358989623492763173164783400774608866555987333821138 2
992877691149549218419208777160606847287467368188616750722101726110383 0
671787856694812948785048943063086169948798703160515884108282351274153
538513365895332948629494495061868514779105804696039069372662670386512
905201137810858616188886947957607413585534585151768051973334433495230 1
203957707396237713160302428872005373209982530089776189731298178819446
717311606472314762484575519287327828251271824468078242152164695678192 9
409823892628494376024885227900362021938669648221562809360537317804086
372726842669642192994681921490870170753336109479138180406328738759384
826953558307739576144799727000347288018278528138950321798634521611106 6
608839314053226944905455527867894417579202440021450780192099804461382
547805858048442416404775031536054906591430078158372430123137511562284 0
158386442708907182848167575271238467824595343344496220100960710513706
084618011875431207254913349942476171156333214089346091565615506003173 8
421870157022610310191660388706466143889773631878094071152752817468957 6
401581047016965247557740891644568677717158500583269943401677202156767
724068128366565264122982439465133197359199709403275938502669557470231
813203243716420586141033606524536939160050644953060161267822648942437
397166717661231048975031885732165554988342121802846912529086101485527
815277625623750456375769497734336846015607727035509629049392487088406
281067943622418704747008368842671022558302403599841645951122485272633 6
326451140173952480861946358407837535568856223171155209472230654370926 0
679735100056554938122457548372854571179739361575616764169289580525729 7
522338558611388322171107362265816218842443178857488798109026653793426 6
642169909140565364322493013348679881548866286650523469972355747384248
305904236771432787923164224038777643301926001922847783138376325361210
253369358126240868666997382759773656822279072158324788886423693463961
643633087301398142114303060087306661648036789840913359262934023043249 7
492688783164360268101130957071614191283068657732353263965367739031766 1
361315965553584999398600565155921936759977717933019744688148371103206 5
036931928945214026509154651843099365534933371834252984336799159394174
662239003895276738133306177476295749438687169784537672194935065908757 1
191772087547710718993796089477451265475750187119487073873678589020061 7
373321075693302216320628432065671192096950585761173961632326217708945 4
262146098584102378132158177276022227381334954104810030732751077999489

9197796388353073444345753297591426376840544226478421606312276964967 1
5647399904371590332390656072664411643860540483884716191210900870101913
0726071044114143241976796828547885524779476481802959736049439700479596
0402927462992035720997619501403483153809477146010563334469988208221 20
5872815107291829712119178764248803546723169165418522567292344291871281
6323259696541354858957713320833991128877591722611527337901034136208561
4577992398778325083550730199818459025958355989260553299673770491 72245
4935329683300002230181517226575787524058832249085821280089747909326 10
0762578770428656006996176212176845478996440705066241710213327486796 23
7430229155358200780141165348065647488230615003392068983794766255036549
8228053296628621179306284301704924023019857199789488368971830438051821
7441914766042975243725168343541121703863137941142209529588579806015293
8752753799030938871683572095760715221900279379292786303637268765822 68
1241993384808166021603722154710143007377537792699069587121289288019 05
2031601285861825494413353820784883465311632650407642428390870121015194
2319616522684220037112304643006734420647477180213530701240988603533991
5266792387110170622186588357378121093517977560442563469499978725112544
0854522274810914874307259869602040275941178942581281882159952359658979
1811440776533543217575952555361581280011638467203193465072968079907939
6371496177431211940202129757312516525376801735910155733815377200195244
4543620071848475663415407442328621060997613243487548847434539665981 33
8717466093020535070271952983943271425371155766600025784423031073429551
5339450604862227649666876240793243531929926392537310768921353525723 21
0808898193391686682789482811704726245019484097009757609209837240900747
1797334078814182519584259809624174761013825264395513525931188504563626
4188300338539652435997416931322894719878308427600401368074703904097 23
8473945834896186539790594118599310356168436869219485382055780395773881
3606795499000851232594425297244866667668346414021899159445653094234 40
6506678519484177667794704720419588220432953803263105374948831221803 91
2796784461001397267538921951191178365876625280836900532490045974109470
6877291232821430463533728351995364827432583311914445901780960778288358
3730111857543659958982724531925310588115026307542571493943024453931870
1799236081666113054262539958338979429716020703387678150330102801200959
9725222228080142357109476035192554443492998676781789104555906301595 38
0976187592035893734197896235893112598390259831026719330418921510968915
6225069659119828323455503059081730735195503721665870288053992138576037
0353771051780212801295668419841403628727256232144287543022109094727 21
0734741349755141907370433182766261772759968888260272252471336833534 52
8166927795913288613817663498577289369009657495622871030243625907724 12
2190943008717556926257580657099120166596224360802428700245473620363 94
8412559548817272724736534677836472019183039987176270375157246499222 89
4679323226936191776416146187956139566995677830682903165896994307673 33
5082349907906241002025061340573443006957454746821756904416515406365 84
6804636926212742110753990421887161276177870142588648257752238891845995
2337629237791558574454947736129552595222657863646211837759847370034797
1408206994145580719080213590732269233100831759510659019121294795408 60
3640757358750205890208704579670007055262505811420663907459215273309406
8236494415908910092202966805233252661989113118420162916310768940847235
6436680818216865721968826835840278550078280404345371018365109695178 23
3574303050485265373807353107418591770561039739506264035544227515610 110
7261779370634723804990666922161971194259120445084641746383589938239946
5173955090008594799901360266742614942900664671150671754221770387745076
7356374215478290591101261915755587023895700140511782264698994491790830
1795475876760168094100135837613578591356924455647764464178667115391951
3576961048649224900834467154863830544779143300976804868783481846727 33
7584368927243104474068076852786255851650920882638132336231487333367 14
7645204508766276149503899495048095604609896043291233583488599902945 26

4002849942808786240398118148847673012167541611066299955536681931232874
2570206373835202008686369131173346973174121915363324674532563087134730
2792174956227014687325867891734558379964351358800959350877556356624881
0493852999007675135513527792412429277488565888566513247302514710210577
5352516511814850902750476845518252096331899068527614435138213662152368
8905787866994322888160283774820355060160298940091197138501798716836337
4413927597364401700701476370665570350433812111357641501845182141361982
3495159601064752712575935185304332875537783057509567425442684712219611
8709178560783936144511383335649103256405733898667178123972237519316430
6170138595394743678433926709867124522111896908402363274114966012434830
9892994173803058841716661307304006758838043211155537944060549772170594
2821514886165672771240903387727745629097110134885184374118695655449745
7368452180669829110450580042998879538990278043835962824094218605562877
8842880212755388480372864001944161425749990427200959520465417059810499
8996750451193647117277222043610261407975080968697517660023718774834801
6120310234680567112644766123747627852190241202569943534716222666089367
2198331118135111465038548950251206557726361454736044268594980743969323
3129712737715734709971395229118265348515558713733662912024271430250376
3269501350911612952993785864681307226486008270881333538193703682598867
8933212383270532976258573827900978264605455985551318366888446282651333
7984916678394097613537662517982582496634587719501243840403591408492099
7337546424744881761840700235695801774101776969250778148933866725578988
5645898510568919609243988415692806969833522402256345704973122452693544
1938370048431833571965166267215755241934019330990183193091965829209699
6562476676836596470195957547393455143374137087615173236772042273856744
2791706982045499530959188724349395240944416789988463198455048523936622
9720797774528143994182567894577957125524268260899408633173715388962622
8896294021121088844273765686245276121303710173007851357154045330415079
5944777614359743780374243664697324713841049212431413890357909241603644
0631403814983148190525172093710396402680899483257229795456404270175777
2290417323479607361878788991331830584306939482596131871381642346721877
3084513387721908697510494284376932502498165667381626061594176825250999
9374167288395174406693254965340310145222531618900923537648637848288133
4420987004809622717122640748957193900291857330746010436072919094576799
9461492929042798168772942648772995285843464777538690695014898413392455
4039414468026362540211861431703125111757764282991464453340892097696169
9008372665236176874560589470496817013697490952307208268288789073019001
8253425805343421705928713931737993142410852647390948284596418093614133
8475831136130576108462366837237695913492615824516221552134879244145041
7568480641206365201703863301295327776990231186480200675569056822950163
5493199230591424639621702532974757311409422018019936803502649563695586
6425906762685687372110339156793839895765565193177883000241613539562437
7778408017488193730950206999008908993280883974303677365955248913001566
6332940779071396154645340887915103006513219344866732482759079468078799
8194250195826223203951312520141099605312606965554042486705499867869233
0217469890095478507256729787947698888310934874644264007181831603316555
5115342761556224054744733780492462149521332585276988473362691826491743
3898782478927846891882805466998230368993978341374758702580571634941355
6843392939606819206177333179173820856243643363535986349449689078106400
1967407443658366707158692452118299789380407713750129085864657890577142
6833582768978554717687184427726120509266486102051535642840632368481800
7287940717127966820060727559555904040233178749447346454760628189541511
2139162918444297651066947969354016866010055196077687335396511614930937
5709685545593815137895690392510149532656281470119983269922000663928753
7471313523642158926512620407288771657835840521964605410543544364216655
6224456504299901025658692727914275293117208279393775132610605288123537
3451068372939893580871243869385934389175713376300720319760816604464688

393772580690923729752348670291691042636926209019960520412102407764819
031601408586355842760953708655816427399534934654631450404019952853725
2004957805254656251154109252437991326262713609099402902262062836752132
3050651839340574501120993414649184333236465693717259144893241590062420
2061288573292613359680872650004562828455757459659212053034131011182750
130696150983551563200431078460190656549380654252522916199181995960275
232770224985573882489988270746593635576858256051806896428537685077201
222034792099393617926820659014216561592530673794456894907085326356819
6831861772268249911472615732035807646298116244013316737892788689229032
593349861797021994981925739617673075834417098559222170171825712777534
4915082052784309046194608352174020058386728497094110232669539214454610
6621500641067474020700918991195137646690448126725369153716229079138540
393756007783515337416774794210038400230895185099454877903934612222086
5060160500351776264831611153325587705073541279249909859373473787081194
253055121436979749914951860535920403830235716352727630874693219622190
064260886183676103346002255477477813641012691906569686495012688376296
9072339612762872230411418136100602640440300359969889199458273976241146
137448040596970625767647237660655416185746905272292382282751867991569
8339074767114610302277660602006124687647772881909679161335401988140275
7992174167678799231603963569492851513633647219540611171767387372555728
5229400543617851765023075446938693078734991103521825329297260445532107
9788771144989887091151123725060423875373484125708606406905205845212275
4533848008205302450456517669518576913200042816758054924811780519832646
032445792829730129105318385636821206215531288668564956512613892261367
064093953334570526986959692350353094224543865278677673027540402702246
384483553239914751363441044050092330361271496081355490531539021002299
595756583705381261965683144286057956696622154721695620870013727768536
9608407048333251327931122325071486302069512453950037357233468070946564
8308920980153487870563349109236605755405086411152144148143463043727327
104502776866195310785832333485784029716092521532609255893265560067212
435946425506599677177038844539618163287961446081778927217183690888012
677820743010642252463480745430047649288555340906218515365435547412547
6152769772667769772777058315801412185688011705028365275543214803488004
442979998062157904564161957212784508928489806426497427090579129069217
8072987694779751124473059914060506299468942809310342164166299356148281
309988707452927160484336308184041264696379258430941854422163590845761
460785585624738149314270782662151855416038702068769804617474008083243
436653823545551094494984310934947599446726736653525176627067721941831
919771963780157021699336750837600571634546436717767233875886434056448
715669643210412825956453498413884128904206820470076155969168430389993
4836679354254921032811336318472259230555438305820694167562999201337317
548912203723034907268106853445403599356182357631283776764063101312533
5212141994611869350833176587852047112364331226765129964171325217513553
2618676819423387903654689080018271352835848884441117612341011799187092
3650718485785622102110400977699445312179502247957806950653296594038398
736990724079767904082679400761872954783596349279390457697366164340535
979221928587057495748169669406233427261973351813662606373598257555249
650980726012366828360592834185584802695841377255897088378994291054980
0331113884603401939166122186696058491571485733568286149500019097591125
2188003964197621635593757437180114805594422987304181968080856472657135
476128316292004498803154021055305970766663627493283089168809323592900
8178741198573831719261672883491840242972129043496552694272640255964146
352591434840067586769035038232057293413298159353304444649682944136732
3442158380761694831219333119819061096142952201536170298575105594326461
4685054526849757648078080092213358113781977492717685450755383287688744
7459159373116247060109124460982942484128752022446259447763874949199784
0446829257360968534549843266536862844489365704111817793806441616531223

600214918768769467398407517176307516849856359201486892943105940202457
969622924566644881967576294349535326382171613395757790766370764569570
259738800438415805894336137106551859987600754924187211714889295221737 7
211460811543449826654798725800566747240511220073834592715757277152185 8
994694811794064446639943237004429114074721818022482583773601734668530 0
744985564715420036123593397312914458591522887408719508708632218837288
262822884631843717261903305777147651564143822306791847386039147683108
141358275755853643597721650028277803713422869688787349795096031108899 1
961433866640684506974207877002805093672033872326296378560386532164323
488155575570184690890746478791224363755566686780676105449550172607911 4
293083128576125448194444947324481909379536900820638463167822506480953
181040657025432760438570350592281891987806586541218429921727372095510
324225107971807783304260908679427342895573555925272380551144043800123 9
041687716445180226491681641927401106451622431101700056691121733189423 4
005479596846698042980173625704067332821299621536848814041021944634246
462207455756439604529853130714090846084996537678037932018991408658146
621753193376659701143306086250098295669176388460567629729314649114937 0
462446935198403953444913514119366793330193661766365255514917498230798 7
072280860859626112660504289296966535652516688885572112276802772743708 9
173896397722575648905334010388559311256799915165890250164869614272070 0
591605616615970245198905183296927893555030393468121976158218398048396
056252309146263844738629603984892438618729850777592879272206855480721
049781765328621018747676689724884113956034948037672703631692100735083 4
073865261684507482496448597428134936480372426116704266870831925040997 6
153190768557703274217850100064419841242073964001396036015838105659284
136845741191027364202741637234882145241013477165296031284086584197879 5
111651152982781462037913985500639996032659124852530849369031313010079 9
977191362230866011099929142871249388541612038020411340188887219693477 9
044975274542880728035093058287544207551348166609278793535665212556201
399882496284787262144323628536765025914504683776352825876521391564809
721419296755493843755826002531685363567313792624758780494459441834291
727569883762262618463654527434976624111384513054814498363117897844897 3
207671950878415861887969295581973325069995140260151167552975057543781 0
242238957925786562128432731202200716730574069286869363930186765958251
326499145950260917069347519408975357464016830811798846452473618956056 4
794263580705625632811892696630264795359510971276591362331808669215357 8
860781275991053717140220450618607537486630635059148391646765672320571
451688617079098469593223672494673758309960704258922048155079913275208
858378111768521426933478692189524062265792104362034885292626798401395 3
216458791151579050460579710838983371864038024417511347226472547010794 7
939969535546696197267632552299146549334996632341859514503609803440922
122067125676987234279407088570704742931733291885238967219713539244924
261786411886377909628144869178694681775917171506691114800207594320120 6
196963779510322708902956608556222545260261046073613136886900928172106
819861855378098201847115416363032626569928342415502360097804641710852 5
537612728905335045506135684143775854429677977014660294387687225115363 8
011917581540281208182556064854107879335989210644272448986189616294134 1
800129513068363860929410008313667337215300835269623573717533073865333
820484219030818644918409372394403340524490955455801640646076158101030
176748847501766190869294609876920169120218168829104087070956095147041
692114702741339005225334083481287035303102391969997859741390859360543 3
599697075604460134242453682496098772581311024732798562072126572499003 4
682938868723048955622532044636026398542252584164643242716114198178024 8
259556354490721922658386366266375083594431487763515614571074552801615
967704844271419443518327569840755267792641126176525061596523545718795 6
673170913319358761628255920783080185206890151504713340386100310055914
817852110384754542933389188444120517943969970194112695119526564919594 1

8997541839323464742429070271887522353439367363366320030723274703740712
23982562024662651974090199762452056198557625760008708173083288344381 8
3107005451449354588542267857855191537229237955549433341017442016960 00
9069641561273229777022121795186837635908225512881647002199234886404 39
5915301846400471432118636062252701154112228380277853891109849020134274
1014121559769965438877197485376431158229838533123071751132961904559007
9380642766958190148426279912217929479873489018684716765038273285520 59
0829845298062592503521284519259279865935061329619467962523739725655 84
1578537445675589980324054921869628884903325608514553443916602262577 75
5129162007727968526293879375304541810807292858919897153817973434961 87
2329276147478501926114504132748732429705834084711123337462746172746265
8241532427105932250625530231473875925172478732288149145591560503633 45
7542423377916037495250249302235148196138116256391141561032684495807250
8273431765944054098269765269344579863479709743124498271933113863873159
6363612186234972614095560799206283169994200720548115253533939460768500
1990988655386143349578165008996164907967814290114838764568217491407562
3767618453775144031475411206760160726460556859257799322070337333398916
3695043466906948284366299800374145276277165476238255461708831898108 68
8068478537055364804693509588180253605297407935386765111950793732820831
4626896007107517552061443378411454995013643244632819334638905093654571
4506900864483440180428363390513578157273973334537284263372174065775 77
1079830517555721036795976901889958494130195999573017901240193908681 35
6585539661941371794487632079868800371607303220547423572266896801882 12
3424391885984168972277652194032493227314793669234004848976059037958 09
4696041754279613782553781223947646147832926976545162290281701100437846
0387565441517394339600489153188175766505009516974024156447712936566 14
2539493688842305174001299205568542898538979426699567770270891465137 36
8922061044154816621568042198384767308717875902792091759006952734566 82
0265133731115180001814341209626016586298210766635233617740078377834237
0915264406305407180784335806107296110555002041513169637304684921335683
7265400307509829089364612047891114753037049893952833457824082817386441
3227100029683119402033234564208264732762338302946393789983758365545599
1934086623509096796113400486702712317652666371077872511186035403755448
7418693519733656621772359229396776463251562023487570113795712096237723
4313702120310049651521119760131764194082034373485128526029133349151250
8311980285017785571072537314913921570910513096505988599993156086365547
7403551898166733535880048214665099741433761182777723351910741217572841
5925808725913150746060256349037772633739144613770380213183474473011130
3267029691733504770163210661622783002726928336558401179141944780874825
3360714403296252285775009808599609040936312635621328162071453406104 22
4112083010008587264252112262480142647519426184325853386753874054743491
0727100497542811594660171361225904401589916002298278017960351940800465
1353475269877760952783998436808690898919783969353217998013913544255 27
1791022539701081063214304851137829149851138196914304349750018998068164
4412123273328307192824362406733196554692677851193152775113446468905504
2481133614349846048490512583456832664415284897139723760403282126602535
1669391408204994732048602162775979177123475109750240307893575993771 50
9502175169355582707253391189233407022383207758580213717477837877839101
5234132098489423459613692340497998279304144463162707214796117456975719
6812392919137409829258055619552074342432959828989805292333664154192 56
3673806894942014712413405250722040617943552525552250087487900865683 14
5428351677505422948032747830440564385815919526667582829297052261276 28
7110401348017872248017896840524079243605827424674430767216452703134513
5416764966890127478680101029513386269864974821211862904033769156857624
0699296372493097201628707200189835423690364149270236961938547372480 32
9855045112089192879829874467864129159417531675602533435310626745254507
1141814832398806072971402347255207134907983989823552687239509093656678

7899238371257897624875599044322889538837731734894112275707141095979004
7919301046740750411435381782464630795989555638991884773781341347070246

9770307642460834898761013457093948770029461757920619525492557571090385
5251714885252656710453498134198033906415298763436954202560802776144219
1431892139390883454313176968510184010384447234894886952098194353190650
6555354617335814045544837884752526253949665869992058417652780125341
0338964698186424300341467913806190280596078548880107897055169462152287
7309010446746249797999262712095168477956848258334140226647721084336243
7593741610536734041954738964197895425335036301861400951534766961476
2556518738232924685473569358028960115367917873035531593783630822486151
7777054157757656175935851201669294311113886358215966761883032610416465
1714846979385422621687161400122378213779774131268977266712992025922017
4087700769562834739322010881593562862819285635718933849588506038531581
7976067947984087836097596014973342057270460352179060564760328556927
6273495182203236144112584182426247712012035776388895974318232827871314
6080535335744942976217967890345681698895535185044783256163807094769516
9908624710001974880920500952194363237871976487033922381154036347548862
6845956159755193765410115014067001226927474393888589943859730245414801
0612359080362745852884935632515853843832424932526660875889083187007091
0023737710657698505643392885433765834259675065371500533351448990829
3887737352051459333049626531415141386124437935885070944688045486975358
1702129084907873478068143663233228194158273456713564431715379678180581
9585246484008403290998194378171817730231700398973305049538735611626102
3999433259780126893432605584710278764901070923443884634011735556865903
5852449193701810416262085042992586974358170981338940459344719374938
7762423240985283276226660494238512970945324558625210360082928664972417
4919141988966129558076770979594795306013119159011773943104209049079424
4488685130868444937059090260061206494257447103535476578592427081304106
1854621988183009063458818703875585627491158737542106466795134648758677
1543838018521348281915812462599335160198935595167968932852205824799
4210345127158771633452229954188396804488355297533612868372259353900792
0166694133909116875880398882886921600237325736158820716351627133281051
8187602104852180675526648673908900907195138058626735124312215691637902
2773287054108420378415256832887180469879525130732663402785190594173
3892035854039567703561132935448258562828761061069822972142096199350933
1312171187891078766872044548876089410174798647137882462153955933333275
5620094395804345379197822805903959599274369137937786649409640487778417
4833643268402628293240626008190808180439091455635193685606304508914228
9645219987798849347477729132797266027658401667890136490508741142126861
9698620441269652829810870454798615595453380212011556469799767857389201
8624359932677768945406050821883822790983362716712449002676117849826437
7033002081844590009717235204331994708242098771514449751017055643029
5428218196700092025156158441742059336581481349026931115170938722600264
5863056132560579256092733226557934628080568344392137368840565043430739
6574061017779370141424615493070741360805442100295600095663588977899267
6305177187819437067614982175641865901161608654086353915130392013168057
6903417259645369235080641744656235152392905040947995318407486215121
0561833854566176652606393713658802521666223576132201941701372664966073
2520107719479312652827633024138051649071745659648537483546691945235803
1530196916048099460681490403781982973236093008713576079862142542209
6419004367905479049930078372421581954535418371129368658430553842717628
0352791288211293083515756565999447417884383815651484342298587042455924
3469329523282180350833372628379183021659183618155421715744846577842013
4329982594566884558266171979012180849480332448787258183774805522268151
0113717453684178702802744524429054745182346749195641885512444213377835
2142386597992598820328708510933838682990657199461490629025742768603
8850511032638544540419184958866538545040571323629681069146814847869659
1668618427567984600418687622980555629630459532279230516167215919686758
4952363529893578850774608153732145464298479231051167635774949462295 25

6949766035947396243099534331040499420967788382700271447849406903707 32
4910644415169605325656058677875741747211082743577431519406075798356362
9143326397812218946287447798119807225646714664054850131009656786314880
0903037493388753641831651349825466946733161181233648543976493250261795
4935720430540218297487125110740401161140589991109306249231281311634054
9262571356721818628932786138833718028535056503591952741400869510926 16
7541476792668032109237467087213606278332922386413619594121339278036118
2763241060047409711110481400036233427145144833346416754663546997314947
5664342365949349684588455152415075637660508663282742479413606287604 12
9064491382851945640264315322585862404314183866959063324506300039221 31
9264762596269151090445769530144405461803785750303668621246227863975 27
4666787012100339298487337501447560032210062235802934377495503203701 27
3846816306102657030087227546296679688089058712767636106622572235222 97
3920644309352432722810085997309513252863060110549791564479184500461804
6762408928925680912930592960642357021061524646205023248966593987324 93
3967376952023991760898474571843531936646529125848064480196520162838 79
5189499336759241485626136995945307287254532463291529110128763770605570
6095313775277518679232921349552451330898679691651290738413021675732 38
6375758200803635757280027544903279530799007994425411087256931880146679
3559583467643286887696661009739574996783659333978463469599489506104903
8364740950469522606385804675807306991229047408987916687211714752764471
1604401952718169508289733537148530928937046384420893299771125856840846
6083399340456890267875160087754612679880154658565220612109534907967 07
3655397025761994313766399606060611064069593308281718764260435734253617
5694378484849525010826648839515970049059838081210522111109194332395113
6051446459834210799058082093716464523127704023160072138543723461267 26
0997870385657091998507595634613248460188409850194287687902268734556 50
0519121546544063829253851276317663922050938345204300773017029940362 61
5434001322763910912988327863920412300445551684054889809080779174636 09
2439334912641164240093880746356607262336695842764583698268734815881961
0585718357674620096505260659292635482914990457683072108932458570737 01
6607173981944850288426039636607460311847862258310565808708703055675958
6134170074540296568763477417643105175103673286924555858208237203860 17
8173940517513043799486882232004437804310317092103426167499800007301 60
9481458637448877852227307633049538394434538277060876076354209844500 83
0624763025357278103278346176697054428715531534001649707665719598504 17
4819908720149087568603778359199471934335277294728553792578768483230110
1859365800717291186967617655053775030293033830706448912811412025506150
8964110076238245744886551825810581403453201247547232690875475070785776
5973254284445935304499207001453874894822655644222369636554419422544 13
3821222547749753549462482768053333698328415613869236344335855386847111
1430498248398991803165458638289353799130535222833430137953372954016 25
7623228081138499491876144141322933767106563492528814528239506209022357
8766846501166600973827536604054469416534222390521083145858470355293522
1992827276057482126606529138553034554974455147034493948686342945965 84
3102419078592368022456076393678416627051855517870290407355730462063 96
9245330779578224594971042018804300018388142900817303945050734278701 31
2446686009277858181104091151172937487362788787490746528556543474888683
1064110051023020875107768918781525622735251550379532444857787277617001
9648537035551676552091193393437628662846198440262952521836785223674751
0880978150709897841308624588152266096355140187449583692691779904712 07
2649490573726428600521140358123107600669951853612486274675637589622529
9116496066876508261734178484789337295056739007878617925351440621045366
2506404637288156982323175005962610809219552111508593029556549675388626
1297233991462835847604862762702730973920200143224870758233735491524 60
8560821032888297418390647886992327369136004883743661522351705843770 55
4521081551336126214291181561530175888257359489250710887926212864139244

3309383797333867806131795237315266773820858024701433527009243803266951
1742119507670884326346442749127558907746863582162166042741315170212458
5860562336314931646469139465624974717419583542186077487110573384584336
8993964591374060338215935224359475162623918868530782282176398323730611
8020424656047752794310479618972429953302979249748168405289379104494700
0459086499187272734541350810198388186467360939257193051196864560185578
2450218231065889437986522432050677379966196955472440585922417953006821
0451795370043472451762893566770508490213107736625751697335527462302944
3031203596260953423574397249659211010657817826108745318874803187430823
5736991951563409571627009924449297491054898515196586647401482251063355
3679497371425102293418825851173719944991150975837461301055050641977215
3192935487537119163026203032858865852848019350922587577559742527658401
1721342323648084027143356367542046375182552524944329657043861387865900
1965738802868401894087672816714137033661732650120578653915780703088711
4261519075001492576112927675193096728453971160213606303090542243966320
6743235827978893323244057791992784846333397777376559018705748068286788
3479656241461028995084873996929707504327530299728722973279344429886466
4127253481606037797072982991730292963086958019963124133049393504933255
4123550710544611825911411164545347103298810478440677801380771314654000
9938630648126661433085820681139583831916954555825942689576984142889374
3467084107946318932539106963955780706021245974898293564613560788983477
2419979478564362042094613412387613198865352358312996862268948608408455
6655606876954501274486631405054735351746873009806322780468912246821466
0806727627708402402266155485024008952891657117617439020337584877842911
2896232470591918746910420058483261406773337510271956539946971625172488
3122306339193287079838007484857265161234349332733566644733585564302355
2808839243482787608861649432893991663992104883078477770480457284914566
3033532650700295889062659154985094079727675671297950100982294762289611
8915914415200322838787734851309790810191292672271037788980539641563622
3641691549857684083984688616843754070651210390625061281076637990479088
8796747780697384731704752534421563903872012388063236880370179493089544
9007763315230635483742568166533616066419800301882871237674818983302466
8363714883092592833759022789425880600872860388591688497306939480205112
2176635913825152427867009440694235512020156837777885182467002565170855
0924962374772681369428435006293881442998790530105621737545918267997322
1773502936892806521002539626880749809264345801165571588670044350397650
5323478287327368840863540002740676783821963522226539290939807367391366
4082898722017776747168118195856133721583119054682936083236976113450281
7578302029348459829250008956826302712632958662921476531422333517930933
3879513570953463771836840924444220963193312956203055755173400679737400
6141621079236334238056468500920371671526425563718538895714164197723877
4226105966673969971731681694154350952831935564177056686222152179911513
5563970714331289365755384464832620120642433801695586269856102246064600
6933079384785881436740700059976970364901927332882613532936311240365069
8652160638987250267238087403396744397830258296894256896741864336134977
9475245526291426522842419243083388103580053787023999542172113686550275
3413622116931406946695131869281025747959856051450050217159133177516099
5786555198188619321128211070944228724044248115340605589595835581523201
2184605820563592699303478851132068626627588771446035996656108430725696
5005630644891875994665967728471715395736121081808415472731426617489333
1341746326623542220726001460127012069346395205644455432916629866607833
0890681187900908152950636267820756143888157813511346953663038784120923
4694286873083932043233387277549680521030282154432472338884521534372722
5012858974769146080831440412586818154004918777228786980185345453700655
2665564917091542952275670922221747411206272065662298980603289167206874
3654948246108697367225547404812889242471854323605753411672850757552057
1311566979545848873987422281358879858407831350605482905514827852948911

219053831956242287194847594078593980479010941940706717644390327307121
358873850499936388382055016834027774960702768448802819122206368886 3681
104356952930065219552826152699127163727738841899328713056346468822739
828876319864570983630891778648708667618548568004767255267541474285102
814580740315299219781455775684368111018531749816701642664788409026 2682
824448258027532094549915104518517716546311804904567985713257528117 9136
562781581112888165622858760308759749638494352756766121689592614850 3078
536204527450775295063101248034180458405943292607985443562009370809182
152392037179067812199228049606973823874331262673030679594396095495718
957721791559730058869364684557667609245090608820221223571925453671519
183487258742391941089044411595993276004450655620646116465566548759 4247
369252336955993030355095817626176231849561906494839673002037763874369
343999829430209147073618947932692762445186560239559053705128978163455
423320114975994896278424327483788032701418676952621180975006405149 7558
896502930048676052080104915378854139094245316917199876289412772211 2946
456829486028149318156024967788794981377721622935943781100444806079 7672
429276249510784153446429150842764520002042769470698041775832209097020
291657347251582904630910359037842977572651720877244740952267166306005
469716387943171196873484688738186656751279298575016363411314627530 4990
191356468238043299706957701507893377286580357127909137674208056554936
246464126002437968454377733902647251281941632007684873625176406596754
069362175887930785591647877727473927200291034294956244766130820072925
073452917076422662104767303786316995423745511745652202278332409680 3524
667663190861011206745856287317413511162292078865132941244815471628 1820
798771683463413223622341177882310276598251093588923591620551087632 9808
799316517252893800123781743489683215159056249334737020683223210011 8637
395770567473867102173212375224325241626358034376253606808669163571594
551527817803921774322823436633772811186390511893075901666650742952 7583
840085446354193171905313636597249051584091065822018147347990223590671
381469051160519223012694823161134174399447148330408624842691395023 3671
341242512386402665725813094396762193965540738652422989787978219863791
829970955792474732030323911641044590690797786231551834959303530592 3789
817515891457650408025109479123421758482841881950138546165680301755035
580054944894884871351605375593402345748979516602442338321406030095937
105588457052515704266284600354402823678768550982678161765520375795655
481677896038927498355608791541177749423573400764161093294003899982 1992
672570869573260687749742248020233075251876502559684207606932209886876
798988964607443817881700815488952265167228340452772191069914157646394
852311267947308658031950764551976756289574288817968120900263871452 5785
831527761510908863174024369568056787301523542780479341426649522383370
711751126537550394237209878466804913947344653071407962259728713050 3077
258714875570502582573466866613802351426056116197405543436548698005 4448
792959702875903522584097826835986664465860456942413907290952662499329
029734405681606838057266260572770884070734714960600645614540707344327
825140874742755067223048453570060922143900029929816082117170479176 1450
519100813267037521493074056785331110605835291278100739174994919784 5112
915913681107394055175208019630539350740248509553772500367054665162 3304
304250874423242624046321150789973369299854070416562610419767002024 1509
489241185609240963760442961200236459070644977062720791901923596480 7048
923636979860198283087284228564752353162882791324295524814447505521909
672046080689545181712204930321853740627247421519740305769043602686360
780792004776232429551829473522027244376339027721392087767065716241639
751785859254426923428535274328856336850789651962072519416556061870370
550218462845434257850383000095374518292958440464918838685793483961 1512
971605816657450967036774958366666931218817636796449436171304160372430
506584851317492640558551940180051809084752118682246169761492432383 1948
643441590855801107307031120150224341607315792952875293683582039700 3389

1121141706852193665897894595031543895890153038271430019295890741499435
9289408309707707836287591448403704503861896697581120185231923186865996
803858381237032915620757883594878094168820553160512819015264759280757
4958154564221341459378167056992868299895611982353837157880480478704584
1753946654976901732203108900703033629117673084484503721456696444014695
4517385743415781015861878383927855260939913057025557555906094705149 80
9348777332007279757303824598946680968082222134848587382299928179409 08
2566520958165547247524456674369759447468637633242890426977610679193 39
1098330042231029372829879890320939109268283630617361017387812367989 86
4514931170243712828588263048629888449220741564060714705913740552466575
6971870217355287245439427714809179364437650637861861324348635797411258
5208634599278036887924983543632984576876501650651153450086957212395075
4478568317363155715352704652423525973751340882546160966144074667551 42
2683603195980107215246355106917187133573168548563128085783443562367 09
5965094994696882066118511808603420282133180124941099150260143545001743
2730793625113070298250499417994284451146479329154599555909587807621636
6685917910654359660652535253202736507259891212556868428020772464877 22
0109966318295595529033933122843648644759735608598407609472983895424 33
9326231532399189818522641808312963335463568748288634656185048106322 88
8055967378445620009414656034992808794051153100575871295525719641115068
5034077371060438037125957559698594936205847751202635494734753474818 92
6225419035267161442928489985753674069216527163008606065437373682355 65
8862648634368915321809557220445677713736831045807558452961283283260 63
1962972852796667436297480082131862792186904428434263073576070399966 94
3078950814726973025381737569492275179535432615691204059483286094999 23
6641228788122641914850485632807206641855705952037503032291689448942 75
7830609091085241060140068327420558396977382315073499610875876370425 55
6496408685507194225634496673243065625925047458176273328181601701969 81
6654242637876360145303594653845032547667499973734083566513818602515 65
2028363738917101654541488267444800910570418616262683797112088614135727
9611099088292970229692128180978798951391504270936786444983196420134566
8339087759430064424856230121246145116979219396344095080832292812942704
3659914648274998437594211302041829730841717881309037955854560324717081
9195302771465794555475544754284434408139388908609776017857389307518 66
1906505018077165001840744325854024184360501118242990702323417243674525
3653495947990633345407543718126993998337192184854187359798453489345 92
2685150681826624900780293350126588249742262418853525266367028276624 99
3498294887483310617642084290169230528996089786041300651090281798050 40
5871076711790411302174827966823530019602202531855767898433175868063783
5996879160153892222023657576558158661140919939486159920915991755334178
3033347643131635012705390697079326567812415906434284721360235218236 74
1214733124499944334155915274315931687477882533155092770336202901222 59
7794809855392200064527162280855398278906584233447552821276517650572 66
3267691141075034845871896996434875775138479148183635100621466818585096
3488870814569767220201679911994624177766889079171368659459607264685388
1077878300216136827669702622345941873747673353799888440342704680304 25
5169412715873932039844437460454781611305662517641275982118193966110185
0562880555942566060032312116180994622129301002470913347150682268430458
6803009042428616820255621409460879000651910994955708158165058289833 40
7394660844575657806366902728434620185873282529247965052866814085035 38
5198375236374519256227954902905579070302839501048548359298345428144 87
3043580470533150815105030015214281171753936491331661726212354055278633
0800208317705563029496359420165433309409417719632623411938710516157010
1798053551679370860291366756986097124120368583812957695307798141365 70
0174761356966986146068491439699573837631695824602513342108072621713 60
1943018087209888551415024163818325975259593165531865833117126857941527
2066122184226614118251546574848783126103478345467492583087299854474212

064450952332450508774314961665552517971680209917200264093749219075699
368963302813916472089635817717355558485927065245048625164195405508013
435103233898133783024977018227549063814999647233340796130414697394763
726508692733471084156856084309213162404346298639208416600559045985064
9124350526476606760034444161818640367008377411410109432058895559865867
0077863671896944089622321374034113597199133135946553685446692367652589
012108413777432482191812747847892287264892970032371873456157981599834
839100412601050746964599430331978810634913923812490503061433407918328
0040639070986725961970983112659601474737253305268537177421465540058739
246237276173649051987133680677239525707813606866832613950143295094748
5159472466752720168431658660880751276858475554118438116901162200555211
3484488960668259227431319007963011587084670117654935393046563356225311
2447277966690058311906161019726630739705425314398184573794494867801346
182178759390769996020290839656772878469057364015640150476964489939475
4147460833991869688927115694234549265124664550779255402810503762203596
7530558601856492056062879090769453339208808849477828894851122154743230
191383245562993881020614490266876010207753210915684977830740859649857
967152617010039475494539917698791323546550106407355816999409756248149
967443278429202762644189793918158394562708173301582160225519659898769
3761640198612074667550488611108557267645070526224461302223358520722736
204850572892388158849387545352291863997143808840617572862209501225065
15863104258884134355431973729856217753072022262947555524830444453404348
8887858117034134534252235431940787797284676018158322709774518092934219
318981581248283265895004070485520609989378390034191416304463916388054
9658786501375046341695655156618298878630705842306967660254053024811471
0078997842118304890104640568965397028855955309255586360521589573751140
8956490584415677493710585964801431587461449125054925319116465382158519
737009328019453032057262845265804604633781663142993307664664653076059
054896288872418971606022588261757753992205513150937720062486308556282
0493575752724995567089221634233983602565328731029194007041176919220850
0151167356701019589710017970195781208929109694177543699043682025630240
548226254019056965077105815742407214963395603652702833344073057500736
7456226058464988611510168961218111905847171446106871976101745658737379
67406971374232387538390303172002002072059284888785123911746471673743737
9232838819662016876221913462338937625995270256721386221124589802121305
0140728890430032253550409586681872413936993819306914874471718664618311
194260316100407037731648700186479060024304400324224118094102278533309011
509880870678268835317200767522553138008818780431690190072804831799287
4141254761230896068330958283776676882875786886830929760010119745338983
319525886196301329170943858166153741717944963191771543125069598534812
856846193776698942774591709188025200127499055594072896965947933316722
436215678967769667080352290390184857308062756708676586271047694092035
655930253527434189659270022270492331868299915609364137570049885373045
963961527346293969749517480626964517930187199867885375814159757993148
066085572325683743052827641756700502880404894298995809481035348339341
449278859252621924155472319971433850866373209266327282435149336407045
8968385234562474436117525676698776759722343920635750747155291810276261
401299248042288399029787992541851749912963028399072963558857989059331
779590876907390564602562353356722155225946883829845288292296627513716
242217295467867071584092418408414755758253938524096330205134970474069
5399567897981727860920462286839735779815111868152659884606949758965481
3146511503926263777495137615572481951161198772503445647107385134359273
555387124623755981938132142384415819290700463897716838872079163617414
324970791096581627464297170728717251427458983568970955346268201690853
561089448984071005819203021769451207717745887955195104733841847399807
963067678858451675757299043069715426423834980098708699336709121083944
535062459224323123482785496603746571880148929379451478705406079245759

0060121962212392872001721558866634573497140953372115165598575794172441
9889026167016101611557834315025460328781198424027484608510722406676778
760855247617773833089502610064388350550205456324346167859451941795669
8749685152448838475136181806671083161655642093692705206118985172926171
417144346555087063060635510129494003097591677991584260491971209543227
026784326542965724032720887143219996453132025871096771651285496699625
5269860731176371820749882739977060199136209308323073683820645573256376
598291257813149222422042797124144162995126594563979275938038380478262
3160424325399132851123032247037561942321733047854078576244013291717992
979240783390715757981426816864655382946847399205888631655934919867896
962840447344968024077092831376408103352255242717404107673565424441004
4833474401017264410529547872963458986405012036080244511903509949744939
736171815752770937802092366681358416362683192634067141827974213425462
207054156000509596740456168404517717479527903532549325891204833857465
900967817304160005210889346107687540042419778030828851812001733695591
2713771419501136130440975327919050489158324639914348353164868154857917
8632935123925552510211182788573696060276931301469661433449642302114382
483705633532793858895267672076688971274435815632088106650149568143558
796576909857765902768707453659276364975553449617308078160987103248013
795136170367763457594975686208013996374551762425147780628722265971455
482906769295713643572152674468987889418820751292225756509143552828874
614195097862427527881571566400763721037803194043095844272549269987169
2343318900221415031139987652606887615667402101972017196023908610829749
2763956954115303227546017387079562599357978530244347671639959146231793
123998998692843797570249236955158729768385400522765149561444710597196
2889888157109415171701518114743513643854005116246202131174800791983749
7001004713634325232815789113554504533719052750682291561850033284695679
262262081904424733403625038927920715859600393631533688427243753667996
9864793474113319832861944146065392278409990314384035456504705678955202
4827176011874335643690243503085631309559055250390492731613311734922584
6446090245350791901844112993216997704518328535864804285568222087372136
1649058630325636891308410376021567992702000532235543980465311933977545
904404507856802139846500969342954731026924994758646605809166998416068
4646087293943808274308285817479694172872990311013192675573897984091364
253479694943480377703364634958476862982590103470727861218623001986607
9877826842459338356389195702068535216032116352300649887446002001704130
5698536515466875202385937518328037285114327481169968369284922044738057
0633496618711240947835915869626858643589141359854253577688774932743634
514754488640868818030369652431755688300205860773256959716086485415834
4684324899630770113713446751569302448854820771241335577323069494580672
678452359436315078727281579015730700331787968544362795257190236232746
1426286873273800949774112285623766321490465329407202619753907174042225
953924288816455979657003095714138910693684503626823105398674375324005
270153474589332567951494185453780882706345729596216908538353537038141
8115573816378209032561519869745357646412125498076005156141707298046994
8135934831505681166427932193352798227147157673401860887215187996693502
527007575560997198828630642854481282751392806947027501481632897273143
473485285295046048832716739789815636788047804436021090073207273697493
446304997314425715604331336903876181009488731207134827108158898574832
6585420751007795311832686170803707093592761493678253085834048235100363
2166378957426202550350116861543407379504516482896755698358935522020173
6795480757819095026979812711487034311903631122461282953038205128704309
2947197459469082102563478899543177152437969621128122450342606639926885
2133079196370277780448857920573046990800923440186638113252097123096476
059989947925759851008173039606822219975327301606582628527582576695078
5472603493829813358252817867060851265600226887178112535978293373477914
127362841886561759208328794474109697038798547369840254580632948350223

5939354358748022398976091629625011047393116944910066690723063469313016
9711820632535269244043840093724284428209709364856909468920087371753252
5570305435398287278123011398080938670154748858034456318713196026785487
9389331620500767526411204439023758334272429869965478636853410284885737
025472550236566341868091903838867078790720840361940216467012153483797
8151832826472578628815207101081499558980338118961569441756761340717046
5385121709021237778843336496518721199054075818773943975283641439530442
4591390317881300418879188711455314826746998705558793104024038888408385
0687341625071657274185134952084963670955542450439483948045979156222828
2483787934152720362263369561805556371076814888893619275742659935823355
9431530887933052767558747512365065843969475604297192002319868024351711
9937868100361102312568364256079597410574153628297180046497748573718378
6390370390153973749116546854997164539416112164176107171454017651905650
5252066227788312904571969320599024137539598386198260320549583950167555
5250964413711822256149601400302303540789920969867750786720003807426797
0530307167932296015648622808518403352350170608589512912223246117830253
1636289439460736527713365116316464461990990212249224123151689927678558
6373631552600250348848781323300191018939961670273141699962651194574263
6761965002434737172729028462209798394871065982270009954918877696188850
5432653211802219444282228425152556141187434018041946141394514712872527
5923912559644373568339728963312676782349103563329612947191015157143115
7954909339032614119186547523762472153110207936911584874220582274734320
1735585077122437969857965491580627950274097716886114807616315161855306
8566924571717692204436684331273989337941116297224516999854685622157024
1759471176995291655021168550010898576193463945590882627077531146577522
3884634351937653973498480245497607602440308084489010683878697261237709
7835782451668011714859836794055290461982621656691720274262854823933960
0182545994092543081696910329784112340228856001905493427502231852947128
2960969397681373419770427812130014732867760571940596997927551246171184
3495698564171287248118346542064231871455182415286763056751311626771773
5061751124546338799426529127010578995671805721436557918350691777930704
0757329043974949958224106238105149176502385041827300966201717509405590
8054089572837554063551522199658207573513157075923615398639459211155864
0009880975526105383825689927215847850417460651615113378833609760121148
4870055601658124924706825684427204547289630942030665044529864622359942
2600855499158914995360649842803457949275700949795945060237877501947706
2463239495495782308228300084081000252107663907423097372091628533717668
0621644693543231791785530583317142084798863034084657264269395570026855
7605753934788858709460058272323051910811751423491268733658596079989173
2928915896001815091816337400806035475200051511751029012299248709615459
2802620607616982721810291673155489294237408519674330791660784990557782
1019357136624359908836138598085161564174769460547855400819535306708803
0896976304529468682332105328782374389441156851762717116363094014799096
4945635459295013073900362682100732637008235615069126964318335171625543
9030469898931426154426359511363466057378654951244574752621678954703628
9048304849968040377225134319373734412366185869445880640185840731476633
7929403863404359194198723552630156546080518686760680431608451284591660
4244132698791253856029915996727876619519505317648831346932573668946644
3825581391084862096637426745798313012223438725831244220330945714575541
4704792938758582389977385152135237238955966431223564326262860114748908
6817159281066872708400820337718692153523526926347226809082598988984000
2620815217828261122931311820866007099686036540981832680755824776706950
4109975861436243552161945353029200254667367996485043373133495208210751
1992589266389956475698587079018561237915788643744690378715095001125502
1003884531192365296559946190047484662064234794232967006052900370917557
8188708193522146871427235277632559898086948721113845980014123842163827
8244127365424467488333816797162011288619141540193671290947899026466644

315609837296150196862422825067230616672094354657142514930864248877859
8682759588749065077260250951829536765181182368616944724360783764294762
4692263194989219646440683169287661615060508138463194151162025779078630
7180123115945860389656252655422334623445450739478869026815949751311688
514369452102168831904461686297633252298638518188500492869357276476682
385556463655449640063176482855757858666102285515648599088209586894443
6254698679523822686115969910056366082926791533753816066112247869531326
158531871763885989377929188902998793879810003697307848959270625410484
859315854323395683104239029907026344379787569185543408976440760130844
481978626507947644083013494243583428188591525929347143631753374958970
107287350127078898048163504567666769320755305184043244610074032167647
183608370847506512693070766084982529900031785030585368213951273503863
8246056425103377755809864643398017186208142663074172592226000511091342
681074670129014301654101064933212283790827515001003530015654597508323
772965439697382047741626571065740821649960626227496187953347907065988
974871779564334064841745645747906925170149499810095353413548908754836
327579522407206986291024671703579251441766703886609906985726260581240
825336225218992000418975745765315123000064445715931701771688635483333
0519215820559461173577163211322339319653203861990051161781713340010705
7665268991970816920221946470432379535641186606392055860903445706415179
778214505472227885298721019785884607004742002846887379584422894997433
3656271877991721137916164492541329715652879529532639759538535920950138
633380507561369530899547584883024261962758985941513780515805025767540
4017857958524488311721050892770892272734319738238846873071682302487886
8858551010807352278140537140652075810727084816726397709873145516264691
142328610303693298433030032367616271426406758780673188397151500279816
337477907877503830798675940459107392103458740421961703492580818990720
5961291586420202885734009114955238865107911371495334639763988183948804
530075074740372280936820535430494951948332833470075161979008687285439
9629815756058916376247230691628711111376760864803237524596649304117539
4613646433780467116505550467067183622128579504806716563042762671142999
9113487698447050370637900181096888629721757951732433802780617470496302
0424929166191718862433555992820932439194457118863215563201616542470553
759386966246563341215410140322869909301591328858088312412428828763738
727428380385907102927486333515030904453280525977956589205545624342979
827941348917563824007716121733247364285401606100443376414572207859217
155914010378320201321338330963807789040957238105588293927963743816606
868351950592770195153616017221589042878567848206829194416987181928627
3082704441630396254713053284388337913374768735826122116258360272896162
455904189677024745382758396652299371235163048983301242141745578859159
425605979242772181990855627984860561745368447892379690797559455515464
685316302446232567403489584546225674485820204245739199425309426422450
4202689038150152683602412559807597523648162809304891274615119623154611
400822056396780658535407668688227542650381225999162076017089556747446
524234452017661650325945665912966786324621379919222961458671422482492
880647680321086477994100410060033906792752373625460277429600734788038
356687522003482457694908456862696057715701919174892260635208129738797
443835483286136939562450392976805783223402171676555917766840375723484
409461762931288492689936871389838822271060279037990019045583360079739
2774109266557392331470259092338906543884223513241153880185592349561399
3022391964505045036935292701156630515335191864186482344249991927202729
5345959906304872360804159576002966812111683172366038110542803591445720
248256456105714055462420821343520948108417158289572445072063546816002
305120140848054358742526171017681853883557558717415424775449772221419
261315525269109175563331932322243218525422182729149159810583689702503
5228130021411924860142480680797536996477719394906804683552808347327610
3060494097330916903167830979346366118327845318687164626807388336567045

6601042376850580139507443647963922284112697945134773004924987864965636
7949099291327125289776519181754279628060849323755208153611132403397131
6550439188796019838213858500077324246177884918758145964264233788979933
3081948816004011312652563569324465939840063689031525472292399141447437
7069633893576192603918924793631780083102611419548543605157787160049557
8865657970665885510428824663630572077789022667770425126815719795333225
1076389036819762844028610258805392339329474672024088541276492386447 60
2161162620824212991660362299184923782236300983478119522913821847326342
2857591209798054782852505918379833680178741124264474600225624149806914
0074097972102327853957561512834580616541111792671042799057939449713494
6328950456512868847841871758020504583283874853137369113510255062010277
5345809439105001021833973245650472889476879298925945019875076712236 37
9187586472012149660611512804870964886305622844083936944387216921208492
0085155838125107074195518720809374694245973117281172105192890389637039
4235776862127668210931827636649840421249381440979598631142254364839654
9998347908430702176438555435125743682822815303222238083476795111355701
4806318200453220723794891863572149106242526993994671015366846234105 15
3338142684770627585203524099207972086991453730109551641503317628200 19
6916411546026820723669255275141842996992053985343307306805737238050416
7197221127374050789272663406388506867344585607732666483845780277189114
7580132310551987841336521851907146068138986886710314759826461129379543
9526672867275994833590259744587868768496462683484434414135917714587 76
6088077845357183932937193739323640835633757668846821111799350554102085
5618849010201600505639541687451082206035554108176664605241249662244 22
8045452432160320360194641356097920019590240497929236732989245539901 01
9801121402908686999205758917771880741461222050247285857153675307478143
8973057178726836636015761361007722863196388526462351255380773194595 63
5679653823624999265518043307963596211067455285214290262949826567553352
7310046878865731047246649332656792733134512295505918623293739332608 60
7745135077530901574443829487339779605322849358301361837958626480321 29
7368474817516476913662110360369509106666505171711508278200932788358722
5983940463068376318118089044236262199881236826807857952621972166872017
4551747262781803268305854880397097704793483103543985590784355277667 60
3313988460527150313885633246768892710459585193289513916782385773577 26
5810047982563935519352005520408002870596782497393747886052835649359 14
9783803779649600052124458347790017560424658666519980770288394385163 80
9550430492196032443609034008517400042962743097683871519459826447369 40
2342482110447572911177795877313415536095275957089861258677145625239945
0075938020609355024892008476733229308574222255020645569023912654366 35
7852427242905605320575403082101451238209021746697579765347517250146 58
3747884808053773515042222404295760361375432486199655891939220504699 98
2106293160967565179075132296077785755331026585842576086686764535520 92
7748275567545177169950878941180593630524994496701237598006553499873966
6395394417017059698101512719333118407679232718539539809764048527846743
8723164329100290654953086128333026640075801296184992070220025559721 56
9575883761687843643467927558635739722535648841330601192895746428093578
5808113233143311528748217976603971257952890036407198923328131611640416
9377366280132597382222374268189176489596422703380390592959649696482 13
3114473166765041976781108490966469425717069457007871264014486522428469
4889761725674653522050616210730010192624831468212035516995015220073 16
3840041320303332423121670826854689317584366304307843507859281044784 92
6639526523987186441733800856816923213474297545832694021612533328379 00
9606486277854941266795136740458774169455961407626566250299006922672 67
8760365871379327960418488393933934692635434154809518362332331752293 70
3521029146413312752037117166754872063473892329378510729029514462927415
4676194794274716691603049782928896147458702649979707920638724082502 30
0642554499590401197410853516784440901880646293748354439614400353523310

3040411784572289029581805810321237438258987027473704010683777715925126
4535706508300921479258349892475127453622006105854575997369313529707 81
4374284134055195444672148941505745283917160371545308252555834320251 25
4241662445752456296445791076971715214709518505500355054390631688258 10
5785074635656204791466768055698438455202770996971988980723371486956 35
6703177687763789743273492829343905145567060744607970476931646278121 41
7138182743785614621970880870210642110573778514713588373773882407652804
5191427137488110559744718310093937519765980210024101251123081368260338
4744910877161322857660263938849284959898236565727204263572026374825 64
9494912629141917130646280595669825493603261320192528043461704390289 26
0279931404361370265820121312851488158573111782104131033572888718172952
6271120008147506402683046418988769747879173173703813999188824241699421
2152776045185956711909418073734793310997092831554681656395271010461137
6254066449586183854638982208996778329550111431499593680398222303713632
9574232173574464734210974149174364199473195884005263872695923183642 32
5491845595504534377846709470450959420120211422086419127904935994521373
9248711074323149511380429379365543637217263481907571135312709307952729
5221124795314989699080894665747695565124360561142008663990560990003803
0250612423607750329341347289050131677280971316268349596340929224303119
5084878867103533520023712730202916592975252657039210421496349523857 08
5605723434621576956985134068304548331545907536471146996824209102321431
1717692277385347704177940764410013010485960927072113205231853822274448
7024332710398781147912754608083611568779215131131045008366363100751751
1025900280864277150209627136623974010752884454683316182115027892643072
9763557610551124620332480053105995111505431484829553432959830574272451
7378865271930007323217362375873273148909109455374027048118555719905168
3938745352067970859211896407854895041094056996598871598863362077955045
2193215633612468530317470544394029418292635524015545231609868255313 89
7018801539704596250169179664812501555932311482673005633835797260328601
7784741496004569725783495620587328730124514555763452302986481495441 00
9078835298012070126541095251846066620176742045257367994690771908453 78
7482060802904825167017661982073061833123921935356900407052154989390 34
4659388090475077241695436518580750664904594431888629787235716030224 81
3522046010906352145082806397492755128476943549962033991644887919743 79
0209571888632002475020791023790730729637463263366745942755637845356 91
3673455240148971259094803685662823210050039400731066320752572831471151
9263328928520696723934717509829526021254947643301953574383509258283111
3391153906337661737307723630279889869985799450165923769067548837988929
4006051628261400481504694828140330839164342486509396354589091328059511
1633455036563482451915058317949808318272813479505077271733594966337 18
8214919283787116463903566925779942457394355473044935559396848032790208
6141968150826064810924688543383329866390745478052636291615627988031 87
8282707451630327863907566533621975063224248645769459753596673200603 89
8262930000761251494798008956712452569559827585485769012463686594942 24
2277271771518496417510715984163572072412243719680672039270647894278 94
2171284264133427118318479441334606472431411501550985511712414668243312
3520628406572269260690474791964472975283227495698196327787281625954 01
2020538073295825004974459308097824095299129654233184987988007716816 31
9860865120883158672565065944140618446837496318929137459934216034848 22
8831582897309421614736892558516992715531155888876007217034102445874402
0844342827300467309795555666811501300338889583802314643138290026007632
2850347583078087889518031398102076278898517435347822512084675949743 00
2443789584289568075266320362769629946018083494199491270655913084000 58
6265639963911040685104128200715324625642637145635575769452849271126355
7719632506589654553648212545926335525729259528149934158787765156922311
9151023373440716991656476398200089698462984399775938539811213321810328
1989699457926176493582974837338775235285946403513823823062694536345 81

003193672502069828073843334117528315731434263989641634712705303477569 9
155800311815918091137880268838547576972923398882860323029977043066628 8
695530121027270576339598976894102499684794981684201199256134807564404 0
655946238370872368881254894914879487348086141681055211400184551700844 4
484294847550732736642827222063365824017454988082913018839140156809050
000849546573730003274779720991750746178595157995320223728523592040074
251522563861667562031883981176186119602216284743190797025036745928280 4
678178536647393560035403827828184576694782337457113822121932616729501 0
427069409520265028052289859093500239449087456262053452217311940957783 0
195360518503854961406218253061820365182733706211198939024488975386358 1
809944918157848783365288654365422483020278924170496896511041727594750 1
781226785814391748649424357300909171264877160595920974458114629554223 1
002200851205225897647781148270394267766642782746259395117438071986187 2
226558650403002846914692786468003183603463817264057027074226203429718
755580993868712404656223338914646583055430131550952851097263005080518
826527268533537293733856918269371716773031611864749481042421512791591 0
146065697953331337740959367493264414637024275245393350301309928336485
407069840343991212452492755802997988240920664464042585966200888741916
498773027540372920421581093781471313622628866669454742124495528490914
921933719362340294337125575569988652966236450353519202677763794248208
286056893623152152317885014521313214914698685483594470686585010981314
205892676416115162109405356780736810089734245872932705210853572676380 5
642288409296658844777952795467107351932954747130150792208403282322044
289446782183965471109021173407251397247573570085553127432199967512595 8
256806323588088388436620326226619141493474043649800024739833209241183 8
667429609269460701418388178110714282439657796388439864782313715424989 4
725830411451495268724236189967630588168208463274374412103905527652187 1
073556452571336011455804558568455865043285991767651961932711434986654 0
777451450047307271171479571222757201812886446440777517460328242317338 5
337652989810442322404677246320479517980971576025800885768975134059480
548268772884776293846454960402703705085394190927699370668045517194160
403763511801855136575451095247034602260020741742823849481782254906365 9
920847490375832057446779591067556606407750093471298170058187694080279
926904605949872117634151914882251867043955731001793710004665729218037 2
848797971569227888839704198254565706428908985827958625659901375968750
078569853420944399597152366767355991155709006141301885395600693305082 6
1157883159790100291207776539696406753920808485822004755619051863754905
941764720809084852392996636537774687098568014236137076370467423618029
218679592476977765292629290417983927505343294338447653339850122828362
798515026374542796671771484197573390657287154305432157523544932053465
375423820484485088463459085338667729253852044498441313686375189411768 4
862613603681937363513393254080685226921474307329134467625293226408453
308449386471515618139413634350364817794755097633925598827869036963238
633034257944529229237752032874489020040532668139354752855017464531717
214599508145561364692526650227115337381817597855795041988075485811336 2
891549009039080607754157573613737559880187573075362487370012912238261 1
343810392343723135368988915337494937863249849417642814170452840829693
991724323286772564150483765773114493352155385230017811082761636303709 0
205259503779092534110470570046565251977925679331410886632640592623178 8
931260315285758716424211903337987257758742901290375936269727234314893 5
725724188379418627686456677586869202760143980501638714352047776738809 0
057892836338177973884573441001499664332358222579253517110594856078918 2
401521998285226946509587631492471279520164467647402704689545435103069
826179991402234072854891546806842095743207506621154487626644675798636 4
438802325863608869187594422715214296506641613849638150279721730712659
205782660027847181400342092656930703090445702459646757649018527813931
481315092036410498459690602253144748229457070252704363040611144551422 2

7669366501254252372074394018277525089414329152151705997454593125946821
1214351062276330331850433948895127672063729151249368193570319104693571
2905276288768782500485054800597323075326522779255241991315961791152206
9419685479187341566997810967025629939932081645071741734905643398652191
9866390557093521198524390679861502144862392843873982018760228547123039
4945966157258750965032007124766575938137212480113415355061675472036957
9105597461067112541711745369543014719141993731972279716902116135726252
4311647228936664414262124385498136236949635712821160368544160710823177
5107801298304253814190892249208595364610821395648113205316073707772076
0559934981503424064077512331512158999246297497845474385785595227089261
7102479199199645043040166005621762962340149282181611520504643814051201
0176327979026932712227012592708163045794086959388503088585777767698801
5771202774618583728185859970177211160371098273932414719793766386484316
0008415792725306116408501515001652030020014274337639041878862263527470
2258984849469077694747613276391052599405660382382371636943555470658171
4827307182474182726362724046239944028444473642458644475104690299765261
7497344356985708539057819159958599609675061283091019474886565075126131
9713632927641583491304208300950851100414074557443784927898576072610576
9741819633696790755188383220173443764398053682962687328518939530815971
2138409987536577466354932531139362559789543000911914267407538592549690
1579734191837104016999179009456783596285732244714790732045696471978631
1549086284123332517481278482880984876102210097427834751646279055393851
1966889569651087606287295745908892017023867207401060245389415195473931
2814246622312689236265027205640264302177690318955552061127114631467170
3891577339006545286923272080811157875737499103532444669361653517522124
6886608059397380546894867556025887068710308118989220242174952934582195
3530099156135536073159095673469906992487426800195382175246210534986271
0106132159075726024080430082786835629319838427105219835472751176423302
7995892687273053118355805687527612409197424447633568095687484441045467
0283523651415276562700804363097477453767809820873498038498259924881061
7029775494953522829951654655985068742831762852085719613937978285057791
0149962321392204623415241682380388944662426737300189654337647650363411
2518285095120888648562947143987795665592807491648962562185926715414691
2176768396054500821642162605610642314443579823069196578047057471484601
0729681823722879775604960891581786867293632379024157920472836469702101
3139751800978415985500070553649387532125749616748758725832599259576151
0743391862284379883013460445408808178096854911945411934702689650599198
6041099765321119658106296655005116183651706202928808776091498461673164
4268641970892306484630567545738872024760165257760852937721093358445381
7107402729259191524626762353817978693064215340131633701135735635111098
1418211296622107367262696156726748307752488744484167665737024004850839
3702558385910122669483580683915454791660164569148630523935977932446721
5588671741604855038711490317607553732194472830582219155807880752453696
9327446017473605242058646968697577061218677619720587491045165142715491
5423853920232526975123495465463090613294600566507283098728033873735151
5375223563183570253700649409263808031737463485403611466000484687624231
0894723791650074517970524862846727663375517303687368385644037049806611
7909200831710788210498183315526148505373540750351082239392474456301091
6920422788447371696889509111857369268903366597185225377703296220167081
0655181267580094085251506847757921913893213809286961195312209050380181
0765874883683178827814252786261879667606821977039093260067296151275571
1252786437069898354444096139173790354548518040397333137480523587910951
5583040481534804539187854038243236907304310274062641777762657301034701
3384021129669084818046162496487394734584412155302581522214994582224994
1941954725641031750211442280865230280221342409319393272767819599060811
2598623967339458989619071679777780259511631477576264028588262514815821
6439944135061960811758904619511585390826133549603880323713522245169681

1805975121895900285917973908665244952804078271302700453774372678555325
5048503974637573946460984085658930184822341614986583150346608218622360
5801948114554903515474266266061295026878409754779814072682395693147248
7609828034508118938340409615343148630112486764653154787584549465222275
3187735608908350438370811208824417599385864663093970481172530040203058
1340904474505115637705410350141668619124852526949334829785101811147232
9874045396127540222190958440508723066232688884970422345670001194975185
9796494099148971385362279458874076099043285422812773058183040249451087
0633698694686740089481097539710090849476830410711529550638887652490545
6599942607738863473945525114489720361047937572544723966023547748127494
1606983510131476402364194914610598055637570446515566712365256828270157
4452847602207817539723371640969862649205557668761564457744644664925477
3467297255570538828590789231759706768639824966294555601938731527103627
2012429312017642522464480318195446833376399461313836144570416088834222
5371558783580701611560271775414247233315278135669400989800444582389984
2006407489589238923892752289147329455312404247755208380523795101239384
3585877545499900127206828665999857909842930384600732962384262907972182
3337274766946401526920488143042273943883838698807236503400880952451272
6001361525704157749789546427459286696216415427519072078965765676204708
7629102592988877128340580613171820688795096273552308022803665885309302
7046194006144644918627856642449420816210203832761116962244213863973115
7130118991853169915158165025834281284874149275360507355014927516496556
8949868814457828072415400901161769365898628113745927903225784890933976
8816086708570029953457215794209809972205321457514271541122093988698745
6280116533207925455196985191038428157268351201092367995242906867995456
8308388593013667218521135364172444228370492060364815444971779988618739
0619701265066843706404251244599519090062260821798454151398740861561892
4659308440274701471016725471601668601739769199766201111998930155354062
8177813282386798739883185480936514175269040502739923269532293931036045
6984252059471087760223210167746792793562530768337722069298099521332754
9341076406829369625653809798299221502007619065671332333071917531109537
6967431445827047452191856565617305618532166042594645538561688375993453
2767382788781222315372811134173554517073553208276044077452544230785453
7481125966546355745960432703685421573869622444796092593675008309891400
0685383635881778748642710688257878740799283418251977140842230489497915
5179876782746847540849289938647634983917539244593293129138080738765000
5052200666662727343844540498968011834325534999762501192176787558098067
2332416782617825708911630179808819558379107540118050962160109308042257
0180549297646784115387691430708824753121723137940372365928771043455446
9626659999262339332986411371001268040811602769694022871365072981064452
5201655173386046865040621292457892714722742676386142682367640851641194
7662651437101393855680642700778296596804860775179492212156291738671635
4649889853835751532497431583541399132213650515513841090309027554332364
4120225300770428211147141918147570961833137822943420725434103155582818
6693283866836607269163836967793201021420290468133704915343805924654711
4970835401227241006503949742164188669227447368995062528945027771898946
9132963467585879264235211633546474686426054856131577840361143149026954
4275056480384788879432956556048443391840602027045146827824231514065070
2210485195920723120049337176738352370930885652643448419467734538241329
6885430630247782554350281959571754332687358317282793377410102634717252
5800055108998087920427447783853642749720654309224796057214003306615979
3981569706136609839640552028766999172254724020639606096429945427059154
6000735367315498807739083001581335160357301111141092801541228066667058
7855509270333850098311567628516164924255092928303908770988934946072349
0286585602054220670371568046350038260527637108239865979318483093676416
5636079070660523343411137793121612020588095146143773947683538839504721
2945283498654808648378850194676769456232670199

8713318455453483736084512767180056787542358871951058956527978045378344
4846504681469516775381369518451030832390374965716214330796386015448816
1449552393511121218944302382695405786011646737366479565206587250815927
5305713134383569920048999618043254950205219555020617927799305642458836
6587216753519281750334499239183325623616265020814903557861244051834440
4038159913582717384337340452974499964059918656664153561242430800162661
7933750921429658088283221957057843171697946284551330968382460003698899
6180592987950660376071243272559753650882038636095880904003800176047750
7866974433258772321543832599839986439501144954150770097282265369583943
8085091284110416290966370127424988176163441016674234005068361676482327
1038894223948202530869672229252434075060265129885763587813750085100566
8868743282747187323242898477335425815041625895502385448906849676764889
2829707281158435116760776172604891355851098147895084298498360559365937
1053202059979044369735340166287645320637188693821897801573219076299881
0361256838764838726985360129448160731761865806680596837338941198265008
7326242669600240908832076226117839991574402105842789845063036014199339
2836245540276835099897204218596209020162101565192235842119488202091237
8392755718560554165620545534719697866123505834896282128608208403497311
9988107725904545863376610850509582385030751284259642859749471596754255
9240349558609796434019664667217572372370707851846466383706717029954166
9832988691247281876802738125496293898760722340846570950989432016548766
0479339467946851343732630392230933179068730316994180074048000687251366
5978579585994780199496523427286889887178135161715505778391587138640440
5789565918232137081400587138088365230471671271822006018608811257260339
8624035420675212769089210815522603293004441018906372365919571195303028
8248586847825648830052518126081035421351812247158400462751059244487055
8370954083531897521523610342040845076413767423473005882203432316047466
3304350628142321082948724090259476441189103223374049794740857827762204
8261821951428217981124372676625846895195106998673740227323002602615059
7064215274602326999497006158235928282229783286840199729036537816816000
2884117306733244966283840324353650413975362055091052197490957998605957
2694138402426755596748637742930858314066480318445315329081532154943455
8288044293735568005276670180009478873358860913649494583852689279136555
9434288174186455594102961792995812608097064547465090234261840345010811
2403353900061073469412097838671627721613708361451511050077201170421405
7510295511491370255453350206814116524476917845869435403411879135071947
2868333896624761011830170049726189561183989816053909200891172772452827
3299586808380107378131400187606725012692645464509767337470023676782001
3523567324262478880482343629009996330109765730571074508621321877968288
0743439896483552427144875730583032180249452109231991204178629832110645
6189823450495054397161803039568512653801492251694878479554724186382788
6275823278212993978207428675547109249821824468614795808140835500466877
5596261579061717590219271869723784547241129855757317937479535182955842
9913369281405884804215715380746853113023354946272141844005632397445875
3772751807146601657065035375000078000547610036786369911132398586213221
8224624643435010363223985967017289928425234113154343262930390735953429
1441393387428218721484186131279071626858266847205954664035651133279272
9283670421533337815648978787243472316577108118905881159220534134477675
2129774635506551109801811454708921701244106349239492424226738349439407
8654658363868597002601991541683855861557896701272200232200316861954419
7028924757421666766801524808240221111561909829095288293422784064903953
3967200864995696544707521184613434097785777736426316586916987627495418
8683133247514531590023354409517149140813592731911461920067757921585633
1076125470709339611644150880072729394563684925327185891551688147209601
1415405664003892102811864854595041190055800792839471619967600301877000
7299166134878103899189799277933082603333833405791933860125992663543535
0647100912606346252385743463526847492979065780017287665968256219468554

107798742184455047104825113899365427994459320244389898513442567266932 7

4893862810166860809354876204062953142683679016223243442162500961919888
6528250184780750093092989616878935144048527844852101949729314912293336
6428383610958359117926697321050328658637196191306498573320866152431989
1775175613307253369060628944014036246735791686124190767973072153896099
9260914778003921829096605678051574245394812705158278656086176628088876
7548528264353457929751091037432431480490509972013400938712099679922666
7327456972199757397498352955663444532434557032626027829313689388962966
7691490051117916415739641516223459624143879984997239721062591045242665
5628296014596790128617641535247864330478558149625711139560325150363183
7450619425879073297479906540337812932343549647709599415970216918103688
1473383333064151387713221517339840938174656833323752124521204263514944
8017957370648574825588129624111414646926617747817386015615569677680806
3542808133926222268057358604395739162738771435084847701866265316974888
8647386824309419601892875891202138727709615384880950656532073442058988
4978568214481099344327143794129234072975479326476182962040361443641127
4652404369175428358566140595943326100913231448641642049764947955201711
7108651706981224160848217072171016494824798077491801666631807604571633
9525183860958271832720865705298255892664923127405067312348772034977999
8295609410636030516581681903848011147030423901820457583727316520859225
3994751093890012112219426665445908677926913711549507896665766765460962
8827777519957055450729792366620852350781689434003204754374040076217999
0918813510949939669431342798599215806292704213826756214353405924672022
3502064258541096859551282959888016794748534882762322608988214260279666
9494883399735380911531026157275260615166467574723112673113045630210164
4275628278219148792466989753209783265292168258433047908547833654269755
8433077955719520001012078724019881349498443843676382704117421003695116
9011180168326999466120100860532094157901928897613978403516511159934642
0444148276820545506341848306161979946027048964895243897025843417177311
9031533093214798054202089619512507592936490162781474077322477257322011
9135045680559997856927754305465787984285946840858678413411453824124072
0656755982648262576190303383417425184853854038470371006908765080853500
8640217621010156728291435673677110351164397836344042830234780735456691
4381770474508945872117878391541665309247269795195268639282330037168506
7876207877548178391081973218290478799329139607887417683308186531819999
4065979267822132271345963247140952946307619739674998463493636097580677
2536615518078598145349535821601480260233176252015063663993913514287751
1535321241122515057065723115208537650284322101584061898257004704391718
6490724120891714561202491730043799349994206586637985787346060480619222
8119464331562925686710879697123496236406193738811218020737915981801097
5908011327225784300250111378803495792043918992883005162429217600337641
0793371968133192067582991826078485247571177524201683493481941400539164
6393521827371048915003658047925976158343651355349438431915092146293088
1995018359167094253026540329803249676158439634711435324714370392214861
7843828261138668855215984613445058033026369143941743559917537871666881
4004529689343519876527230084584655015656598952113011048528816939415686
7063517831922185595530500029864832544477477719955016508265889671396400
8898805679580669160658060940485139280102227697615613826083190760332455
4846528661464942948396677330080707320067510426251414296244714536875099
7068785066005939402651877861032765470280632572990619689759188738667233
0511012379493292597649574826255195927394471764009255618521185772443088
8945893130457097527258670714556514236034181989031519545721886211491710
3453059657845082618680743649773583175770086475879964322744548950078099
6671196162151367695085308923361238666283481102939804607435534272724428
1049032807567670033772711209491284344874508135688221560330504388351754
1081483037534434208412208168360581326234576775427931619860454305044488
5105558004116794337671320558147058727208825360473106496793184796373527
8844788520587318286600656334932560235908889835377725079702005054144022

1055946107207649244091363372278973994663975123411788366312509006141623
2276570285410485067974498127181467643084141030023752565373049527672775
4845459997871633253310506190240215181468100146512628510397598394128822
3698621131831524776496795777441913323947985528716530231998698023983984
7319817881713331034433989083795800005131965345233833901090970444714343
7942650262857403151815203546507282311838519865802936213522437975431938
0198343291431250275776675431686988860286567701350037258969644586868343
1764738783906654442181923585773107870023191744542871416003026828372404
4946436034787690357332618811431010813218855279858973034505344033037227
6915140453182361878321719988989055082908966241976585598057834142873733
0648098529078214594112649499219651136125677730769946058020640723918086
6900201756956417595527211359337589791160475982315587253564456825714374
6585668898203737054970452907158469737635558706092801201769780532935794
6783807950227922001052016768988732541083893192509071742888108107086233
2075510184800417696968262903923998393811623663847871308193201855592678
6589807098502295373949421754246962535470439547324133924764852103761177
7311231385001618713047106477839324875850063619911967787753268071392468
9844038826593605108546523692226192724034991210383162262972411440835568
6804998074604837135925207539017014469373916409286486391905375739329455
5653677543563294895308547919735618116894346944344364303087144425491060
9829482881581159563562993377947392209785110406721664480320531067091303
7594884345787343984737076537474047930809034382443397058305326958562999
8479383048081779750890193239788196447472813485486485639973679076903933
0252128591950959453303137975185298186626201176126095321392633918271825
6327583059118937210691577643838872278422852900912261251408052315081202
7262477370667161537297962365171711830918171522805265375933737558128234
8642969322667847133869598876915809508115049936337356905900842892007054
8252546176895416471077801175860714328662404483055236425937757985524486
9608072673059076502488514081476189179998962929079540606916509862750707
3309100886611993183653478110689500553232123231040994315669757128432110
5892729075626652983068346126881743502763445734873130812787853966825944
8045024450899453850626222815657206656259080710600907194741580643428966
1731315157060558113998960765684277239548120624654927922466441086739301
7052678406522475041053604323508688152543821884057815229519878956064999
5606982745328922732703853758452092709242946673468959337778965806769511
2859044905739913079487625397989989468534486708427632847644098046534888
5512094360642880373837105351559587950751036819995860092479405220515488
8077774998306131379026412827371575710612817362497836474502072277561955
2126743273581685496119698882583112616695052224021881146693062574953847
0869958657459988789278684738719864383790480463746222816126871276345113
0947831661759970759508533257460284937400104364503455658044944295034533
1833812907850888333858378697710849820665102062795707669833445177934522
7180376911410207557477431542932903262953211497882620351598741254642288
4395277795499289564754347105898585159005508490056969036939946380541277
4407827207958812061095018266675052829100428644011596909156026024587211
7456045510940768469797368274814597904045521904841801154566347833534380
8815341403723981788190775763064723383684807661718788752544407318658300
5011864756320301713983390078987542441102627774925945578726315160874870
2504806203816260628415675429971100845723607943683883177569711607177476
0197736299860847092256124190334430386806075160778365027891666283609311
7675969553014936812797935466652393898654922082126132776378982029467999
5816243987059362391705117507050493924429371228752072100479003695203530
5417470268810031314275311744562464073545200130335154416116128453063638
2206203182714120347105733305706095610419997744129437897233361952936800
7116294649741746746061619442841957715064212449115406707312213842064141
2696715456643891594717779694935195834684336783221413037431073429174377
3437635441590737738077683355454522041607558324500141271289974101494700

5488647243415899129609228298624074551605891496310210005958713471920977
9723983683128011017526431868611183517017358675406492657915137405821629
7242018837510297720276922807801732353658524866103735524636051974175877
1823490873819774519960413516046880860827255906104828222575767463581911
6629034390705475970348090440043043333174134614234541274567798725892322
4090915108730592024279001496737015134772151425714802387818972789099311
9232118851804003049762893873119886876339770569031907414517629750558295
0790551571289772603435467222518751947227775034780629888158027640883055
8588732114089935625654452632562629304285439933282550329502893699077705
4902947079622008390293221444112657382089568543447852253558437312693375
4793765994306991005699082156031450819886494389488679597736520237763800
5269495558714542706585174744459646823526941056851933737004914486237600
6597957437429493137628495423747696298423620404069903223286254828223355
4201652282912884434215751270602021538317845218564841150669394364364463
3903294628692150012003317372231594599370244046654644010709546377862733
6676904564259977586034142337627592585363126437089730757955269968503133
2069091830679132654203064003148245598623926575975731775912862530894655
4125166228407163370149790267384325301619010137297886469540342569455722
6305220387629423264806499623816308550031265168054478855681997310896799
5755442683922048513091902688240337712017786398604639800256037206069299
5346015367351300935166490475996904153484422840649464357839627395979699
7011999599689705500713980267143153912391461161358183406808760534667255
3050422397928096566221091111847789650335190031281930814047064787403671
5555211403407030398907223233915942351265297171121449159128746969645445
5709228043473384101385887428050725149320183676549865442619068767503033
9795693902421343747525920284449370703219824095085287439294127815958644
7543036695336546465043812295538569601870814630360006810223193535677588
8422170662717787522895393749739449846068819589926057904266324281818833
2976825708783089016435405464175367797521401491698161349930449104204277
4172990731837969851312455958606399199659668996108005049400729639709899
5951757463495011315239540543638424771576730579689978093511231012700060
6831560134705616884208186210590658438546853522653099408095506864518199
6431045500569852864036972272644964072209107280506565175900536331942577
1882619016852091109444623049387276226013009665098018150216116189314991
7554486648451019396408924245351858629668535880723702520862903963751355
4424084167679610625407745354397187202203898292588150488174626321440199
3245912638467764538782149003218736052884016158146769340972434249669599
6797455129521524754130038382417596775542251548689034984675846106631599
4198812117971334525092753070140856142635030152714737087979022966356830
0178799028808419389392249188448911767008038038758887801697701113453349
1153480210658508757002551736325688200975955274871225357182551697875315
0955690868985464837948430351870614923135734029631365279127615262306100
4314092395653522974932610180235741449400201075752924889589293245803511
8893483362322662110704722279517896431135332221513311128130269965705654
2366660712427360675833767835191012510994437030462907634661496449559966
7303212585228400681288632060138439153523932091157906047341393629732349
2759180894233656526093948313364810290643586311830825965878597847150234
4907874767879956674248520510401039997571039402206306917347420208969911
7560052888987367593966293674017209821954183371282339328624773171964388
6256653145512699222367766777081986434967998415260451946404590163957899
6049279139291043490275683817268404705229814089067131491526250441754522
7101123578680129893682849339139638336607814229179455434491680970664913
1884537812025796215523212883988829483096025415451583015564562313284500
3174185769799799107895565679960825291655375861223383807006921957963944
1983742611767676910050735750147104127391778359634794411592416074096491
8923864162314431509843379999957412386084556879065017966046590401190093
1064914597645508744169170936159780546717465899301704137539046825444199

849306977396303361433004032263704413884245648531960009102403591486043
419567188919858561565546577508901443177712861645686219001284594607421
607429571045831400462012463901102101932368874623187463906390518460908 2
474661222258683171698906360640254048935087506001935383235847779777771
841566927112240044551677054193107303883694387978890462421759004666609 1
040163622700645067167256329813561916957758561333390398277599652250990
403870932789862215954943799706306480709649417708005812270559330916211 8
440046358937856324358641910615400682047879016214044578771739810295260
717300099121797113754243334882266618671805934535003597940626101694558 9
487985287382394619259273830058657862369012719296382659263937819596877
763449192781383915273468510317128350116775412896963401763368803347613 2
425006547944835516002423125664608010786702586037609939080045175626009
065555413098404273574300500668774331352820617072990338937053222546700
420588964046523936142830791854041696667832407095595877094232009415610
955534334434913854388408610824862428985961974125657170424006787671236
859353722710915670406062194347260204099413954720131755244915834594427
491919291350235583440418720697434588605383370185897657206225466863899
147406171384409111405424448924181252805873784443759903370271443232078 5
204641931475594758314291941697190629769790449882130801925875904858757
010280498900927646674318174193127387987919086670564601741410451836547
363921120183127264213529907507531674186041139085079174044172658009288 9
664003508561829937247213684341314956929570401981300160608754127957466
419031797332593924021074167670242353517422118285715161832976814222607 3
090296369487133088077855566632397283342252706565073072518903090395022
975145545081413444428165414364410492175062270643628610175717112048366 5
814970582463578007550456264537446280525932841567885798506901058045279
756262857220830478354366813133031723323813526470752577952330152891663
952865431899957317457801678267281460222640381899566937994842421098248
974200882331114001341044095160930831309054655031595551547397748022146 2
406761105271613757998628354396966578355245670079360497518767958500434 7
859444483487473455259996323925882010445287895767233391108520813799484 2
347153189526128187510890512135465496924606655767345185717740511398090 0
507493228007094056920655442879928976809138532882392312742649637907197
997852490903046095850203281301188191897987538612770509831126796867211 7
810060942886033416074080204485324414144579454721054698929166499819415
997508117083997585525312534793070723771948237383367606554185021133373 5
75357116004984000063069626498001511155629827792230433349844936783915198 56
268504325200844798554629691262997883130293630646337045033155263752040
473922415707285777998802963532890069840076781896975635402176619429442
475372564984572265506787359093405723897937819146080319827113924804979 4
110049229814317594991993103280897957472533768146061745433132644892480 3
701346264266926317342443574270517747565067556341333600591783137637375
920389020426517169186542244841360946598636267754333221729097280677212
181229450177664232716733109192752337724245059080858927565564344115484 4
388895321327028560540600643524034011774394263831492694203667677312492 3
344604615279222871174737320682073795040775380702487513973697487220807 9
418362724579267158605875684373825696601528845015936360579976487955466
689796317276414458267140983930260584443731183219527357824299238053046 0
979253217595294376466967178599565547975260104811160900192559877031603 6
928905354642196936179009854720785512572597532576878034184282394193011 6
764712780200132449054170687194060874864250992490041243777990256723623
875213448754686801805700267716590457174167509358537466327846614717022
291277538164893581403754204131631796620462601683005835840278084250847
061028563214676349216441559656539951244111527225209885576318078808628 3
744439537336386628913943990459186935629799316913207431084912387826967
081737983802760073283523713057038353881201921780745570539213125048219
766934063942802345335096980545219196416496966420519223222933252249809

906809438298608239338686773954452673632194440159865904066528670206510

2532638914302528937667373926286064609916642583999874647434141639 52677
7322469333134089892282135236716095628251349234859268040735518153607 19
6567395027069135357634343767443117249084553776703266698841449114808884
8013249302584381770118785666357293539878114064658836941728387365708433
7575104479912359736597243445574271838473362051640986039310219592121122
5720343651001396389064945296714205608908617698288316388283825229707 65
8189611895457298258107339454017277497834540687764110778004407429296639
8079580266893129468908915006186184189218530416433221694927821339211827
7190216752020805967262749463002805388777945962185683074384298925646 30
2408906336676064738970496873626773471431934643782695278376028614658 38
9278933623236160368696588859944071709014385765008562370357074728812 30
0427764747470377946320005543727473658472402618390250818502039941310 95
0397081248122107761283245956399564073037842282949417904179913536533 70
6092953580412844901956771743632655873343028440148149907546510328181 38
7821090721433983745415095721808723321639314111848854048824761331564 9935
4030311313197143885666833802176668360829503236040595136775927155165 679
6802958597338036134406930781375730116130026579702426559178634319436 264
6623018687258796305755636607828996953634981452238866007301477187919 86
4160661439080577725519244870708291097673554991120061231753618478131765
4395572950385452923653669413348562178789261547404561504523088531184389
7833507480699448020815830478029291395027421867886919801765554681814 45
4430741911022927219318644407497903172599397713621809971117614689000137
7240700923484996330832030429732196758278940008466523507115511183481032
0144835294744885188632413303960676395857662392727435386476553325926113
9160105897206949121604194384362769225020408360183481182715855343925553
7458236282552372625331435969964636667825593382100917598744440271852 25
1290642515745359479613052718959948884782435317225627541310959985044 27
7475352638887118926497707170550220105682325307115438956475830312255116
2876396883514326272862981524075588799596209804394659688932951904490 10
5741914199814985879000053348961206916311175468253485829007683953766264
1452052739360786513805722415068971855827765389521513585658976407301 48
8111133738692458889098227602297339512441350751003872589482066478544539
2905511604925465568301792236352637755462684090494780037268471610264950
8826206935748463164396897896270083376303743017561945738907884810424 30
9285523631029835517451745446606529767081994743205995165291596008715 65
2115461296735413957327751678443484864598339137584856250554601750792209
8835877193380013940967514833763802139003415290128362645376374580878281
5379047085445759676142103772361232961964022920228951469688114470582893
0980357001504103694841705472869227519704469469729203495196976621766 41
4362032109874971729908144000371573928189152840831974229437336774778 25
8709218717225298406930555693522583678625387769903710832987797950516 91
6962995760702662487725611153210245228717970309373800563354059293108901
8740049575133056457554686458819253443722717048411076045834505257242917
6844235610013945668245660428800047407292619165754409533650005445833 31
3333486658197274927600124232382251718468930694085723246155423928138 87
4220276616937979356634410450371155982367577143124912796231411501645288
8044094239005173464563780362939532778780163604410427591864202516771182
3591081249478448954880725855125745496079956918012971317205403842490 96
0873636213513109752862098622426241874243578376772912641791880137675 20
0320563326189241018616513034810244006856808606110481129427409009375274
8578585868409229731577936688608619964429073615749053303451074679213 92
1393573414693782678405331319923544330346071951552057006610011693010611
4645564891680500914500556137849404543693134859106184193301895454863 85
2198600808200402863322268577928659474990069360751057802347420150353 17
7373008364949891672893509093542120975207472725043666188006133495909 30
6114071104645992447597175424019965407306540841697352392504156355003902
6440029227515519108629413672360002694120712781130876365316152244335162

266919012310171362950133169807700976703122592334099542352764898442089
109243902756481617004072173927256602429583715571067168541418713003571

5835675318834452109537570173563261816644245918307191732592805373518481
1830987229456262172540444189864039750384513606111006210718088689290538
8556538032123197766450079788089229139071971832155337660714688158886614
6659370802181184864094912441578015869647372390959585803117354939639342
3239812188385832226906227304369154796477329036203102315846228211866082
8589608169094090006189644213461734468252143386306086410764913030963O3
8606156122694775672705661641983226612829559405418526700993894418145 26
6998151219653967190513843135365503213138068242451734889475925031241 92
4841752557403818235113902616355370936864688471015259866820062966604332
6715884702846725282736751363691589349857215149576969573937931293333 87
8685870155864384721219088131194713370873382327500056239923744771721034
7921689995870015046980589562365188542682939856667127230583317473946 79
8938791798447572639669972565150933504944962393298941183809511522027385
9361991620893155937352131938012702984818829682456924664015891024522 40
8334073529472376766018719083566257343946835470483622445461993712921 99
4552160770522653798347510666769463255511566494911680705230528173086908
8268238012941254181467305845934358127343340746347109810169733784511370
0036146661477797375667676221187825394236037065492372256647519270025082
4888860406223409811545113334223901773684113599153372373184676634050715
6896681938103585480799073996134538888268575672435045918997400691044 70
4111628786526792010616132471999844823715233499783637523014313513282695
5395290108649420581860439615905305825975400157347529974982723095387 05
7721000539641886970487452897359156879270799441658104944268793902227 82
0026173884246389592211392638749541141959433002708467142370681281377822
9848743892258019606732295576646222560726500832043734636892069742573 10
1488777832814597005506211252970943955134820697067809204578900900556359
9319303007467104257017918474679952016450985381510153969617354552778 04
3062677579487710979913625936622349370648370598168419144090086928384 17
5813696077026265263739842179275186558553400180249473884247950763593 69
6251658159800549011079707269532448861374349938844083661468592090201387
4629297290938453956893091552470325456494848342558435392750026839808 91
9512438571472788922881800472797910594164937166417567650944337465409 72
8901440632813018914386339280633443494240026022881047169997255339395 70
7641070678950590524163290221291761570720281337963064985988232242671 02
9826426454822793271548045876499212413212681827672309034755957930311584
8248948301417317193431046635619982934226608452419772743000894757519 06
4430425070401157381317794809599533926915579884005478289536523956367416
5729648804634630573673711721580999020989445373325540664924455565704797
7207914581230450618880669347731611549213528598081110964035642010320650
3138783298144430856387206579389407056232795868744608528406980628390 12
8319940403175369817291011930274216487446018619632159446845380755709872
2129647584261058043710144144891074881337667213835454142478713666653 87
1820712848476170700280230771398620015232852846749805171600941770084 83
0607816307406741291585704585798091435416092906134945970968892571056 79
1005567529007475043799463382111921199900912215396556317263329873593583
8666500189702103768105655391258112742565036589214291019193567740079666
1271382307140818828418649325456700504789023579983462966520539034526 72
2973679711222964757638427953370703079415632893117466348996286910518604
7227268887787587979536548113309718525774883625499507808962383116823946
5051168547086261364021782044527622621850946877145846667658899947937102
8457027858288649455781921024708840980548840494289202758632513512032 76
8369165509333757568774231103616106683832158080256433346454271722024956
2180605935860577836839825461822364498335419919081817549239621687105 28
0495142246375891201136159799843803455389874368637941643003051303788958
3127924845498683990658600640789933528127851940984016719729727069932 21
3390718420955178247520680268463616539771651234574340304432466147817711
9961085537282430917112635195011915381033226170096078197922946035526018

7876692362124863624885129035442839737923251389555064014239130766546753811452440247068376528064142487208913451379638599944935160867710746014
3274772385102847494666363346194172301607736297628897725128300258084687726530151682029250873001346219923156538719904106055074193036339018444239787442338499826069676057020535368456464272727034894392366484590024597949473948604166711335717028120922680527815688335313264331759029946
538574852184710972047718248056721561923131996627637828206706279778643
8225580872740355388755763722582999050673591541471494743726498397870576633115053342116121745340896541521554977462478886291183035260403687328
2202507089353084352345808150719569588924126052875718396496305507662860091116726175300728173888458812373598537269299262642666002172976904093
2291664578008028615731050138340599605215180202337467493294109576913999967663852175374648850721464227683648609183197332363921592490390006967888121011297463583734052586878544570222146208736858727966414530176263
354155887940590732122253946707378265467560810746496041804339579538721133064646799286122948571393385632976161785089115582766119790233799986635770474963796822399350957954508205505111893034779357024430352830442834
7024105904612246808113753997074287434351207241798271000829331913714192
887714098986370546271136142170603160388771587341075626603462603469320575746363265306120596147410967864366328128489246217276990604400356483137270171843261107628690706296287678248337252181678495208701873888835266818806885615538210291793846881259759223871757568737766365217279182935988891248129048499965476445965554595153192301986734214396269052453374634498603717927205427968168892955587945755341314658812833102455747928050200866695716939577801534143906770746884443719972294731420962430984645053185396521906026711006056621714505652396167629158214100393073338
9291862567033371447241709240794482208195793496981155249255732540880883
1648195199484925188597971817916507188649753536943195763660262426172292425480056059572174815355934092538283243334477794234508946594682954801561640088402355037323496549878662171076680106251027447234054777387228233706324422346571309983353563617904512966453592077279387939270095466014610509180273269755513571365490940517098691433383437353862239566253167050813221234673687814427618547883058500581078515556788076939732421220873066182620090830504150607987867207800863874831471046796221804394757556309908624424438280907075163603921360973967193494081982005189308463418418513775869421385970025192357210352359781475656283700649893580619427747837673671656860440124253539425460837473462224960829827247240218753734151044388427140893032903966317059852727435757224919804396406893690833070460690336340376113566927200801720601652587016620924656531
8321783590348318466849633623177354463039337934892379583823380148352466207076888417756468257271713619148355289440361157962468253470999577854
1481648466735735611338031920658221354967829629458379489925909065715085
8589924036877724709560225206030410594547223573430761992020038703424402223490949671809511947981181231766216132812657418887926717804023857800
5598529232561568824676516359048340588004483845823024199841762420397502821442033237813646956129181609088070522692744785023579437156142854961033099970139477214606174500788247541700679178188133730735538786796010124219243417398732897632280986762293745343728998117259300822232462437598540018372660873832647120725544913064336449951001947825445255425611985444689633861923341088611902366362520061671773407268444876708707863399288518785748868906955952057560806553597236255486657680659973002696144997913863949137643343951178186561697245750119555271398766633102419936
4961593673423336765935189951082105085455865902404524395014958657097516880177298008199222597252891615283264328713301912072026225055993021055200593642720672067436580819591983894686241507538027516566228260425584487236963423152737049647360124729374705823518946377728760858627139523599906922325870359910709275360771787312754815094035127013817079487044

0027946364336884277169240128264044475383002168060555973991115327567430
4250791689664936534610664903033926454798262450752752970355117029389549
3926050261167328050806361911350415038722553548052495030725922083212991
6769939385789605219190402265932968932015280538555848832676736575685837
9942868554314884845987804319937107848408933741977908003386369665963277
0004800753410733130286958286013592876613508856941307268952706221194446
5709013500028507817008173296936069944780801165089977469838327533544622
3117890041424456125659236190671377822188309901262050387138637461107547
1382433334260661119112499604311974873003557846753855809319405365641438
7240871593070280022336202403420926692484103654139246032528151391060255
8069008679246947846415137742530490811333748592565903252108437870583690
1803059338532970010969600087425044814184589259856965345569808272371277
6255400483792707641017020870006758524443257752645790361826803605262388
7899668756268684575871134948261702787264207740532779178396605930246805
3761252878362242163181476420476433345658692429156194617414792930326722
7453319879627590510582556439064127960599605162941055835770035365632422
8567139724330935998617848544097181817255447779140932095918405016499844
3861280737887188167547887565056631963197673047058648946240459492697666
4532851091987443373512156644888145132509782997998568283018302927181266
5875799749152594214260663844934761823669436130100077834745045443839400
5946382531641746962167963754039491521160083553404587300703416744768853
8635372417591191912573029628757699866983060284505512542557781304919657
3537081097538898051449828195851720963288792497596687858557626872836388
5771428233523466567958926948548919544874241952228540275810132725725888
4846046549518516222527214858969727263289515266100741919597178328836599
4559768570577262847855954488372407579162883631484906477914553487265755
5850111942264869962439109009594842195050118285457021898741034571838981
7904863646490829677731508367769973355150741700812202580538852451953633
9834531876177812318292338451614920189467872021748024528159190124225588
6516987472590215507624974912267376594563307616602119434840323979914407
0248817343433029272571092865738989424064956181090979765498511842477113
3900728809299016301869411421261170343722496674766825988818337774891530
0135800231460242604720552757993198994096431611442985283161148698973174
8642308262649341631684527801622286945217652487890699556099151096015877
9416910388459563596685293612599124572928376935749499600063745405102933
3125235371942115650133154753736280907142815773185118592763310014484781
1577305157277411030321762995559710643742787164040829830710463054191559
9371481539161255478112643743890397452120735757677775074211505082981008
5737523835183835753993320297598915782488050412070590464407322768848300
8743534512264547062694097544451369757257089150573023242573567272108511
6847067390111372101828058046032247916600738326914541593198292432543374
6486049633965342248172938325475111403759384377805581002679023593384798
9586548607874194141688407304341734969042406917428958291133881573943227
7101561962477635519024021712746862782472197996762662900919176955643811
0538569264018591476166954319407769348965559060313034157909445519756022
9662487545487909111753269937093712638067225675146306074023344598314820
5780778552538169343648053568079452045386888722145805202281371652698201
1625061657297379748075002972339219097501220494749417006593929672960288
7387671952225506308643850360228641843766240091747190328339083995367477
4686131010932754508537010324881645635754895586036799189361129787619083
5673731227482378182701853106426309613472487143605493189037702613329122
0207411857020396549233685908632729003478722237659894186318952339757526
4482623228467814741678394175878779284134112230198805548371919662085993
1129697830338865167585446227913405384476083942355534490331633000124757
9965276168526319453293095962731314672619266181983219456648004891272400
4216573041363833042226648978515562645655321971144729732605821321486152
8010097276801510402989652020638606860045981614285237499912085209347299

2307977350301533905977647834289074748778151734815736268828728847309600
8641886645303294760075330935853802770492600732884329411952086482971131
7593752534438895881425554838517329528360113779153290113357598117475908
0829559047506576584568604989519869930506625060170970783298760630468116
0095210972977875136018632054589557818005958757171911723235091578713751
5399125515052606959476059331576350909179773320833613680719455156407449
5330357188422563693171183439732516057365037747321453500563595638262474
9363822470583684752142607279199552510745513042443383364054939700333337
1348800299785946575449427651830341211197021029987336199117764793004764
9326491521909917772362558052712725779928418622127220259472957836424115
6951838904261862931949850239808827901822770867087071935398018357638828
0472176270261490249184634025236129564512600179754496131220872848373888
3319385740201890828176785029850526215633527508339394101455547212563776
3685464079094647653816550805001796737374314099089474841691430065081182
1039900941917142905544287434869177808284127163283349333738760189805519
2382363730219765007029919984095395364081929393544844337867252570777229
5959613871007157921472183707580415005441349860049290749969893790348881
0208279250693005742360174677126398250444798794775513836887538882077557
2120635319586500300839106544714907549279711557218460901553945733251863
8981285824687769598008274176555499255652637871847498870632914943908003
0741726036758968025487183739999619682932661224121706771339713788092552
0170262301471782080063916213598205297385505558209594033326470891561995
5522356638062641257479134638253749259912880143126144362011718100610472
2585841850028634156211568844185662028272766006553624341653186172705470
4601829523329536489605733307453064730077394581740556221801029658695445
5429623213626808519358450025873573058666519561744637181113447756361029
3164229299977128484739924791499752469757461676524013339887118993502919
9507259403541776788784275863173386202123143312232454999521022646419917
0590206372156364870441042698336333313821695884831981209369368359190411
4931623478727636627592154568410702417405297925694298191498174063952771
4478690511842343371955926123191937579062117858090932058847948363057956
1215601056518207521648952936475049978364259687880476092599970186536111
1313604844810434313726732714932517640677959128270418092840993021480995
7457866349377922712137553712549498364613219105479011950805481637782317
5531880540483447456823482955282130638303595464797553133860371316576440
7833408859359457376719674086252518097818178803698601166138834712999153
7711238341545287404899564690282603006885427634518962357355461815822221
4071967866843102682655738115194937131618234925304365477918872773039577
2916676035989068298497927532644579302056250041982158178336797583245882
0167033440163751943613079360668770605961550745818730074058855418570777
7129376539546111235520177374526753650277123601026263711408502493754519
9723881184972004852954076053757550486334985176039343403658952960860734
4805531229553356882145671180576047588419420583496338454216537702022628
8732032814262719241911346980715350623640604880106101761396430655066646
6714597747927512750131334659676463960699440570311860560878122806328967
8165765372750629672835762639748283846472950189179856048249198500799916
0923239976671964767833012638465080880428311109850255466129686185565035
0012361068529743566446561984920921101266375831195462401126619489300838
2843865999999283333794876598213558839333097596539435168747702542038805
2033733823178938782825430477368592737723574788865668587360925686910566
3774468511315594786736516484921786038920469205739213739659762934266179
9387598861055713847390158695380014400337739425963524869263689609087005
3952625109612729088737679822241074767848829902625921417206513544327719
9164599833303338205097023670379189129777113900021796464556817013808941
8258462959876893635924393798037012604370001954537532094758565668626618
6913776932365553855337366401811426040117126345320537251244688083925045
5380642547662809345060391086151194883142464773935945361134626325397903

0531061551540475704318358069888911685088278357540626047008133489427756
4198811046150339108196697436038560732670871560877665885891060896072087
471582697016905626687199268158483351741024109506049761333221030468320
0931629481966641786641089259633540386292413015247640415195327618247 07
2352789772769577454314914572040541799531857883749810850505715767111058
1585216705522011002403121471715798464585433248907341098761099295649676
1565447188062442849337194222747404498379859647558413348941074260833336
1521207750192980151294656720842115507638816459889661764643697603289243
2451053029825051224268070373121280839351220225540841513202947999805 75
1376864933655676167849947133492695625773907848371824828315567929819 72
8778686290363105606858009907222402153876614713644801965614811245388627
1654233428875619797920485573019299975004175881862203550843526937422 41
8347754235756053467255495615418988381785602926769085061313659528803 91
7355560245687971772310603217457604975950232256294196379063093795581 04
4909587621359167786582953930306576530923070439867570625760671427063 85
2605547595952532130478006326107107680832162100145794640977692680069 13
9071937272531922852627428957389504137685477459296033592272625266668 35
2170703189496282724565284582414254606303728040777479798854129463539 79
9924647469133552433723183045353848908080893152518135768485272858917 32
8591746450365612006882947050320471690415376867800192930506366957785 50
8855054236989012229808779126706105235629735806022201829431580735552 19
0937586577473626473699288881279782933393499869773523241375993155463631
1929820706537274786072589973120693062721040157239438426087560393263 87
0639290221903085890987772201985593853726881479322882922369825904643 09
3397881652299859711143887919168112556374983131611093190611563255289261
2058651598514939761270556240876767140605906275936789728632046558940 75
3192715912951170184437557585352369782060346030811140856162220429042890
5287093487193875366819942119678716034475116563217044041605351341390173
1366894638873855531386368243369975985970616457062670413045912643728 49
8914835689045560909348101158092318073018459984087990904615749310986143
1331591978406063568318841950570759621032685084075395110460713677431506
3186556811750456842910985936094863468695936722775807730607288379881424
6810034268587441953320342225922259113156871855129884383997718184817757
5276528687274786799756095598144332697980232246925174800848043735402 67
3868444648250945683719869661983308898587835257932328100478498000016 59
2407290314660281505647241103452031576527657717145051080460305129759639
0336904878227083901331040053851493735374972051613418972263979021198896 3
4448662018819029576929504346472305784526520058067990645390049554274 87
3960333111513343423239392815392857552418925427533689936707673603270769
5340715397783176932998580029024738091222270247003014973214830993493 32
4188082111825695862329465185756368975416357468959866026651728710637317
8211544073283084095822937176862803685645159152570329027569036857129883
1278118747345960741731009788473156283864948619310435016618122663037695
9372676458853838094304945302303026801421097550250389072148424600933 98
7543991538384213775459724640986873792660279416620470866328438766273 66
0878272150035989277651707445477065383961960283431028523840913387237 85
6397953682578837058304894726634813482131719088833963367241231536397 29
5203799561405420265235573318226053603015161076727016136677534720210 89
9524060190190731071671157213153131399108734604994855887930555732907486
6756924991779147777627525721533153059191543757640208556243114944537254
5956809702564757642444230904740701449387200931485566126738641899425 49
4931363104759618933034909499307284324090098660429647764160636212894 76
9517265674169221041267919762026291755853059616058835981509438139888 15
5464739539002210859787185924059647802767889239242804773232416801150880
9942907513006728614972737850416001553809727869101165381637602995600199
8756771052874341796486349487590228434508102484523242850619456464928 28
8338024674531436007665393932531690693471534111025909155950980999607771

081924043400817401909049952241694593670841551263350446837423540829126
465380354941695384687191594786448216907197188279045374175897865653963

0650965071424287984166501330336475959713294583569058759697058365598402
3752645595142841527430934760028480597374451154823040085774538194414235
4918783809292297831844140223844361123221688505624335418588432511544720
6432849620845632811941082705883189354288454365054845356330088426685693
5636428902027669230848663361182991429872638798806829980861239497632951
0463591338269125251879466945089415396493327345497299448983629947399917
5474416471971731779872683943602401052166101498152655416254038545177795
2158400249587987974104952480047535581645441160796496743747671842211835
8157376737048968165761864668447399574573863895284956651895744786659777
7819507522588829870247890096406531852047423769523893355012184785996600
0740896503838595147018040723457768783856075809561645339216884897542594
8305991753761013232063543253442404886000030908226190037306341848688616
4387637364941788740120482609505127598633905097702424725298017588263927
2938707936732522111670579264414090854374014853045902503716963747745860
7191405425694381561170144378884418883091592292719203584129871622866850
5324603894356500230734167083751864595368025275824052092374467657335127
7060160117034908068222327234121408469596673325161565758066590243101303
2064115375116874077567874060359258788617197363493677111426543048470811
3330323186633985509494314397480484078764776783277053488015967141016987
4435669780845487805182319957564073978831770271135643924204452033300760
9764367969990040958549556201313584805875374947256934033090917283239410
8369219324915186872354773939212756117946640185118001380750102777217130
6420425326555361143239078820350945377075084348892301020693648517284976
1293833257931632804024023662247707358488505586196021481895075688961460
4986471085846445373294965523337264188383262127117827240693226571570786
4175572896145338291644891865204955272952633002810498231098573394308160
0225669817111505642180307494361107813613896822048773651856670209197871
0942722765034706338508550084211709404050825699245756282826278137513327
0805294552322160845405765437854007179908127688366953749752286406714610
5345649011269387426711403621513820477587549428565722785336658487290869
1749510102375874976607230169518573650905794918186915420495148189506331
1367232336001791924439759401641677198359451069342721729348371331527080
2522858781476449540661682660663281738590646817084809801956309540191004
2303038377210748322781390116820825823892779361395612062162133915786407
9040962777743062394588711681359324124433710944830874229948965727049696
6891909767872956785683749182662280759470730876390942917918464672898936
5038166571603230341300482214007365731011475604391076423070499714171792
7224988936251185377184456536112435366803341583471099997812750459310729
4920164004043873689108489000022065896894950988355454330344806346906832
6264269262252604805038222965665856445463817257872024223930603167450164
0539775516554246030743256914538414066770009334817262533785783695496884
0181971420758304790250454493294344080654706966709208196687180957451820
2379033311686660106588546461622251368075580728178399049938203254035222
2147912787357337924050581704793436111604657520350964992030094306338515
1557010396543615600425020917540836802510756962724054007061307391483998
7821549752696200677717461253751774740807704214694980724656692103138030
6559013914463193378524956076512895884703956836005240560377322664848895
7675986472222368704572600251314653302789490736683175428527930436416840
4913090148229779444145397767000504764545394419974425340090220649707956
0657786676256257904167879517193228216048427904222814574555552585011050
5111853205128248170449340850065111058596796611348054315799010027116370
4146255884514695315016137653098634679351398306442172125391421048484011
8069955555893386469844709722072920441600174464574485789885219133254970
1330254820980219920946867055130885041123215989403060607764070886215302
2528396306106149844929747045128120643925095268393316301653540689292805
5651871572657874119402174780917279954187411811373735348232049240285444
3728542414478667353172039728409992107533852137685218992027547637515507

8803238203451410449033687861055113974555644534413352805893314950724154
5365042536863587651146455776385286184222500373544338608419457202578083
6246705161354412193605212492654785579790112658159199332255421473361025
2203564003582790857550730527883543159467417937426497407409479489447 79
5731660962302173239728840260162155089907451024629671836859160378905 98
1635743926672782950299181795702806863651012454451544131814296541845 24
5197887305202002880204338955209521262425068207362516464829688831505 09
5970100022643721353487858260253357898428499264259849382698655591574 55
2277223044783670045129262032590728447007071826463942993971057965049 24
0272151309090201632257892936466206907911418909170955485858170999693984
5824188862304346386468537094692019086644250014237049070605479440163 63
6224484204946141454073340772056136753779947174346418696144163556429 47
1591970959124572988939233815001041229439585288124290316381893911829364
0475674801320054837776422413083227337901680551345611878652637873908460
2983248449677767652671446090984272409221944208729050777247422712849 19
9862752884095453612244260812236730263624166646367695658234050934786501
1435452230172110431829674611812712477267475584183473918296468924243908
3589830410778612221646674139274580844109344670914076889081154804269904
6447661790370691318643164487293481162475314270947951218371189543080160
6136867423308652068568392614804784456647494574832329837112783484945756
8184823573812967298602509445631002138707680490430110884104356065956329
1355136365953790577450863465841837937855021385507306606203236189202 65
3437965542409138866780517648660235568680102444381998217408186830806 32
6579344501366069588311635276590196371091221683021799431781781159756256
9334811817590163704539548800254386919502939484296333878802324540268683
1159207714726609640814729742564135237707132655865672926093521313563269
7386334513923237949127274160440716533283727666360699207828988515818 90
0740681788356003383955024910544219136949438402592897576804164798738 87
5441907101007388250260025052937157120598821799751905251548135128926 50
7035031295388797395196807146312979739398855224067710747813296611251424
4409425462058656056386484117697376509322232005813738988859893022336308
0952193426522815067530677311683499200307497844953331739235628772498890
1104982913538099432346738706479293918382984736509174159934422418013609
0702185376839482371972551488138816352825082378087561773037185933102 37
6901551814895668026451066955667635627033163755042821846935526079312 86
7717163008152297052501399440411109952375878216898707228324155404378594
9364881659710601941701117753081977960061020610758095418438226377174415
8930893440245480776358985983864600448191306329182121252200728063408 90
5627313615628251425972911690969621167408247163145189174736006959669914
2308087833837868659015986702232142869157014142480704589721910542004 79
0420726183894565916757662433748165233431013197777875062648144789623 79
6854491833393254452263282389839955214350864723998824618234678333412 03
4969696346523102970980070312729811300298748758845155628443101315609908
9461587840584003836145430627502838434516836793994311551940672336803 32
6183813019065159316862019183963643881182869704116494587694221136576981
4951731860439447681922394006701455127928254056530324642352419083789115
2091652075345011477513376176131603034635001583043241198303450459731115
4802352914726755652853961549825173221870281189147558219251097518814749
9627018320123866466554470962703221196735206682568834873759645072512079
6914516873963998729508929286150574509391835248986417115156337107720704
3719429897852585410651220208721985115201196820066851549509077569921619
3168057612255084107995644735723621151384426059118785236111157667462461
6760589490884732188251188189165372941301847563650836229040968772707590
6307595173734465381235816720569986154493374413551158082859997972507000
5425695844829042157032963296954183720611253277818507824353239187267379
7539010604218982133356800149176292763589739749151033610294485487554 12
6594588308262730872974158135998785058970815642932415956520572243886 01

5842078104750426281129044255263505482966134319834755788519322226718693
0364566727102649599400511663086637317274044545694973748748521103317754
9364625380611334474310806832630846622039370773105244279995137450193526
6142352255141868055104005021438767785929901108592518674991313145000872
5837116693698249769940841616062428406308332897997161870505765196240492
4316599951518966497547503900114739890318968783264557847453725180452235
972687766876242850753816616792488000823409032034807146522890222308061
4965742704477221250266192371423562609291226018250583731811971039075175
338577137807762131772452879479158317148432273147350683717788157985202
3035280059999869776669370082267088042043304271761036044360211957405318
323977508253762435335992587448066952313140950826729742008271959187161
6960153406545781475710124329470340498901172403145627070070858913555130
659474830501092675331050476766851006872795324432368964938724349140188
6858021766970655158850256174152070315092726514587358857716690741189566
7629416813405784240677338866529843358282099209279600025605373161195748
6517297171140435836830233310269244755634963018267857351110563974947335
708175806329870766803421309668272612847950604361526544217036355406583
2901954741126321617941436862387824468108851006087982065719694731531688
727655829254841006002628870847072641463698145467602306906484800019508
9152920883475200294833011835707147486046003231803664663011378346148102
0801040824162464398628580275352540541481178772578449824401215358088326
3111576793883443994167425526718127068704857905001700188276611540259896
6456382269528408612570000031201513414621462743588188113752159623550909
618693482530381968085084967571308026522100175445215043882446963539135
4522294838227521939781610063081571394734757164331002885720115617471919
226677195436928312826604396069925463721960291425377797398316744381208
097218818831236226603387075326789425385591691829772833273126155084174
849512359891579860193104630204088365812328283393282877527485978705364
7329515614114298532461034302555313019496430116703792865637669569854796
374437404695144047524862747673802558967408496302725388581738320957777
270442659676450234624195887257359338615526808120477513640278605967148
9936812371201186212349054817129245481543023804103650148753567454311180
060450042613078768221588514426730296208404822613694974262081760999935
0033446197688418790304159595153926411196546477482084960353618894576122
048571862646143232749719188085841721650249255612284867044407945280918
2539144469876181366331943960646378224508161381778729282783976485911046
3455822717222178170922974115386786214605724201588982175494554749486363
176722743647089802154620073250130237057212162666252200530396135167883
1013008568016798771386008087441449608596103041041197485369831113671070
824797474197170808243016916661770771312763331363815453158913375254168
3984084786431775066750394884663677721467921121853612236316721888038066
1069859370237909631869224025911914634584614974171219255019925474796004
8460063345981864608011593744703731663195351890879205648107281187772402
0397440246021297391101349926966489897822336465536512949732934154340689
4694337381826637786050347493433270290837561801105493469017933942873990
566379697634781069552896198764618985072208634587475775355868446872335
724917904765480775103923736396185466753334959708917470501031396943809
023634045799030707248529632851430888786688074249816358563633931419476
252306615252056589630703714209157446786673768335155822444226371755529
054939532882366689615332633149358392812822458493254055594107195071379
970356374234009731613098646213937953087094716536125650803315785044573
0000941413946001474525441403816920993360411596583800506303682545663080
6282500948802003418002145584175546348018765356776441151647710438436690
0853706116905032530314683543713358180929240076805095818888803131922996
6049866511923553334427159951307690820852662967740310259473022591776820
132591077731585784477312075886450933987756187266253938362357576251588
0562030923121386657807216261161812700375605344622634949838625256665242

2923443651396972082378259957626108099849375422735675122410923244793O7
2428280291762353753386370876387351815527482111244800245912464051115111
4996644626198433900579254635394962288892436232521864025248104905959 55
4083650286893574890542000912533867434313407342265195998144887626448 31
8552732774941228785613062258218781200116285735213380860436525201235079
0830150596324546828189224759891328716943598514226757325815092498212 48
9905184659072782376396492321190420564384917255643187344162296200604471
9016116127860806915970507233831799024001062116474775843902375746789131
6957011822646217702894571191364126858718686358249327174656270672807513
6743159750756577475837640633804494482066835217833213332789677638365 74
4674620172883957236721109815401621327006816874023136619483325010446485
6464603641253174133332379607567293733052122974579333525661685589200 43
7596251342030638342943060971584740953801974115495300102821650559592594
5919485334822732715544487352136534472942394955964530478805317945586 29
3418901077793490276022180849918514125716531651374508750314014667742 51
9764762046166931133260453878964516572908438615194431140161514230702247
1639399010043790686410341623679074185064637682566038955033477348967311
3343136294285431488760312473133541967098000845264274014209763136958 76
2258591009311129973793600135533529207482985367204276126984764006676698
6610534552072872187381806791058162907487010767369652166873448787438 27
7199732718649255424806684238330274106960918550071153548924174440794337
0423182545606838670242052339330580317306477885933229299655466216870 57
1281806631581075969880379541902867105158968218399861722645652372721 59
2127269985616688430859683960287171538526694147931732893545844953150 21
8593008668911797136649492410539530174013607858891547134085003976803645
3811115720861295639470964557427082387312687498873097059005337318346168
9693417093000008616802780058956741522844366300229652650701385626568 43
5888629758589271228973122504501939753988019599295859466744488527923 46
4103724733413533839025948077395517640674147646580145330375512587839 15
2060027305459805828008341586750878202182980291241797731523538577064 06
7711668452133686650109064439918466472914384152284355957780524178692213
4390262097035903035025270328397986765487111297164150657689153935090940
4216300292126234234712852108395421664911751887684890160163507949908725
1459442840907695196996180377128279292330631394632150965793664885286 71
8536589854282324046387338281784815302092030883156972673439255833643 21
6320660898884580711362776399966495706481333243008044307069228179629683
2861316394983415817887142621966549905140449994905132275832902039733 89
0285425751366407428377198389513758460356859331967636542297879597967 56
8283998310181525423666598572785888868064851894597071620346737035168 04
5678974108321020687769153105056687668773293349200238935057443695445 16
0234297945780603067189315767951908958081128270486867856517949494253179
8989854558463511016629241506701611762219757292557732222995795702695142
7313412587036021325937476429476772338553939496080349432963081459079 93
3815943114610237436482609052748926091149978175992425233969728695252416
6873150092382041212854261361635324913662513786628744172873692777326 68
5338999050914428805931696176825772855927778554889122488088669629022 22
0090710531986727332035012560832761865468606900461217655114103453283127
1204435229510016794790313350534253556783869192234312490521332794361 25
6904680330454064259314334859893529878822549531857424881037641375414 84
4998295227489027969508981498646907616443895752343566506497982594152 50
3242632552944116596940559895866507612153399297486410528083098879197123
7287616972907302953015863380954319401820266910469313930352663628358 32
1962934195022055821562811510082783702191422318615775289443074012512069
8223625704135116212793447479373750708585344904025189467769147420649139
0247315240473922375703568331255397444736369775913101672485564252270 49
8558713299184758438211851524915321086608709389477465558909768150090915
5245318437110167970439422720060659347278649237655946958471716429025786

327183436043870606152679931992517807196060181997889618914413296815327
3553656553178278789877045484925656831540484336866358934827911537849960
1462943301785359189222687135602115638066888736024524286151770771110671

61727339321971370162499437607223256132787424937778589269330335964016
2133441364984027113913384274707577695437786011756649108619427071829174
412426544459813637859434402043228658975463864348272914836757909061246
20843234390391923443334349677277355611142132001439444322732038136908572
979573632674477894386577489038591809925988629697792589137470528577954
613032054330367752203355085505264185246835194929346835243286029416899
457532838210307005971426445390140901802991823336647440778847072021623
0623856055975822134483772962995988321194341336945834461478359693702832
682714104848145288290526166403281494081840243768279808314945204633401
314793187522373778064144956575621060530337373631466749971428199074239
705585981535036662090465058448358290370627882179517010954976396032910
465540606926458630212687402703333762870900863607757172312759161950765
391337763291958221560239574342934468871298084612180268971042434170908
3309910985888888352540859422769177682881207561794396901190756634524170
0616320081014184753329081130030931097586770730363184254529334530976661
529175236632365647421690422806169751560533305992507917682502236464599
957033774761084147501885998830265520406832253239105872448941321492042
015076366197289000406059272042496276071999299976515689850478820851909
8035733115741544655500524131490124398995076737791147971421276661555365
7000299806435223585594633402915196557447737257745255173684677241148228
763726800196358448624260379864986575821308051254867753671804496187001
5910447387934243041878546178704578543664944284385030411648192666718497
525267073658399302540061886594630044259349864218873674667791401028992
1935190341984732576022585319484839338206114648070364899786708653140531
734815143246518534005640853019289907636016009140767076874864987866144
724164384262549228598167910812920521882291519447434704103619261982249
688650183287881228655261494487243355986406705534886676421607699601535
508232824182707156181963143431092962804052569380172100643874560935856
366533754096152099368441090064234555949678992586527173749829803717638
6441554083399332473281309549009091169442676470996060513667034017441183
036622504899102028224104498005306393922465176432819632004447864310710
6451818292490155470746630136658502775050796766694470923111695074284579
269198646547968976985744247120250261993627690491868938537969774824130
205607630433892247367574753831471341754678297496244770665409381981829
4053395278667728983884828299114239277363245716014373375263048026324942
165455657671976751934720546499442516009891508526537508002510756054326
553772723422307196967945272246615973866021741689039122722547133825915
5322845251522669469728173031755253671085191135887654254435790412982410
354317442327643432713706542099632157063640609687138452462456633526913
0122078920780385412037602063411955394534694669493091620795819911659307
574198269298778666503659082585310210717015018441367529138484739081922
356470866562195031986519855569037476710947140876135315487181593027818
838207813940008699996704517400589029294720495124668073909517224305516
930104803827814754464193770269424932724336812520246015715348610440607
590563320374178837147535214395727778827463861841608721343254982369004
8373821826384009251021559976282492414832391100246927892536253848077699
875241682775157981445345592180912352016230923561872620356180637137437
0501246256812488635116226947566896813619087391386116827810422466418488
137749163775823530717510933636515920783202850748781773294567957228802
7029253303930356296096550908111234599045006409831462600113397660037298
133881316144986246073840041038738952334677015604765647677437530913530
360277306494854818181579855584587136278315376804648221524841805002436
048592042481953288367840363878995631933216318317783975299193755242196
5960896506553739404460898228965083088605090890249651264721191096922940
386605909137826663597944840783267636254438297382631612385127135883189
5110725809941985723942638965905949827824178092350475995807282287983383
670661002041595376456908759360820905304646456054983510903778477908765

1974600057493782685696226892365647368966400237614213914040885302285301422924022934239184746072891824401584031619657037005116503748328361213
0517927679202949584496107578731219312362792490708774704940277207668639512899595810379182555275737019903563985512824029479351343047014985331634148827241470870511372210732637816770795704244352542402658784910323
0994421850476571047629262215263799117735029455404147197973618939164136
4679582508105253622100956730870705995351102328225540688081842424613290
5503411246368206259564429291757401920097057467517837870949738346200035
1520235096582205132349518812880974170138280072774927060738429578676545651223280696018735927938422502982394526545661537689095003761204162565183010735370039070291502047537142778943688059173203027118577899176666
3425716426953716695933183141768646992039329287314780654549961055635858785803559889382532562784277975277486959058290178435317038641967791407650481298094383876881163359953474978349632584042566556488352302309715
2638961085263284139935517370055701579243314557133926350649126910328745743368016847088321019831805725899635641749947999141176464087830985873
8876012622439291525135127431631142409165957985442311940742639141995737
0081936863243954288891892159073355711777251658869544944649051569573242
2360494291061139881878797814569230082568163508933768853608784915097614
0767272201765263270063040429882985323604100024040182990715058209534866786585491475231039176530439244445196651342514858865935725306187893317329084163403552216474104154352613758218181879127906528210805664458170081884621209532764188236193739371584541654500461376347557269167252476102557802111982212191616769247994681485102211083546869776047065079702
3269791794466405825458784123513783915987868576580174717357584005545002169915662489343277570531623439857465121125566976159579416550043092783
9580643678562017610936953432274420323727782921264107279273315388054265718719523146147608512412071162145370705234609873528525352639855517375
9886215228325270623317177105764683442071121848969716263292124906141666
2418876041786839653352081340399319997458485163686764908868591045268078730621605021495859193782271492653332286096853650503986140379957839323592680910778905485558610885924282242259277447736511781827001981388531
6073056803365796762717845777429169997919369629629072997268103049709697061750361784872804915714553234024897008651825057184139097089981443210863274307629534648301060291760317398316298855807697144339567729015294792494892573053103628809298857109774203433903894241774960849678531158
7575244607210626352217999579448328249649817968808777035604906974060975581511209516205013277091078039134611475100496986771957804672823682217
5885085551218737882384355023971353564767531284887511145584394413075616
6908021940470540250925616388730579959357100709542152424023897386614498430269643615697593835035800086525206634482325093428912815946824688131
10767064807271539213380854908893217446305978858112744253448813196217550745390469229226077868286365875156680944750478626722735707695371489726486013628080150844226326597221147118721715445818774261586970793886955
9231035534774484427102772791812654193912554760484431809343679664633404282833273374185062986549946001209056686091094950352084418389916340306963343519971372234045101839365628394905715741199173881420686449188564
8968163335519506600092884333252480673558417133749617150550934263718940232530354259938439418771874208814554354356164303489103148152057658869444782706449109953352128432519104912469054321738051067941859880544012894251232589909962312324053877398210144640584965597415865952320581449885251037693065497489313506032936074481814998982011182749277815201132
4046430383400093022310805472595975512167467066592294443857107582935686515980117901994804535824717234503017639891490221449489021601986841517
5873791916826610983857384537652804189009337550323487675887576583508168084898048899461346384675835827589450046648026022470795960731123470870
1901229396384219925088768537111998543312937242948475788361151740833584

3753310906659427013258032954398152692068105480421552102479651145454331
9711530574099549378383693200170656410239939685203415131733092513860829
8396103448375643485470945637411060456166683280263697605594107860053014
8540321252825322327251732324935578822659395950837334009505984530084448
6154937608307729323697805390206948984365228679285807815810808580649533
2633173056468160917851471254000880722579371359859196020321176985166181
3820572666448797145605056476417427368418914506734245675641604829030988
1897917595674479970441848154395604702337843568126761771579873748731653
2445882100164106192876715295197730961257950401327995125123044607173766
5330443488975837750220067414677801697322800545673449942537241384582366
7759639957228554593078385191403950474413617589100741462268192976969499
8861286529855178802499331966356382483829419247431923558426763507319855
8030301534307486182437832522793357993835685378113275565386473002476743
0672375844555706643322396705837897501940110984584530312039741608149528
6336512248395115142651395213619949280477614567228484431285659615449731
3827859533076736960149415863707036217565867010430358696114579171483445
8205482295971166547021136277282493540794629070601403720169035778923993
2630327260725450600403646050283809296100760006762109358216154880968277
9818045908769907558279711149674858710365979817790055992046199210862188
3339386436767545357823633698908816193564218210955951100939837537477554
6586077865594330622484912789787545081355800095536186322477894557821677
2858215655834857416920557822343615032535519130694519600528949869404688
6558645288393239196124043995947790575543519058225812702468257321602699
9353123762173162563897324757116285960699970829394959814645468124291192
8944932167578936358775236587083126261297689522140371213333713736365700
0974961114679547389402162548668414635249814865684371299325661036903209
8432452443637457892832745325401013787354608708578491533913301848796500
2158881092990371435011496211919724372703633189011799293100919897206605
8919499183852698678005809392309173781954298508516846681299233425946677
0761777675588620801261412614640886156063703867564612888143788618168844
0692105737310071471275560282552384610494287319949838014192749437510066
9479060959762757040742560527920403735132256437205320096902712617878844
1958243923433165252466820942546627297934824209502732777029535981564988
2473381806163938715477491975350493217917432066843409206201758084778300
5188754961244239520118964907047660186063573332139879373467391490808812
3513455137740715586822235455884575446863433377540313871302626071462244
0117170602401065225491198646843096415721944924460282817325253667035372
3004242498660648053112750195435652322568738263515606179781774903631475
0495732032582722820879015800370394722078471144085353021626740506650512
5616695005739908327325068995212697526160602725247283665244676995469355
6947594725756685581189425853777257680983976858806496441857538717290871
6236658429546000645728360531387581386362944104313462995374182776271855
3061591934261217713201031002114525657669028709745553310907385811128955
1403927166875224799849874991785025892689021482459578259051864454825300
8670960541524639164867481996956919637597196303980961058033546132789433
5981843508697452592000548590030372961683071957622685435364173118174509
5799331647769077464027402590525538809186293686045867395211331046855474
8440381710725066369101455731473828250535705756613939175526069518689644
9250344686647491465261560855050379139420298199422219947354382317832233
0368471373302474855942982638040651298489197127731269793994244683681399
7971930894515313010228207176024113229639122806181570953761845202287863
3617842610353107341759203978291654370239534309225910850108056559187722
5277755480027001929461414415376722756825533214173720140747134788443433
6316759161438722559433049497719612338422266160489643962420532677970411
4308024116401196808910109206342903802792551569679532441619283486641083
8286054415369964365931969137777870059360304820229130265145922961345588
0297182724384196876724370844926367550705633405026837199449354732652655

6320662743808369958263351676070823549529856158343311952439229700398791
0675268314944224875870597119750135716880807708801638578432778181513027
7868311685891946114301089589218392897133594139288856488545091637259398
3597420767157074607149752460598639896695746231577768604879720148035 76
7956484589821970288761612319470132095592421448835550576272323443484 26
4260117532230618223035658508047011011899193252571720549962926641297735
0428504370262289723585281626756378963020389847435594806121738739066 85
3543845303929312988193883304118342377836147805975750584066225413362933
5780931947819663929742350390848059320069789917678833968691319748258 86
4747086279971313256137172730816533406139462568550590727545864506864 65
6527768255534297214088338372788201028902932403132421020026106356642 44
3696612083041768693220104899345155973211746630090867120083557242052922
5106285030294066927058050440068181922735142563465843548110959320734012
7496949000254472079736037916466970319503383284835516767605831036545 27
0857655498002823947822313718870396521642078414038632005016875592892 44
2489164321079620031371107462606935918955818239988365915310970042358174
2946007359612474329057210929097629241041065662092350379244313926890 30
3062203407870584752136844349814006643996828177728832830680829674748 51
0726842285639503119239679399702278280832904039187942701256403173198670
5480903817290109382677032761818733382332992873542517912146741696844 43
8416099579217349254754115169550363292946067218798381779848868362782909
9798430217204175362522299672743257163080332626794270088346679931237 22
7789280490726906343593863344827373494687180880694508882406899726165 87
1343751874071244353589993574950576391055026023488483193010977628751 84
5555614279728428487603938721304909025418488426977514011626937613955045
8568990473003987622256956952852270270070700223631278275647209189072 36
6145338315064508660157166725030442531345730761424825299347355082009481
1107402642703287961354558997238769243881097597044445727972255958214 83
1857922116838192022376660147053550332990566389961139502003559003953143
1485319997339561100645962955582149616215804551632496152498462549133866
6155661305747107306606494761259251347398672404294705271394587005711446
1774359248919999779853985891554580117570754584198570746444171573528708
8318155664906711613720524842124067568833334632630939467440591539281243
4686527415076367108332946799307960121322623629719228890611294395686589
0674688582258888398916501883553307523319815790355358685515578206546 82
1833215907429103474695675663392485415223645371500388621789026343137 85
3026622744881799998738533234152500605075994452916010384924296473792 31
4485199676400312042619311018390010745597693245743996519682211157017225
0000780185200769092799527481957223522490092455102100832943506047090 38
2176234012352784838737727314319812353312167350741624784195463253446 15
2082891223780469229085093862807526773733648916752751088671869074857 31
5117987191127589737172122200697902686270153977033376235391685730235327
7808051500852598175329555080787788667281565096669161583911272169869938
8759112688648485453452898384500172007531788096127347744030045241675032
3930383670617071013055043805871730675668335337453783036855999377590 86
9513062184655285792359339174191712054179699872561324532665773975697 09
3217056219380046148285749989375231643513474707365882098106057788654 16
5147324898178700946301385079255922260729715226203881943748439143105 94
0959925843344656576817396893261104598701003727543525116377441612272999
9410186195660514215969412063551314485971954528608097486825487452445 90
3626047313806483937973446818662497007215547106019350023864838934375 62
2763501279258494173264366237202327855359419493045001115249370114763463
4157542640955747394306944563542362081212241176373576970867776359301935
6383644402889363050783332280366747439432486570798950852508727418326 83
5271995157792652719876374997907620843894634721262036078308173814280 47
8785549782897862274724417700301632550133970537241768281532351617690 69
2199702556999620546424372653577547251024031299435538645948314701949 40

1560266849430318378369365546618665662547082586074894839728251558916038553495064513847442211882756298620633135692134350535417532546229427385
7018514221604797918123913581857023363813544535711277117194321660466143
1015474198215549290475621090189572080606234908802904067854566746372417724868119007420655784822192950106596683535208679087585534490092713251
0735378131123286004105291883550482825682124393180978579666414416419743
8465035975431670418385214590779433577314964845742148608548867452913145745893151848342050585427211602752070105302881218204425718504079717735
1938264441514303400003896508354760695211261435151449409699151517833258
5172479894740524206100459840736384351138298293353702855164153281846898
7804359217581976011103718826011571521219899280357546083887409473752204
0639123362898280661873195323552920401422000951548088070610074538656397258970803032798551240570967529948775250348381191484476396069023998008
5887510116129006008076911943810302609494806598476196904805932178521399
8286590163613972947333424529757842997590232889212288761745364343158375314378495746088747373425879587582199019353898142294239179415156131539793025146413798608959887675413694323040487028555419780922958044698990192904558906846597838337994492512716049413377907064865785894967575994050617557632934756808289220291115491864882015921461776544992118272549
8867656896225170636148321951406030844868842947490817141227669895297665284671870107291933779292824435324313828520635706158076925928260322211
9402768779042924083653232321510235407534232109476053210171678047889604168510719739693991861879463461896797135467867224402905164443964782932669463584918661504011655032137958238846403545337067500146824508939635
0840796338833931644002155762948765545149622984945735704556398458286539010312031199558632978985996427424165456402215526931176182193404052804
9770013958185699504506269083218442209858065603603966505204050926529449163112247412243985455233459397360215848895956457603560112394722600290
9110232358183270776031819289578931912004228297227192768010578564466733
4020318606579759989767363004515534412122274649211784192104299302330475
4593408148695733885585311878925724359962470195810494083427130065971636
4375165746371024987053629169290060997979798208147147131128995085184920
0398640461465302509949141434035836955688421615182000667253985853203567078753447410182134499703959178739753496211472367771510750644341932067
0978481013906119468142996565946949980301501505043949916581936434061754
7120060232533051005685661995398852109699179681030651566276114001239394
41274050406560022170985477796442468587486319694618955103513339164119590397189387610544264230246441278596632014847955273227434092863462009840598245338576386151933644320983391819574962950525271704159411032941605
5200707970044527426550329106801682918215054886572979083065733200566711
0403931664289460739742761327206991377358887764684076726016450379690906737624912318156946132584214651124301808862838501872732082930493205348
8349080225799962089315382043458746206252362968122407755716676147083325307435180280156466152412335772666545968950153512096407409879933525112
4236839325550804077953890651359848693148572687489949014085300106254036984402433985738212677629454919277281927072710075950541945450379091805163615808362888700153867243945007027498984321855676474032471439236648434111606209310196018250317806835398572583913357133449303614491708665
9797233388145309217403181174775203258167433894582649675275252036112627
3672109764543134023806587201125134514611723801638359472687522817638356
6558961886132167299893940149412510356465833636887760906588376967418291919203119456469780942498386090416033096376452927942341930023017400543
4322585462509474354551709683543697560356501992385147371849267059723327757979117381524743531633424117298458941291075045550428858777627373406
6330416039180826874172606596159893360778633070199222318466648889304527152405511746120223016036619219393661579378673696158162597300582128112
825576467959494028146674576045577470673902200197698318259700293819541

4927590811337332360588587778716100672583596232604960016058991488934220
4736161327100754523004843943109899916372218862326257224723071197918230
4944435140335744766397083610698607144570069276396639734920292183 46297
6443818601893766880534512777038481569085406140328036150280386094 90335
3489323035792511739353041584113326547129056739888443593082228303303222
1165929854191965597971848854238871580891403693016171725700155706148369
0681274229550279346352264500686934307748207466636874761476200227 50181
5517969782667374145950438705887238733896329121395730399466305434 02891
3277468168754669502161412465503700912659179830290388734841761397 23433
9455693566008380160943556137855374689207145442337764671963138464 65263
1570101713235839748746654423630277928541904501566645788185997947 89712
5148114050237769026172897930130806565716312121207914290705421508 889837
9545365916435512334174598794809276941751149031174605522455785458 135586
7021530900770319556558995997468057416133383616416911400992334155 643868
3622586644280794033626701052266693619246747237136409054289852051 88351
0036926818799746564705254506826839362640699442231179129973336410 667817
3591597162898327417728872302052609804248757771006988196240372912 71628
4558358478403404924364878183372432037161878814931836632132424242 42014
7187986601290829544902098739959542872139066776982756308916794217 40168
8235876539750420302448986418896369096316270120557681969929154992 77514
2543788129467665083250351267168466448444547240410124528064217832 73222
7760436916102880783588718437100518084017958014108352816351636038 05346
3076389194761501869867367060501475565451912556348547440616202739 38350
3562785615295889468170169994014332311095287212448270472060546025 850066
7040757911141368279069786865871177920435611489299687198880325903 495462
5868507864515607372171539953391070545742084470048998112828994216 021222
0926244947274540561035820926425126780398190545265944373751942813 21713
7033612591057551698992847294695342429807232562902588836268426784 47029
8363132949660544162538614748828347981673228810978487694132343671 88334
8297513277555209811183566129984856870217344971594558142051676013 631681
0447498709163649431566670016341247315263146646944702228602807118 139928
1588875163721426683212141509231720573189111732882598052520156090 041554
7775952404089135009403651970848700749678332743233588694631268790 09850
2313172066141132108607604861957063566245230487204929701679457814 582009
0361928067821394589374337776931269876868117124816408491052538842 393336
9089463540923580231081725576349979969436459754448948566477328044 98867
6235709173021602698796454984277123360252396013678890263912763167 33486
9009946588810286310223749553599501716187794059542720325680750991 72304
0604059244759347558781923115070860386436400166976935884441077368 702845
7703794092834941402822129586407527063935399304447238508439688527 57779
8355208317581070948268654551492346771164511885672238076006299878 184487
8270052720312938847998209719432022757136352039888007560979354968 50722
2173819096427575684664407843849762359541643789860716673486049953 64292
1576909269615170952825421086026688812876213228288701239411121356 084998
4856022616743503488305211519952221309472231188245473926080854412 153442
1043454311042835336107232244610950475490308238497623378772397985 764670
7148507270115503350791768894285532565557856891411105393768123007 641727
3323355555569581979516167876516112715880238173705812584337644549 639320
9033630888423831346474132541575834085328701621478467527366035329 81421
9899900103996516639857816270835896248137581128520502746831434621 865421
0028735798453064197217331119032520073461929812872295178982451117 703283
2347598640395627061908545507358079165897100777640229035197705516 51463
1569542884142437557975709689422328873125015446591323568223485632 30881
8621486917525444204250311551711252093266720935244538532857593078 572051
9631126771596563353595646066381215699176134271050357968934692560 977592
2911355755004495468093959419880769193752888650248971124685916195 119118
0573662336507492183673283957490669396689948638812546588558883830 33086

4279223545971614086391328016968670609674779349702513696709492118518268
0683710393297681827934909048809926852979497855733371545681229119082889
9996496173672758296772254271826422328664001327243273092429509230566 22
1346977560274971311377496402160451869335895994334517013147431671669925
3553526251918229606855110255210661769391305899304704401305553947858663
1684376918286472343532485938877973370002374344405223057833850423369 74
8670050160028663716354807214257274236347165982592000599527350286342 94
1390667926697237987304373539379577587467043870950735671245544966030 97
8961181945541702455921930096405938055229427692173509881950338542439019
6223556566509598118950849558347583267944137194334777064417430687607287
3238603190937646745291892183927340565244912505869565176115620698125003
9315388458184406490819305513822068081023933630856535953832850815185 28
6024907380888193971974192664563416144842651154131695628352519591124428
3826288101030847554548973690254035882364831424405950604333637217231136
9797376625377898329148146768547541189710236465877932945245536608462987
1709766714521539359362956508416867938874745177684647019705601206291119
6593927169428782001047384226912084203747363388386274792663438170746 00
8618165177012473800268910283248614546728946437703394342046484241967 02
5618791648972518386746222304165160001856431299654117598208500563323952
4163204667553500133537296849174676463194134992237442472246330220218 59
5474064637882118823459394089968995866776637011429528531270793556632378
3256196678213665709220602831025653913540119066214292393816411208069617
2160438099387993003279135193961605459067259657242443886673098839494 80
4050019958699540877610669138906842799356469502459908786561048152626 19
4880291622037728544043107619152330967613456578986649276023103467080 78
3909926275476450002311159881515250166756373957401905770341261342041635
9044808390765374858277752596662854316298833142074778261209504077604 33
3883663580243089244840348835410287061473396328346465783579669745925 87
4011346345762321608104239762225168959734768174285127377213488843126429
8689167069631623873420014694898521423020835510710710502557188462778 56
4403760534154873713405703530471604771067752932007990830085796335058 91
3648697747150937612256284483514279338752636745707222002567691274834 22
3794366061319862676094406210515237198485974737929740617724333077735 38
0254302218943957667695095667279812485008486264258848457967719356146 64
6462601496495146347149006188672601302167481074660541119266891840637883
5311056304417080835780199922329564347430329597913588943793800972704425
8215069279799888314467253297689672092433109678778704372547040496937 82
6853533277996781762915186712775413657266836934910872925660656228159 15
2633504466949756792294976458396040312478260968080763245729179631357 06
3805530181795061558934619200552502042127689204726523519590844163705 97
6227580527335399057273772924589843113466208946935684628077087959342361
4342618357397284121665260195438481774502442968737870447818458084566 98
5918167574593630071250992994559021579797126797928681418361794529381147
4383459113049494906254577757396574482504189366105015672239114063379044
2693276717835728234784024292290403767470039713468343855464064270710261
1753009130847612735756388934449578014367197801389826534243776067204 87
3056592069332816973770772050673214000573675534498089554053868887867 15
9112407602402876493610914648563243513922828961692053847422089604660805
9038230996591893342589079006223704080066997920297981944092771735027 01
2733684682086738310270794793553022082277521544609273562071517195538 74
8966819084680286066268052662617307395592893243276656082055892649228114
5720789325877823680827930505003074177435351425876432091818543266940 69
0676007919082134203963689530945256334022130730209864586297689655472 48
6526242846110473665750904177173205232374140756584899323927086821679426
4326875694735191217476911115775407999719992668288850793903934061031042
1329646825040770647705217690955724326859664717698638291411537797697600
0258192723944692010496600428508547001480918081081726650456796718668 80

6462058478809300711671419078497133939149939952552454520949465078434971

349697901352604608389864938417085293469279158345594247787414758186260
6722466248117722498568622989744043843921840245603609191236989597824880
644631955555593083281673460231204066700724877475998063268452732025570
156216876628405832688949305051939005049504958701540034854277602462485
8846666734238597445456716114198430383570639742666670385556096452390357
020107365232835276920677221366635857460807615994825758902615564428664
9673725692080468511746267024678766860322879651197857616442650025536622
0799720399986561469155119965918926099875691957219827550950647597861562
6474235578645011389704199350997640667655712085029584211559149472907523
553499274100851294919385596259403263820252498822492144447558827002900
367951870523576276442355841833307120460124629939915484195813551255146
7709344714433092476373215011861279838185602557163141744264421039231841
2486156130470981480247338812569605196772694383214901046524099815011833
941450600842229131941609950099644961963307661716802799661459649084857
174082378057131294396610368772726979043490318967493232166572331903721
541461036471884246356801971257097712420455992771894016308075557915318
038863852263293491228689445871244071873985131098072996000054029691390
863266714179236497562971925021288399097084846804390717631982983862589
760312738181027549342610128244583510397246172600271247264410283930603
6777543984038462374655711776604274794044711025322752607088191525962388
103594491210025921567550999035984902873663946533362227856019878524480
7812000092267255630431187021878325473868804409188331048255150339506237
0353459115756948715844081222535466146121336832914177138712079113256329
9696105863063881455038293070650764250040959783772009135428432873110669
407041999325305683169533185440621809608346131977993381716591706548795
5211443993463691039132585349777380538014249409345036276165813689500309
5126105708412344562960132807039487146758901016641151703939321469890302
667266058467350596475274805617807867953935510326849129867665654263127
3298852919270082470877400221374311565869690760658990854779808775648655
941308902704568977297419559655010922193569323849781622587517646552420
925574092571769546886051901000316080128972898705286108542297390939681
5077500965971737146008611522092622608527082988364373624387798127745117
082236808061077077413663347955743533547250663440979289899184082181502
006262900581367815452848577595273359535974840872450053882741039998701
952126233169862828034388497269141695862950362027229748868984900397414
7161674575114133460273449742355058780721866552587350641253083245738803
5608515766265910084790720477045368897507199743566506306631675876113475
1644189050994953044117199851499167397662294269445166214080877491355367
345306518299977582014657530815794081675035725631308268975276869491317
516603141962741227162095782997451259507368949976478651309830445539167
6187931636640409697787311715800412265552886370914062581788469239036439
8767943899441959633227733151062417111111758958204213822682471585586231
5936615312894321916548928211959762276658143596743190469318970709546254
9848023495501869231129366402929099667008638784004289044208624836617790
643020633059339203224343651607943257024658684668977153432807721709879
8011814855157928164449213543001525299613772360107729210859513145995246
1659422716415747632365702571880611706348762926273236008312525699654343
2189374507796744529154278947127228947044648131474412422116659008100572
172330443870087373605331646830292870055572001906994319987064544655062
4282172711712459206812429481055050404705924105288357400656484547245607
4875624763472596201955416308086991308656786967875539700812791176866919
496838135150988085209582767929487854818158433903895764802898509257246
086253006148886286503065719865793656157955982572991894328947716189620
5693546728054418563501846263442674857155608884433767767751811195879631
6841853639123374976612377125870555753677142553545280102361912882466084
6856736084934133311957993354042333577358896378053183909344428049227035
2162230871494436067300423117979682863905171951575052097655902730996709

9890200513002263326473818452023997691129524606155729336699654182678756
1464474369388729088789425992271475632620666673290809469862929534311107
6243281643273608630864133864864668368334034117417243361379086047880568
0045975432893327214060803444750328434411461171909670176253984282266864
6838817061002536499007431738470008614817616431964214609199373818877765
4827069979398415393897490946103080608952105623723373395529906485456544
7771113235115058351872397486970763522933435497256100301121589126783284
9264645292657116115146530034496144130407078693714179233116662476964087
6354873990174775371020182114281421448246213204890136655231442441340428
7752981183566734855659369179625585315367510798067145279663745899421031
1881547454807524651853170218249967058200928170347143305649061103029660
0778862186439586203091262195374593191550111691331559547339411720861353
5884052045859273604632198270224071542061403310961486299075908103313330
6591475749539436538701843065303834279040143059829881096866287939606844
2134010586681368770086255041066965536224307609748692066674406842755599
4708259403759545439328126461519786010940922100394662393810002488578088
2153053964123626303568044502330247943343213441880843146928161839236822
0186918939839333078257939151876598861585265883031305482064741992386116
6216919045975656253336318446768950752992586777308978113220554526893234
1196377415807042979172961849337651669375621514648813841726621715323622
7108027841813774596097865572452165349267876088009188070751445179559188
9320746484076199051735585848891330328063507879705231316767693157737311
8795949072123726379925971534942241650491860959163929805153754153056011
0835414124426635088411708895426440977027422823212873781858481377393550
9749335551140624466436894204535523793022955699025688892472476482856987
9277717704395843692472400622209413255549432923268062651006560671124877
9978803998822145863452959171666248165322874115532752641124896656236536
2717905170820153100267353958824702235281639972401534641220320257977880
8273135512050193684281552081855499751491511016991412711608445400907620
8300514164618825529634620360873716790190582518946838954046826629717488
6680083930295126077669299240694352257774386318127596795069437001560622
5056278559143415124133940303277129532531071186174802577223494892925219
8097430895212231461957666207592355635972669076798666123329105952796100
1834310690770203222871625208361195649481175299713274973059783552852128
5785478442861816852571073997916448507379463019479486010937938364054000
3035089249948913801089313227030643660409213615225175033647591255299333
6234508746206252211615213453346405907315273240795593956003274879097386
9426066361431450934795793642528207605767366822455612779788579850905077
4655759995233257680197851647322235734446612494779990642933510320292411
7061814769571050772801917271665422720280245480655682926562444571074844
4343809247355832405957279281370093179495842802006781667030234830107400
5474219268605401978802767061773311698549010053252658070039193322183255
1762219500495602329543188072487098922493307375904553488785189577342822
5125096765197185679965291017199510174647814302781333571695642231934077
5713767834608696712243812173079896938312170420491124145158622120573819
8926028132533616506332709612681127354457645034386271837391993894379695
8561167126683833937598558264615427978133179120578291237899892276277256
1595125842754000144632044579106546866732414053365861918428042262582166
8827371032153821229001605389555745804814970795142882874275665707581488
2605482420221061203768834107343704461695313565847315846499523328897400
8613892603743654557103135730978703051579767418648833308333468306177611
9964953332343405916867838864524704127553143957940278842161375968491822
8232860066928911605076118159809805722967611642356090547827553099902283
6011825568757238788125858293421121206435351362342333545480003763735392
2844133746644754648997271532487062343247393949407436784904172725426577
4267589518279602033436226061843406548292910969473277581063150058025055
6894921339837057106195538103699251006160450062319589568527763384145333

8709215687875803212746031128492488714697592389661216541007845166518759
992660729902045834562796342043971565244565003933269758416152741868905
2810339622772868014570270031896278770775137289513749285389160134511814
7909121245542835114507476620614502078740552719831064913195084319393794
0513935608624487120632823309725631065680671593587120399214096663322511
910445083216535436219937775858432812272309717649727002825335202360334
694516082287284727522818468777375072298833913187683690263824493488856
4346061470214101593355370833759261193543814375325836805068692651602131
963859004249450260777932898292974931025747485191547582123684275563739
7781015150277718846739673439741825642715865300921367338800791231126616
041891722846890638267871722469773414700303377094862942467836229172179
125739785889572304938003585912363996896312161385831046483707963766267
9929761566821198465934155933916744468862003556896518406189650209957879
494750342134510646829418913576240994955771883376474844936148903373387
364084487665128579906005691803558021757432822372098296405413984917686
1425411357801923284322356622012533756997103821037145053611352158087544
325887517731498123415979007748415485246874718698284371642775679661218
822589836358646123372708731616395878299381552734158028806222896032274
4791973151341958948838419529290567529135828470288997290468242178115881
2544500275773489756610693699383060028442488304085568975649116156938287
8286204590171592066183555970557350218309269119605068711363792198916388
264700303239855998258529737206759685021223259479609213701331543690047
347580052669731636628087675468684315441200544518109639633177996327073
3270078424261594328719836710018530522110004993585898093472727826132452
225547446633652346902607995201882984865792935643341058619206357658021
349497123815423332633081824963302038636180607430078936284804945727476
555968976904796307725843589609723556268852771769509575485467415631893
6544434526825222687331658583367174104535186016897390037051140387216074
925657286694144634342819342201078799444793152890807044167837208591403
807871920204687148954042965778274232772630067548268392572047428956919
1676005205232153821140887324067972558836997229770397817477865544513393
695280467309791987546440540501535598421490176493970899336823681797861
826371377477618992421396475468152180235657008465062462125800933823937
589398535255324737030726876131869326125773333729027491969501508404817
9987728373665255064027193614777325988089081494639422730754621137974252
544785730656206162327584566336871604105456555821963228444258001613092
2925611695217058561742929711699372987985526865736798162230768594917332
186376150773517153378053363994725317379046703857552722373827813588564
5323766083898120229497517958499014168966345218786083583841189313847283
2576864873474621953538997800875424150586749780156015931136540552070950
803525500481212312377181521072980032310175918378625405659625399485447
107620238523408341501421890183896302766908646062889973158305000605416
6105211261833245630887494237613211173832359910267154433339809030107675
192156068609150992975794898470913404847760372533164866332739977457417
0787058858498903647825050060756527667766673018142798346299786311547247
1904638130827026950271552434583777132888840113322856123276424758054914
145334004307351368200167103048967407913220417329365588638081990240250
4247589799061997394494240613938590020437450817126160362783912411472682
090856905268374225068910991937677220777687371267701529071296822615843
757149665346296154035289806984981990238158813249007282842031664545864
518677871817717727792832125269683229766412454967397152787968043476589
576126533852457391513438137845005187385915329634140536894844397225508
0119607926902811622936704343711583719538657786003419467130966534425355
235613503926374333559024877800931675855665020261424517552023105180379
792416018681653272134907447418792630463793570195725465687076964902562
8311394908306598139258771657534329051829883074422093153945626718913650
9327785275856141886915058431128180621164533834614564998610279908878315

999233208349703499009644828973619972608413030501613834375735033502696
7919910039457648503139889980405347620797995103556280094271198077141386
2537468942006711292903794021105099312881767863557121288220584525902329
882784488972855767643376551320983720845365197273566294540752078683774
825993769508547458537785440151866870321270325108378857553525327422467
4561655301752946970492860349352376631937758153126911215712505456493662
8404613157549323436161143868941551917955211604032794138704059736596828
772355549369536724926033527449892888220448868443652751589546895588589
071831729289129234577442844192725052768475503870270632829799758538825
9938790678996367663472636799709113700050045191515070502085744705320311
342837530396450683734947465152543161640695883965696047762481007698125
7623240276563247145586781166535633573841332037563285771114579477361177
589109784495974871345499454050089749431237026691600227796215160164431
446321556746579869691343020917375379329537363102934825941848515313457
700649437390976420858957317742314576728829679067502992231525732869833
026341233526316349020649042970821006326488156767632425444687039213337
678948960012513626523547256517022255955699862842510886689684710787260
016733242215625124292721308055932622130721409368643549968987874303526
768849221231834492419076374715747446252159745764663572427527952228915
0406427767865661151919331918178305671646530481381010666734245915686417
445768839062419201865410225266970615389099907254998428548419566819245
4519747093061422753151298445309182757715136118167303580932146032258472
3528118255047060621542622432455144689645726938231665552509598950410934
253743085999797137004258858340304497267109629969763233607776743734798
788356730102864713845459287916374901454066475193948993522123624743661
317478304868846315160365922435767627623446665395897964687905529239027
020107572189191382148316268524904958486754329312418264134662722820936
532772839766755726728973193812934194305723962072329200718638674667030
6364601331111164254680251228943053311250985386012012360704496997852109
585987532930327716226798230551076769268000220741884903016500503853447
597101830167378268194361241656963925229474103574318517658365603412327
6433900956511863260791733899126277207213516175222255241829612433962825
182328696862544411862381233064034533155601640695747232038365145663574
9873441168599416165518249604259798392678161314831809025345071646664426
7026276118597649132476829527278057032238343515063672177066376374024903
046590962859602719797255378001418201998101813981259504234866248344043
9211364872366620202063939628845314483748901026084036148407312006741562
291596696366940836032643341496371209854547525017736696019714617846451
555599416726373970858649598779532421583282184109391640528356790706864
2107803466075719798914815540054200510730096279623472724997011221778165
6798449194332226334150338567530824467734104550327428561157455387421400
071928430177447314230098365760751551277796281014722053066817420350596
7941050980466563136377825172470914099255524710368126705138246752117200
5284942952197488628489852778783562106004878127114406349908816459244518
980104429357083290472201607269660461984260772247831071714390934928973
7950750564710538029161874918869946353013572935018732066873115017315310
912967948625497958151216822075712318919091383383534471023659794480804
7123388274440350534679995291335460941392728446513911908360762265798398
156424638291599904416284527681893532791356747403227351506890987754721
8155749984883466946222711943435139572756093318776721574285783033018304
222517049632971612296836752748983294723150697497887414002192670067206
5677292131084935729407635928956182812900110978472432830384651974375857
368591230981783603031405282300813026631330413992533992179415764798534
7081786361137720014085708386394377035291834974037418351162237004017318
826939326308750548756645290932656650302439445362272791708003815785132
529023651056809625891794240016387149612121694699254423986747262060057
131153878388338830780165378838775211593119449359569491793940578848606

2395944418497289287230849557926072113297712137238869698636023682916222
546471088062109447913239901540667816028934694282155062721260541798291
781738248919973382953016826679061778013533650471886339784273533585623
2791853579779226627038024456968296862549118748685305497857965989184862
186237485563935321563048992834865561541540649512210466103765481806025
0676549134033273862941691177626381383478511836410569996609492020448950
26294461684668551060662420883145374012687794781398595776990398770739
941703256531935561300052814359945606126160832235899032489565956752757
698532457440356076128860796818576197717887655619852375274472235992720
206023891671879081470886706830279398976837802333757968374847167920420
5611884614435084238369737859482588497825952141431676898495921319389412
8750695961491932711470358745336608149437546971429195290310193894356371
8359374914830742304493402959628111665238995811060009386222162265525297
661065074527135894973344740728167392634862226297134715553293624445799
465082319790876907445852537034570900774408153416786387014809967412400
3837808523427397788174691080535330509119443313873040838043067506030686
269532124522901667503856318585859317437769494157410810572749444384001
399152295292401680667458424696605569107697596987310950784518251857689
8000939428637121910166980788517105711446695070312737069620047300356753
682352058152491868239083974088092648527045816800639153401349373525471
5092352704416192657211004234584808532239809308197012158641732913053258
9871715885516842060650340556996859371591562193954595558557009347711681
1798359958427981955643563653093890509419646418892434176612177117545737
144294027293771776591831074430581515315960948263506336557238614139208
130754146107405127413481388906875208965175472864434890201501872018366
1384172807988272958201897748612633836037110941408680441463818997551441
9051152014024187628978688233866528874956474011072459905537992175155647
819809184955876752778280803822629818043941563979561725694090929518577
447883651594478720682678596369454763706238206696202396620665921081278
183219127468081453031421779867353368489380826681896912999835199422321
272638771597576428521321515883717146485428812423122468402839056157796
819989785562510271070628379399431907357979753622873719947845210383168
6685214208220192667231558101173724423756091514893863436665265794260371
6828928158069315905715237948025661912687088764750695085011137025788023
338180190302100297597559268182163595350706418857190059497444679741742
025213094724619195027721323724702570296163168146476218464364465179953
587775904809172469556739679455373497103221936945596277893779193834069
7253788415502062958387483096195420461546990222684347461767711319737486
600087935443607302433663280865368473350668707408900184703067698214753
133731542862215155131814095414979724670676343697696458309286795212019
941406654043266683440819686918622917654410364920807857292423388755061
8098365912226537972884111201306910185760304983295326942141884259428662
1469527688063208257196486713422469852641941902223624118633913028417184
472482275572337996970748200243758037179218073420208053693574061876566
416960773912090981349470212072519721369964234420930547846506923744649
042088873263022615635791960630923699160278236493000344974712377945595
124085823970994657027536675981330477750505053663457471551655837277310
0785781787153031613276848925357607846211478860351804029765696058486717
567636659308748016099927950787178913104203849478943286084797051504283
326524571886423198399932856342268607883443745309272893146092544299060
7871117367669598496330621775148848993377878678597852652805705486612173
792135521247023953256081906788528038324229680755447174377489501430231
501469612254948953383627569448693046741980229225550650874297727580760
951068798271091938371422909682687285963219428367272424774439090600368
048527845438548199558287433441890955230992659295884828977719675054392
057716689385523977360925820906934305789867423572953120514850903846524
931400689961737317358162222944554161493578714775062703761924980363844

0016091361171372955766180892638646794027936567038530577991298857394478
3757639092679443336505496770742285963808721870399582714758000440222240
4214003303590360960548004718847304678286807740989832225262453168032O3
4084435109374319499380299081241792110895423927096542582195848586679924
1157884478152195574983222583356742267989600980320093548651085494676767
1340531034349986434975800021528683583572136597820843573260466126057O4
6440920052064374880868404199958540869747731601750539025306490362O4494
5847644088204005386057152518221779351801941471166008653294828106002191
594469278346037982926881867778488378271314816066812848087479043023420
037713089646478178559946183751062068844135862845063034644191394289376
235474277758676901467822890700609268325225032463995333756672899766025
4246597951963260902742615157481865278192977983681101331339651625793318
419407026964988951386923961261275369592060229690087420834720840833188
4158268380193833589732243351364122443211749794047668241678096352035664
154332541509645019779105414609437498159904457928380288801335624818140
7261142327597289482414188702595745493425472274698997687716231609932288
504202807083810081409188735263331835842074074844657339783842980534710
6002374219987211762683334909209073865337959074928089283030107207550472
4508511833346763047598206617899980044627448033701965550213204413964236
7450695370878169737996937906163784820116979627072127035848047948858065
8308963231288673402963848241128765952185362411256969749199057478280326
299861231724793050323637705845698785774531610386670675558440682408910
5118184290258032985140961573315387563114385477921529836638382158713588
240820127783840973623264758443526302816647560799932214839271563212499
908370989309463295598599287284335212524274334943790238249494457851649
3612703264233909454480862002835352626175298183552529788046502813539911
2847161281153414460389703165467739525876538384445746110351561641809273
346254142217903310714720310599294953895958436885773489495225982103831
5964206232730714837166917989674445418418903725112728353005929827393747
375710992776523563703606473487247848396842037423097589988743878765428
4159356597358834506093612992449258746769154280459813281582587299911030
078063159248172205221320601077149233660100318271006672726648894955094
233689793548105579642377154495413717740799517750146669546557410080155
793417959830131871546171383822033328726313699780809375628169857535292
5390236568114358655398284283241700051641990051764383512005756933430421
8029315236854114240598680573897377172090328164862383954980500843602353
505825546188559424426129289214341478982670941767604522251349298729974
3533382062762240633100488377452738118872258181998221942829367666600004
037991487001856867455441231957351871237930599514821595486770105404782
025853908333564061826222520802864866680976315610713764189090236060395
412455357038066753567652472668036751767384556469669359602263425800155
572089623840364771321429669219347242079872962986167579674608295971274
8570679034670391578658581112738257432519039782995445767430575299283028
6341862425450224962419791639827349043594113958984043489575783324648221
6524972533181193055585614050310507654858991552554265288628752889554577
367874202977037846847563664249476708485430735413284036163491347107446
8329858980951110201242544884643071227174886586964367223751257407663807
577968593851823215803790138851324567042252785387661013519568286523394
604020035673386025205513475307900746894526143616381246602094339688182
9985725346543552854046361041312149937692163026148315182346942096279115
4941719466072066552844004435657532664143893427722090557518423691208O3
4737988670796922839869375088816146073838246420008153936740018862573O7
369534997308367252810149430436456349752135453195195003507648237036184
538497563616339744294309886387198988081880867474958317602229846725019
591837178700154647194377440245879644193433052737786174502452497071499
070005187269292834587178630917484387855063975477813979761471029748052
5893069221666222523537344901135398626602814192647629370976801318720414

0666876255459542229249384946271177550175862021378876760029805157411237
8095519278181590820663636540356868332445566200951604633752256882558 54
5829200193063815338736565179457437025887562647321077322764662315226 99
3795825381625074119359925754347032075189639279292162309129902590445512
1720931896617993469495415021868337701522075911300888689023857991528263
9867824654608874627852622681424733188588572416651261959000329224404 72
8408961960264923773072793032869835071995091733622206904266211379357378
7896339821927111179243751868381757621347292273048411090528931273975665
4644015991089205635953955062268490348177834016388807477585910604735 86
6456072994009420006312043562308116498145514965551300585461173552405216
7155666041333475875987920445592175677563283767227690115416492112246422
3603954033684550113426542474489895459967920364424296652482735068799649
5015740462148251111674016381288237054926766797280057463290619456179973
0944487237467063062834619376926372843710250629430239838747180411277944
5151821086400015584757912846401287399509776297708262263458825052078 18
3457605053081571276816461601267456151310391071769738455787322413300 30
0055347195116690125811352080156303730469080930979273536585649135747113
5090441275907649029919388200826217393959286123336572970664641027058 78
3855131893465796268593304795602601154503596771014005799336889004022 07
5384825139930863716343366007923712406457617650036410612205435686881 7
7406253057006023018982911091534071177517124423703643637158902201162317
1026356501302439912154042701273039166043485289217176780054435379602 68
1447698747940557159937783563996621006692741927146810896204073611163472
0258986246474408196120403368752089701088063354284436925218017425121196
7856991105833494499916830944946984707806367546667767825383723040528489
2911730548029893106132822852430139744212784010822979922563749918616190
9539509229235240387265633496244744690348057513565946504625030962501118
5996363024036541878244570740245894880605074168390715058032424183755 86
2679604489403118420715618426638993005968351960880991550054081911609426
1561779964945557389362335095602169384530294074153542201700885059341 08
0215377441689697655239000700113109469280003444356063607661310302728738
9274226652498990981590123765157043277319218502844881119332011035710571
9444387121835232255486772644086673404544135367403990104641792881141327
7329570523323399878009160267002892904670034550632113551822596454563655
8027046215314706032147678038734544203988775731536419729437465867827 63
3623111986467460831716249593805163179101602174316003637213513550655568
1162767164832287962390037143316348095868924384711690483078965100591104
9650159928314383120189325251667689558973105180207091561282127947857 68
2315030996548701378014203423508621889445113091741552012125037797657263
0511758844557918166124319147934998793718897466767778272433292270248264
5480284999856755494526946870327503783940036651442685682081309020949 05
7899622100814077366965566279789587599381603739294081898326023119790605
1459780384494121855073472344404641363331714829781976698669655140051 81
8454197633105563504488497134223603391300589797173467823734723292305 17
3885050046360256819980627282581124555915860150184390904098641809717100
7546188477393491127357112710753309507903619794617087334466480524178880
6067731106455884142874312055368645075413123789205016418245598529170285
5298234917568151981749535650404537358800409736931002101619740994088 57
2336813989068523058021522578307985844449884900267221549288886129250 28
8528135271737803182076280866581987021339186121133602461873626491285983
8570424605478859944208240180919736271175154047465634118048628864398751
1052601860076320866403208005880981246682872769158288851453555992972 14
5134318817716645564502666336275157142261212702829023587031467862427 30
2335998951338331069080367912289759223209005353398361052808487974347 05
0510512429799469695877329008120707972879653583923242657673392144380 47
0361706529595672993234416869309201866257158203504592227460113349178476
8678310636302367243553709325626949823072618631310910501643206126742 46

0867916703779309406696071354477720412401713871525414787133745660229142745368281009292055889007950848372326787186595562128376549304312274644597738111563966740927499199030967831570443792739641666751097892640931174682418788465392879439142807191372281945062111996049420141675675141552265693285969399005410111647767529256494404287958357100368450907034580190874999930927342332379066474107462898117101040277883382145098316061371850584279038953949613459869455343321733883804422922186848247101171485158347106099757869761968160124373302306844692710557893261660012959934985974917184503344610562408400109524903112915131020735366066991425097441671089180442792638502557662206256643470568888120913431296547816198453967515482108102441606244493185873512142860108581558715194193976552610624780925408142475964662701919437855071869834968769265751713501764020035993835301783027817671022024492886556546201055956741577115904728583016542256142005482685137191627689825272660007703368359267689271174661458864432562954417051216860837357165976102782388486067014463296368213637303317464871763201427880067424934856844572688678255255509250061546975828854921081222247668229027751168223695025439873245618612099967380501457521453467701080259152981604212231163287602645784892088144425417823517877294636849168637871033559880293528797513166009650345021350087861481652756934254915758254478587897790042101592801135480971581549325386490211513898577566392705820047833081031935861720959285030983719779563846649873345549013365660629589933126670354255179585895342556852221670572063731668209322415546565287062082026853326008665800583966090695049703022545349369418434799181485403175216153188936016989829712382727329618815135404187049273485262656664081364863788716802997434199218404526700361558020387500409637218865537661056462525859676231120914555806149237446224865590525941467834123013364881208645131781450546417941645672385775090452177054997583323609161824686637311995974256373924319368360663346878883664893997708709923975176942932704315716340505835198994772125986124659567580313640200779332879786511301194767901228493345593727454467773069942456260202388754930902233573983039664285659923462394343075435576614858518612844661731439799759776844709297927738276470935627949450937574975809402297195543701438592212160580810042397438533045434671191438712266270914012615384462773661088651827155664020489973871853842797408717803985878574872168926362934079370551601837140508771496281607873833623355597883713608096663152189322875105227403710184125482971285689541641949279438506394548386171545286329870074344746461465034144602561936493892557193423209623857284093622072055176469825304006432287560380697731469996601018610184090834745280892809833912909149258303651173029967654739251518450277244844953768047638864019063487296774799021248561273166399844273618623088551731823996788171581832063096996485147295737236946479442548250144837278643035426699644315398152771686798446857777731767242149930635976518135953927680687103230458025191560364641845527228861482514597409299719945291059983347241041854202720851360543073574876227384079200167634661510906147191081330087692439890505428382858717459600200884576448251903137554808601794034109441898837265231940718313705379983523443759548981321534240842874824428098988804719710545292339984765517177514410963503314438415742836080790134130163961579445590873662789091442759845229763054393408666782643140163757170561881345065363728887368457730018975435386415363938173762901822963330494418919406597305753851213398627564624984703279184151114912113525010468511900896117079021888918806248825384228364119065587480883812073123231413442333531444336096562719210824764039272060888862628525885199283013330589057652728295714261949791649958943631773247495809598414916399608724055940589740951851845370108423911078235447953897722079752261759973799318017660258416783458521545313578584209699130699520991878609886124440106074119863744715309935103342861637568094850359275704744265896795661933828768840

7466738762703577987555965494014662899892099869716485407230339888393676
6110133037840451130783799704331160533262199544257703071039684397527969
1973081280251126223600777540005130859749830464540495130970480342613835
4091344540564134101462193716056552804448400880453039649492973826865022
2745282299484577467343378675502800997560510091528866646587902625776889
5712418793158394872973887714835384248129311916831606013543029978483686
3527731202903029710778302774738958134651942756160667428436070204002388
7686104592077696567626787819706560612033973047229654813734461913219888
5892321867439123224152577419290782257091414018156957284573833622918855
0794868329493305335931935720916763645955813679923869635567492986511324
8271394607316285501241323117372648773982965149234267413224728863284602
1041366966644267728104149594302767238763428606644807904842677191598566
4512608618704025727442774514307901736151561773151575005988399640141888
0497306997550669101292407530374958155784627683114837351610082642105686
8786356840858920119268252437039035251766690092384082646752617092602697
1040704714815310205739799768157918298128923530414649198759361563221244
5168274617227796815733025325573522302296833982779941603482649856938266
3973605905623213929485507427648532942671058969945892642144119600084535
3331145040686537313195714843485415041517234706871596658893468794776160
5065252053255188779427620006779291742862951480363937155624921492192889
9450678409720543460019562984744096748624653637113020873814175483338166
1656151851119113468473236553824853198785818181450105386941315804289410
5310850262582815712311114555123885490445347986700257077621741380291892
7623452389391402805293096864556020870747502963056856668723977499859113
5620834859426470223854033139665551229405206772298210771698874906831233
2186566788925348437392893982430392706310460167855928753060178702221333
0681129914256487266497168032854943908954011598214937701703276762092987
6361529476102296386400390994665174286052716065117214013250959270559294
8397361299817981025671385331771066750331317827873251215013278377486500
2070331355062275581304810800294605171798864186469383014272229157943500
3979917780164905282771302956245709102784944459005025001264756232514011
6120398203255027526969519670742351684211910982090147345534524738516054
5020344886526119484579467391032494601754606594913347356487848126818801
8707352591838083903679072721987136512691128737953771599527413426674052
9860582672777608419974697064196590299595629560556000221763788281809644
6584242944311604341015403241618371124118334133690860407381821867859296
6006015260979204302690514322256814365746965542007161049260710551621366
2987930055591213266525433447237515483179612564078677742430707008766222
0291814065502136019166384385999886123275152903529870349532107528969061
1404016598021882803768053487149020830871917804775313608584141065967511
9604324017985891535324434233629910033903677261899140466810276148578722
1543032757524359320503117165170343024273760823271009896214950638496910
0290257741671365850448982075513534469441941851991214566815068435730755
8765412713166542356681222737222333875877673936228746034106368156518666
4932281342304242040017305391395804503405968044825751340555490464163355
7843816058868602279917915156776991848385745819789813620129705387867266
6068895188507220074426102970737128356942669779338208780912705267402288
1903448878106828049595910794308881004695618358720934323233044096976122
3771968962982119916878709833961134526201769594003458673833978234147321
9138249974991406589677344743402835803153747984899676192496998518224011
7681930521002245510857860384690568766364128908975155436650656165061922
2181855860639525635204347894591616798123236057496837482343890555964333
5042927547726071932198308253807155388521773092429941314419026355802110
5357988665362641510146460711985598292895490755148136944093607176494262
9103403817182161439604176985281732820882103690612597704683140598765899
8142685317003106627425740828091023311681597595865485617816146064344765
1930287173430092180010058739548345440376276460138242763405329465580888

847737466836256169083430972700699748178242457419426260777097989142290
0350084332119239773590955945746815664694781101010369635694686789030933
7571102762086607087821065555377926088164133752939155961539106238153813
1481317662760323198880497921677961104910238832275063964710076965247441
460982262594476729758448101388084101452159329887353851807306981009460
126167868930860243784986072082802669244510981539169597360182132879440
792230675841298484903656303436908701425831419899105413985226930754669
5019990277201199343809980965719482859198767241455917159595575000602439
147346499990949622807320890185317741662157073338928388639164413759397
417797996190645277409657976928253653487828864697225365575452522803168
847103926942994401774415056541083924818538097224626551468903000207821
275494505279154369817549666187513478319186574125583553974077373341601
5611445281501716175117999639940611911008630470479571340953158279114969
755061425259661879019404745287573343889299080029769877893086987339902
732472293618765193297280946392158801058120917330356069608825523217970
057600041590448817939229844535803797460712947076082006515168336564512
4128112940020791146082742431095203360028505785103178129690111967320860
9949003674260657883323675998903174678418827376211282261504373578261282
3923583260235062150253881205038087610757792341102006638835964616931815
7504286066212124025308127579700257872538449057874024076775176118282802
205700768033173143733222497208953222317699148309229185252467490518771
658719283391451272224391076880381467647768256051991624289946664158685
7003358971005817274611700131317272015264539575067017238873314438527194
9699753724585045185112124532376009243047239954398933276325847419966021
261252980566184976823050412057268302788959012984790370101236347773267
2039081071163930328926896985898027604285309812579195732408053145359995
068028164763767861620499087220505717926326447013802103274475785095981
5376927943735399559906920110868457276158737474149781321992210097946361
6836883769800680193267246356331393619802284466029082574970887611612619
3917988989141472036055993690883893058053593693391145031666583767906825
338101549463368505270216052865898969422570963534549240879532449834501
523023103683349308340823516829151896416671575047629019534676550504543
318915726570514987763841490791267283803179053794039065513432425793133
0413249480760881046973124954534545785626432924575397544363110660436528
940344384293413102992185638619690395362293619010163993528535010572993
2771839446878649027719241196947766796743216916617401837190656046390007
6521190114835072075559291017853787705695420746007253475463298759180083
0202715029774978915283989453325540719516665753230926495139421142554045
1153778645696623468005001055766568622256559753200069485364386223037984
856936822387490319549004916657833974366986091833919987237194725884528
872540128464505663054723627109926427857024582922373042200103989251437
6074181197679980049611584889031365744048147277693497933519690791241286
8049505017744535830567404267328578975726402516811291440172893889390600
786220339806661965078580853482490794371510593186923206404967386563531
281304079107222213576654821878051985853001988320719460263512142799370
069407085655958724681365543416712160070267748292362040145298505602122
4418548337825955416419100110698441606111936134157284385573768224370273
6802105490498596516582972944555191824151604065511839707202720208464020
4393072986300139055434860805727208711812587793844984904370529210374970
100166399815194947629499986428493736752536317521883313087108880797883
9241770462788936077376914701380205788950494781158875639904502685755056
174160558994625034600921021093521309476759343508224228736527388837423
2113471060109204939561731748853780227314662884160388678815342375391560
0377407866832869398483480806707192360015857192029231113417351022174559
4119959835444561375619179631107040180474480380943839754826744551977505
936659329500786951398347929873388781017794560817544738135591808299812
4982315003735066265433776452183166172959235665505036298871193560120416

7938372520077159314190351927245801694493938939688612900011911705588515
1579807832197586364396223411559124784518708290402202070552688856767767
5720843301962157900852947127982339707670466783431019043137939095674 18
4931794875599199055140961968939225573319387182240165404389424297616 59
1282596064556576789626950067545766105749703494720985496417221922641 51
8102798911059033065391546659670220214954542925225680119973223318629930
1288977260054888305180190736561784872448961557321648257454753816143 46
7084018257113637533942016840051144296003030823242762724402493439561055
9393307378279093954401080585108538114412665516154280952868117050960782
8910789971952998934216779462002016998984965144055336949093144156637 47
8982789278074171170977983171522522769101762906375367829868692728058988
1500482306979073492161899553670790703347937543360494530720796487701 63
3503866124771679889404617208901243370958171600709412249362154964957 54
9239133890521379284813256006540708721929520411745114657836210811062428
5418078166194941845801094848226063578640095318038055317525908824674 41
9440837169751263837722218999035166081850378401036964191489110716279202
4978840785035770140561634787422640000635581746899577459816171765424 73
5821336343905574633670041826313143611418160332966762967600167994205533
4036403518166605499089721637891019331493529788162093954196820658190 64
2836426624132370590392568046454636658820270576326491829158713636046 87
3638450544974888393625563446902584799733972437826866792004894254402 22
3869489172004665582573288023324994353981089464662938621067826158527 89
9573711364825491949666999004651483304786736213896107397991573499337265
6791738205067948903357851703480156848711905733150307323648157543719277
0782678884988301848646539821183228847745990682339746215612585382662372
2831969860252043378627735575155507201016059787121746506973699977488 50
5823686182397405962823899061718458168239669939404234038027152149341 64
5806650609425516633060493107167197330836033118091222672826165364917781
5454713336139513693578970790381291008172086749705669639627505283727 43
9791628764864557681076979043877788536898437300360143129486649262310 77
2749037059562142587514293266878284788078762847818624595678168662583 02
6820364459788509829508925259441721135355859411423995153512414886100581
1481337144762057489372241692219063913137828116201787876086438886050658
7083240869863946519451168883795277463535977800599642251188127560160179
1590224752139769106798632092833840600861021846713981186612051037717967
8586471588911919780820651104987209273293674446645552278333155612798465
1988348361976080158313179067455124100208677523822065546145593974897 86
9216323215553119290602588527663367002810850040367760202462557785265266
9770340069592157761564764259634743356471602185512767526489221675998 01
5472591183530177901102148470226732507958525275484231626158929674912801
4980057541492894372407464438111610968912792553348665043947776470166897
0466249702173347336807947732108619344342264216085801303502463711108941
6681026503673752140328243429336919373726378916898338751375557910265 45
2952313728785719567272503523272501149088524011122123152239535668141756
3608279688942019932324527491150005680661906710073056211312564018295049
9334281783611200441387083045411777990828298523910316521755322173908386
3377240702608516018650975472284511975391203976275960199053838294949822
6841606942370746852851185966687687972298646027571845029912469206489946
9489774830505013519745922277894280494588893626617557558501668491138034
5406553384045092547795648368531413220672805295322177576799732975000 07
7209030258510443246399340674510943312435873235986285879361322862400 82
7815076560815539481580746263592719106228645291219548991273889934768 98
4063069350153058083956513944024323250666224298765923968269410311308341
5119675553613783985422117921941144956191653884918597957076432673697459
3593810668775110459390561587596349661795677581631290731439520021171624
1602363878096329901332470378593865529140518948540202174774349411807469
3780365326131399462089455574906039769709495500802649687908339222077 30

6303315271994479489978198182895663978726235996505384508402261607128870
0691917955348341272915563450783929095549621763780941447603926762029912
0979785261012616158712707535586788607013322937414800980534901978765117
2350139260320282831938137530461743861854870731522878960438016260215193
2172781250101536609553959394826629785009647214769630414209285608367553
6971457674465825137792689300349818767309536656154094018181213814515718
9348521141376323974759124935970455118111351262638521822684142229057616
7233622174163859695942855584152660325817356968734787152825385468661708
3171567897986920796685793852038673279363131109701750909153639715774785
4669238984188000859849849311591372836081341437393598408772681388157631
6452990400331700614355158713210484908604086309955458293249851269415089
6588966201964410303356985757879719137187474794198902398557644542753175
9127821820679194009597944889802165519947491076702194965961007134306836
0588439806250293333929180504378749584578395597521918499399156656842076
4440157702637349736079804389437323371035779462949595697528642416907667
1625974311702801304335272139209895910162931503144061676033044871310888
9303292520953246042438715807137411333349675218946784204352012005101715
5888101407279033709013906082962325736543490225158571597343839643254968
2824253927771242235747636514746268630421600367373905728097415180263325
3647788062977836503169624788766304946589041398145368349648376763797240
3013154653988084173969361425867179381914048143126221184901047710700206
5136340198655824595491518936088602077543374425879392350378338502501167
7270527206099193802611795015938187100439454786426117842514617256027238
0476328699796611311614717459878855420378960304851193694719210877495085
5386289958503777799044798797681917449414290009803597502443144572163879
8732593334748433045739408125512479377208382988604655248714452068120314
4328720218249171333241238941303220359557278051440495605813651409861600
7905100746445574326539394539164730244554090449359189950093007018061723
3371679820223173261954865526065376596240693939127964089260841611488033
0646499405407464597314824039656863432159312994393707782160027095587125
9263938062653090637227159030214454082789035367016709815238983270423840
0163481012749869965938331877195079369730835694367288565061102509453520
4704190595424682019898279610699732262136628167363122989056247377762923
7557610116540065593852372739150669064576794639205897165228649774345022
8414035088808309344618168366673715725141638260562684009201088413783889
2076012300086402723310587403779236807772363376099963345491422951402634
0740695000357192016355410390524035290727326982389146458549806071219716
8339517746845727327057830016504343852267328906604188841138250834136137
9961981016970527367724719795932611776223445398195320472440733945521293
7548499646212828779894759263556471124809844788635485768440400796454086
5343117844698666996315507153553467533182789421749052954084700236515593
7191300707653206101646242846057544591362740802494426430247420387231136
8140350116491673880339796281288237086263147773710950925211669667728400
0566965235533123572734471225058493342100065438046715335152491823178461
6510258088180164460499940588489085235408615183894043607193406712923672
6069448064599978077724922090290386244074458697014205902219888068460965
1517094823060009646570143644076680663727968756940713515678279906490790
6327720904452450324857579280708225203262396833548515860693145978385283
6169456336186314956895751252054275834084337654387735755811332332244587
4169130446233328853040341681853276507962953325671968030466262226939292
4233817614740621769438130181644683625060288786882638848622844076864987
0505438229258065848704040355625732567495201114319375477540770919620795
3718148825061663069254831888871623685251554848108075745353475665069108
9989025790067471165361044635484862584532960111660552481236658133484434
0230338387669473085311468229529009285203397072972478459503263973047096
9287727556674107879212706769691471916296467784842643755418575698510816
5871827151474955036156500371320738

5452127386073713493283299506794838104667216961316674556498386410665538
8519571147797989780405313153130469535595601250122307301351228235903089

4250417825765707059622397054241206716418742464155756617817518321100918
4626487177650911903345723077873178804849377654425394524714942409147933
707351348787631457698510024967498296725718389578378464947863985440231
214546407023160932103605559461954760831841078154975855244947322143893
2052337349758294772936978542447331921658533831755522494658487593974 61
2031368176924912879005517840370751610615086328433445673849566589150 34
9424052007897413832212149246717980852846342868204470275783698828657 30
4473701798754988339182164436320438360275261130900446100374779902794907
6124599381124051619199605965139007790963429358311903430562435671573409
5056163628748278205876154899881362284006319511195201780809674906704976
5894282031932459132425596171141643166944161801552406618863311739950687
9643778155380972229297459868674364343772446022500821701314936991814 02
4542091576768395501316818107403428304112686525498680326457932318450295
0977452013898055358194141019131984833867985554819940171661584883611814
8504918646756391772863305837466512519099517627862182217783739216042 84
3812365855035987768316798876917667864037696003396728064045734525975 20
1932854039038432784751855614753102263637335938463979994511977345685665
4467428389581911035087502447542075011754726557934304064164481640001854
8961723573698765002091463124400680506656182113202933685956754722666466
0246868542008039260740566298299662282788667330645065503288416293882 95
6258875540969468070706581219805085789240566782073019132006706036421 68
3649165256313537762548308959484205360987229555827524593150094334190 09
0781546711225727107985212227375561583261030239205316792788614118329822
6459755765340454234610490295722395875331195796195022894605030835697403
1984824793750389739827953899206897189129627097026816017999488236851 54
4102490634503793304638505980500689368850921596092493454617018696647 02
2532619388193016821226484368777952396181368777350178398760142879720 84
8366410773287642886925358714697839726188810338450333711815171148471575
3572829111377136313197782120245684609697774921963796847374969109456442
1462352746752726128530180078957354303275355058900276072417108242779 77
2273273590062666386669601352230256085097299631537578243379250716217 20
7440633313796387517144392662381145539390043886785184247175875379030663
6660932688831931210323207235140907033605416575082209060337201668113885
0314684644519169504365588661521259506938284344581528708712282931407 27
5559336996812109903515910164212560711075765634430635117056731674352895
8194754952161142519311002589041345289007507758318181226707486169370511
3747405144794546197953017476006106793453483773940552135929988183465 45
8679825875860431734040554601182336493553306359083224391666806121029285
9293099627572450312748943909642963320873077467150077733008339343158 85
9637012443376957769454826077160976708615481666794238910350609046146 04
4130396871368948867998350878040680643816217724063479178119162006295777
7013993709343944321724972218231952125379413260275336745685586088441 05
9085112302706065537968948611903334311829339108761961856541457096893874
3695706123428019773355738962407681631584433584877073360720706401263 67
2416841255098300951381957688615124648660191044190004053873335671201 52
8782626114531444001949050115641718014623553003346080217675891561479950
3714673327458150272811272118264669225554441318839859509334196239859455
6118494767478653220714920141404358734838912071052581636449069203988138
7927289928539884606794699973386287843222510037432806665926419930608 46
9361675677484717995553822497857465567250555674894930960003881116502 5990
0059937401738666047062621238852848170109467101387683522002537004909 44
6671047557900086274869986075801005598973977527485320741834661939937 89
9976107539930251144261568920485519723078407582278483831235864781682863
4723970507033770155108037216863941507175891202523520030936445381610 00
8908813050203916934115910823275492996997841354483322967187542418224655
2003796227904310697702416765482939497616404950028309838939426022430 46
1690484355804747722403871786693491539288578630229892431436841730470 30

1570109023060675037024472003326413487285601003219723656520159094929341
1482621229998231733207306487960120379727647315563630376092938373423461
8209183320342088037583199689240992749363529073564984723927517964835641
6038113180744527184622345859794497228431805274062500057844200483005238

2387510848554266486618405878804641206810359198983960987271311506410818
4549045557992760943542184006717645354861510528247568296268598180602931
7728298792442529438708541207310252940498327891791277490031521755214881
2526034714160181953845417671180625218368758194154070367681561576618172
0477998692331464033613803346520401842615803902641825361857224684486061
1288736869992720274162680637666211206929034619695458113643447415987140
1892116604662265826615905420697639435931236620455287560342165003473601
1943422561491403201579417118517154275639651725686453846709545248371305
9489858255974527756437837209390373760644875780538089666661399183963051
5434635153154818588677926291272536342628898525685446469814497461892411
4958636636719814006506858888608602242673379881276879694064970299154524
5272132575428195324917311506620858665207749095296510075340404922735654
8282957025690629358881690414651069717772420955446130258543817863048501
8060589906373809054306950261384242227053753545985909932669673321651511
9481725345327473336027447258527245394785787049054847586331157183663323
5913234758825934064152103907287193632679637592847331316123397815498561
5077459574263019250136134421817786573268459498039257419696999987645981
2495670940955954906451431929975329699029290181133468491893973167337404
7376102153497902801317223379127998639147101057364580882496403779366911
4426022522432918220359694796522963241504625930376366432840865616023121
1610990271779794048244237437724217545327436903074926261725888065223321
6141060338165320932320266991087084758681985639904985750117619963690596
9925410436875329181907200415759826234546672701573697113335704140320937
9345126606070799065586879616157998493410954090321243654431087316158631
7572737481745017866557379398486692291175992043422476006485976005497828
0629418739147496645660197689263616598289656557445804099142689094724971
0673522047011619153600945273632530666440201002320187322781976148686634
8989132734701444820324293117841009152833330376911197051252511890297082
9429748839813714997780527816493437056043260053526981069189865886898161
1088992699204345478155357404652938225547579239651257816984986734218211
8531240734311529608214112091999940616010158219127373016501769581186190
3668977927569046785710181059393731438811929147494435652218962602863258
6636519017453659212186387681077742091583646909091651827398075310306641
9980624484927747561884529732947271391489972684077858977868656048723301
5752422857172473443666741818123270841591791478616819780032875242194641
8011931593793515239417409041909841257809909038894077942046727049153450
0024860427455307306836472220758930821994452347214521842825620929143761
8143878021396936399786022126322109822077357144129412640653765264285431
4829706936551168067283061481553500677992734287467174083666602053729220
4848408702523012585717914569665795239635968627064590372072680587943981
1340066767014117658125223348104838686771740587973689615599621784654973
0739340954660431458601540495615776456167344721264274687461408302063871
9359804284966224722325504660952317681724586362611284833874076507582889
5677458958873610951974207232126233355615193382471760218186838953006791
7502120769043883812835625814501250071190271565144346270648149505901969
9613904056079067372607241129244719947702838483531863329817619994731283
3144915968777504290327977034761938062955123840138422910035767692969851
9590544398289266660878010344059670559052076683702101595219513945447731
1874107235279456084435494667607928826819356764666589161362140424785641
2792681562544850631668526832752465600274776524127942705341934828054621
6702815992453912487393755809401259197783465336557356259376680876997521
5746027021669649252998377538196938462547085188615104752264751364891881
3357381891697121958326810041957653770211921182725665088966824675048666

9965988504204119161533208988567238092601814281176234479558294288085813
6988607372754974912130687437421943014866766259691695195368856911749382
3196975595579402179388737225151599714054472897083955103654866628196 50
3684868466103927455684143635901777440387565120807714563648777284438 33
1563572496836756314810394389680921192823374145076186305657777377941453
3302578207887933713552328193066778103474487881453302276711598246301467
7391318064699017145323181957296401713829934458665281042390292044042 05
0301085037228897072266732041640758383521162554729354209770671865262076
2946720436336432735056632041125212872258941499762804689148555075973614
6505117641257930283697453203604650615692381197213251056180613452134381
7681732762841418102164413417024917558436568114547977751958280662844249
7503791747723620420424505736306091115484024269956433600353014366659751
1828032803953421054049191030567314210754130235793487723423907395938 93
0043689132814854688219705348268064061334476035746590906564609800971 71
7699575204375563545216850442243908278083480721568003121380513744755 73
8663358066128982569525355723266307395195406369794691392739195092970 99
2913488014867607271497851682702690507107678965765304404633626268887 22
6274293120287517384975542143150499890745646121569554253570152014746 26
5873588291544869367168210972638770366929876270333269267640511235659178
7736324770461161187528378640880382801363490414508513182955873803365715
9237554043740366009431266249374473501836940883501231805702551089418 46
9366688303806236043616899868181504628145439937084394672379528195303 28
8606099631547805411053979831739104819179879337630991824007163695359256
7835866999085256828346179992044849215828682554266066694806590558837 54
7674778900630307639773201191626441931231373328223641811934383050586585
5449829986899114668131171194218916017937360257596321853210486874992047
3470299426787127613334237668342822565756501574897202803431803206244 84
9572309739005715093145389184344943828397373451579980515625916432262 70
1418620623694475930214105085028120360491099390536847805602166270463 68
5525727413290604228995635102522847519070308253273849955553304495780 33
0902592753163522180988988262911598033711257017217676690454568064922305
1574746891557171017567240354189350611288873024043144319869586521866760
7330385490360277460963545019525296534070301597032409851150252930588656
7190112508328471496806489438130078371862392446817902162173569122887239
4802164846473775176818942122207103565559650797948449900827193552814 79
1434040371387172081760903198856458746108109910593691774379471287936 89
5032477410648580648196799561464367082487089936839513150720305653030 07
8868598203607206699167376164147566542877193535910445211691676928163963
6456297834073706478827406183405435707741216138320287378790378585893 27
4553614956446125505055478266874544550908868894692718598894942344950 74
8382185018434130323620046680700191750459262840838505364312676869803 40
2681158070981034589860413084173550995694415179917543233480633073261339
1399797880003821091327660145496111570428580281606751623381353863052429
5638330950320192878164132492230047611795358249560591453000424644788062
1302468978655969262925763574028799401356921167553904002699664556025682
9723695049590996027170973816661686780048327292990594281029681615746 96
3060606101062267170212539667479513893813748538953517578329451364260 06
9361377774400056699301740201136677317877044694506012922607496911061576
2076378933450413733651195600329078352359646532657474974352867211162980
7567585108385016069989693586715225964630570091390876287416492541708 16
9096847309548860233298288800101652962808976987723196907421027009348 88
0934455512188188336519784318535596067476350722161178728735639465655434
2761406855941242591214170781163030801019258762199380989589430509396825
1827713033033492664885329561879526644631906349389649279747796305818 23
7760658035402279669108180932267251426142876850855023403639597056214 12
5151376204672244428979978554541319013720560029456706340382429917807 51
2572448446357715258934722336845268000504905794076592611834046276469983

5321989331271173271051129387746272008131726320867124724783103695325057
1166846693391999383834165301330924772942935847074388263424007013217132
0972827494796116356678261507156628250212520627638975156658513406045529
0109261126381662242366899271064904188627001442112873592393998250056580
0643250607509458935850072180729322308246108258185874671334067334432 68
0515475652761122900942154655618310341268701722865416226907574466637402
5785058198390337266853912834251138897761037015547059697842843812110416
6749642361936898406356138762279595452151468928813282394396366129450 13
8781676590929250897532471669123683482751546078272804451824345375965 50
4925680648532309992814514753455092755527796279414245574405255218825 32
3955625085721179963530195675811774436762550973197511556514845137285424
0749048380819955880915161179392191042619092848578161390514823147445531
0151615917841459994712239051659694410397272957411583397459390620500775
8070959676589892496143734348781563774420837499914618345134117857213565
7651002882165343788389069722998862946226868519562883232057053789421 78
9593678448999728380822512958573742956531487043040321954330164722045 81
3979057452880207472858810311408587987472118632864898447340531146044004
8001118964742165719993115889037205900314664181261792091194088785006677
8010999185461909348926691850911899853281758015614963442527274202132308
3262625378297537478084964862057473772980595049021455501089693480645 10
9743330059979855532033131826917519159195006558488436551656335235079 49
7441486995545934682666761749841931923239198584931429070339724907410 43
3531550716185771284452704556151487208217879010758099459907819034076 84
8455908034852561211244638832388776007725640595058576145061729291017634
2106201632276313357086984161133384335191595521993423910456556597310082
3169947997845631959834114305637058884135857232439459993716084515443224
7333257474326902932111340553605260907241688375335436141287023423782527
0895382357658516596417328110042367022479426589489542002462779779309893
4507602136241713703106513275975961348992427004704717253332642277426 23
4756632022517984249524982127655951139456814127007662315485158257359633
5382671792266993633391806685509480289663970163358030635777920615129 29
9586818160233278268287561386953489833858078404867756502916232810223 21
2628623703647116725909111622074499444703371546717193557960340649572183
9913243157175868905635782011935622777763421623672475667687617220610152
1338942884427554638039142982934097063768466511699684549774924842162345
4987901900590122307110248805880499208202673415213345261948227180404524
6592288442955419081544921458089045704939272983216883413429953682586 74
6410836728468331328743219812300745130314440076835740244627809770130 02
1421871235118844390781428645714867130316274381405338857603885294690507
7691124396402844275392116011246848558859087111204331369833551298317704
4754395273511809456262736507213423867548781623509663987589890781058433
3722039754420498618992145343945700107669930233340450706235582283219 79
3912107163390447845740649596837368359996102705598109343275457182265 81
9162737640832649194463392541412570472789300121814099502881776632184 98
5453085666790070376265770583827317495612091752324760127284885442229 89
8679988266283950867894577143881580967550580114816329510134178454949532
4847435024616682604908605434986260707695220684576930888101993638860 20
5690810166450518721815005743472746924004566280135244242904323796847 68
3264995978599541876796098882406497426652295844069729776191462648978 31
5102874006697923620332060404453547944198199894752531957170520855316 17
7791641077276461392157117740299135555015167097966196524062222914160997
2270298654087146907919329111017460401206520811903347933507409339673354
3810667764425162109106409782774039347240922697139986419324018336762 57
8795166166921148570844034731109857718604143806570305811408965227990337
0706792777717324019606366905990239660061747596602743647723341713211256
4069573043007387189697608262537784076168904565036964121017260551105063
1805878307177104571678917209315551005131262488507497125708827760818 46

2973515666064138131857756923219422161698198183386159109111212964068347
645414987489259676939155208899974348348251097717173347748490424157044
7657365745775288703137087391907218250577299317720421259661778909462 78
1073748939672753336694977597757614013390964005994959912477424058226 02
2767434791404365977500711749068727626934563752876279153861033480986929
5742898490087041375521603759467876439843626959137289972377200731453 36
6733526996836629260856570583903882359383118961476361331704366529764436
0749401649697173956600232484753127826135116274516934985914972842578011
5663540112574883834495782054756513486752535339309492987778566824738322
4713634127815663824590502307339832536083003873024839639954184028662 98
0876689960054360674637478175973859320010970384009432908482521486078 55
8007203028392624814842107356768943650847829172394313537730783382862 04
5256079371434798902477544800015738911657789491143660036793543639320677
6263021105215210135921546945449970588876283657933406061323911023381234
7891165133960648232734302761158534325707822596745669263994450654928199
9054027881507062990362135050452317325013670624394106180766761378661 41
4563785766044207492422926977034984501265149216717696331051676726784 88
3729549005678657239784427631134732497719890600761875914089607306658215
1384491345615555711510845132159738291100111428738959946162393850583603
2323442082881450433915073780818631937207838031136417583734875197650793
3520535426106483964680022831803234766267824389703438282856767409938 80
1224558418282506165887184191773971348424955753553615428351062448328211
4107566096796995104825227942158706931518686822890659905445428976768 34
0784284686635169507359290059446525171865184120454432711637452459124940
5103177497432716433047861042520357940327121038480844643633301371529 01
4988427523779498345747998752815119651594344029887214917065555918493963
7362023534636888218131437208134936589804188526181461668564638974283 91
5059558370394712383217345273482136156961283263085165038215295650842 08
2471083485563684152892779777775636659828621565022125074611675903211654
2096541470122942838545756721417389929799800524641816847334818021732 52
1988211950351846705828084292711592599970153750974790079509303318805655
8010139808122984565468161871538579928128610376600684408308498397279 76
3700416603065246148266042831177932893558742055934518813264760502991798
3382716373959860235887851346092673231951588729729246677097635098946 77
0140282292245909364931925193174285969415236656465995111925468588648001
0377793163073879444378711516343580868385509803616734117746795525054156
9032555175659300110987103438333592007520317718713211694297373666504816
1622813974369194360219793318911371477579284604851057454283287481793287
2278710961589682604151910321603588677947479259298850999499049216484 97
1385441255339167379832698374244874127454709620633713904740483607941 57
5293633639044817954141117349362026048512012305360554368887938629144807
8791005255598932825277335435924706739997269227399277565339725669671 52
4096773073517612992214202555065314295490874261705335850333177746025 89
1528937886543076661397186947435020469696687505676637825001336654434 12
0149780395334094843058804080871386953158989175443230557614844599297 12
8725620764700238088330825578637544806735453859876380858476365069526 73
6280986119900402679811302046101019445980359274353057449296242273773395
5201691580053320669755130197311337039125611913305432979416991929482939
0557267957952817726968793291142577732050021476019969815220206152451794
2389845818526827978979744054165648056210083302860547301031605032014 57
4051888761984535029699992646579565001904482782417386095401791037025 46
3814362445250887029226639233664043519678003566545443642503625079529 64
8921390656484140182736971450214526431646621003738099504185588748963 08
2465740733426300253099497815591421287519705271001157101716377498833787
9565686539344266119544077414439924874232060422661597714780065489643349
6235839622113531257289820135598481565702045748210917373786628025393070
4465543688974749065847794940959812244787432218660153009734548024696 17

2671294778795194415134401730118832367448720447806236637003524258617656
8380848573688569023709229088212227208341700897912925654354194078268999
3055731519169901180705018958859647404813904626097073419544942270677540
3353710296483606203275561731021591434684415539095659097465499279153766
3329473599602008980264079468292536127789832058536058561861189451406113
2224271286111668672502570336348863158571739711603288212386637491874566
2604295318985208791769279853205968708273206077204908756249762398506399
1873788063610737211590757336298970566574688377351598523062078348566726
7399450197245706160417028656143126685079755716895080673861961335761300
7793385665294261178995576128220396278616303669765729274631760052262488
1300262015934469599332301304443908514144069612949095143511324043728180
3780305270161474596669731823396165575509100944772011231301699270821104
3728483536465802279843531764876043952080736225958640787345819153105944
5582524031075377215743214571344778184309844749991891988572348815392199
0452015661719255542998753345400238110974852027005371147123897974701015
8547538626802813231702862012903865851442364486492865523581713720293888
0175294101022520285691187186079645010876529842532971631174418650752018
7692927464210613131762030850679066588256061616245123298333856021225199
9613207285816407020906231271834484822300789404092439163274524087456677
8136735570039755142780739200343533132128228732868954206188188329141899
0423929582934929305948139194192101543032435674476992430684895495202399
5456455030650470971258953086410011569687327280575346288820928949980376
9427671523724690745276874941173761124890701919879296423247494837186391
3292204033404762728529048057020058877226359767881747157982142176417666
4349005485153222335130502004742660842602758111430811587735785368141365
6836671339174031607056503790852843226782164643593015192070991234338444
4761974897013637518951684986306334712439357199345332511924340248672268
5096712244422809548620967064207146038923593401068440047536963864975133
5973583310937832600190925157443192037612293770890557454362847738453355
1375649811641233689229522888668519991591629961786720819183717347307006
8228127018606502753029833901466999574794461070267161116027871706500234
4548526553180461527980301358894310966438222475439771623046764635318022
8199644937566237115116051978758708342921467498000152971410916725705796
9361548756157178235831117710135901253539556871274579972017592606546190
0593796089784619027221814507235879548427149913315039620305124110916504
4196697558251321818617835694275540614559727053523826735711023180819720
8539486018220548268986636028695668183486685245446144084069521826332800
4876044469190082669676296454907545722369233274416649131955648643994588
8993387758700988054331863998554049323067761591828592874389605780464099
8420897405506832961139723922222697903646977678755173039666447415747265
8465478065963956489535819557003579716689122694699271512844864772273981
1741814886633192899465947060089211318989429677196570486185276861342368
8150000417238002829767005277922765540848554333486168898497387186788611
8987323238004240096386406798435171625112697259246586787211070538015319
4957716494850629815798946941714282042164165586659907286198493849175488
0269584619642294779314981223836415385570380897890076139010323497179699
6325471965649122745582635413234142436435745947492979278569607763591488
4728012121820571237229125443324556605340748495181446769058959806952000
3492300124986619376210850051236442547826435733821329660966973165353544
2562473080902881776113373972062983643050540861940622183850244985475668
7212600676339743731532578383548748244097809739336148731020239045338099
4741597766456031376811062989214090166123270039005050229476135188591241
0647065603129801460888994927862354781233707563735243212718006105308555
1717034053603307376301871136693532176984282601761121860063584896534143
6067091419977924640972114274495469891463555482864340110401472230084740
0589719394255567755784403993657012637700923304017720157097140226189722
5490249963962566890848589775041571304292715928933801462762817804245122

4334611567291708721811698669587131261066558109715515556963348198442249
3772789984900169133406501392255837452536445871131537749642845154005364
042185976909329790072008362962024673223965883741317529058662626944673
5210442603791931521103560615613271779583324238941011378308624546295140
958171894165381882609858136255070281472074410103228385697701212667932
1464728011596824377110164058829203812229822825505648850200090315990840
9669801425015995974256102202631836172557111491392144361101853384556828
607031576644860576825091946215850695082849408530180664499120714286759
898668841279064653948357153197916296821916428762691256721694722877436
72269074631085341955440611336084871630083220781537154815435464583702594
850361674707073027584996723132809601629361233574085051675867047032285
987247398086473267940394913937913084973632414139029439284576638351984
218676346643018086896069214338319604221009472098439766652282254436830
4222054701432565119426870397199293424806391183114715967928827659016065
8481161372294419943326376901682224343559260799088203400234350990585913
929771576049472707702830957584270709136977043713575902026722712135534
497330430506741037054407734595843092276937484039563820488592647043863
6211199354225500002561144970850527050091628929604984739830597708931412
041983770187000638580784426177361278758099551595038466620748481572501
821235408254337982027525680745741779553025894681945776460653749932699
328882053951518474085147443635682109242501710525863495345791590287152
2129953659591580769737340686493813561483468625939742529349372392299112
609535278901474152094619169375233960791800588818378506688578822174089
302237670789264905590178357330290498610475662408840463017442091646079
276592403350052136975053666580334050131280712427989700062737291525907
016667464372456678743256001955542420944533633439391956768045908713309
8344796212966325811637654664808900711247402815156434346310814453273397
154323345449268619307448373532903424290227063234450908155379512377571
6104927121798185353585099415538718219449427086114969262082228311054505
2601764694421498479691624938335086438997979437257258503494733211236420
1564544595832321025867338212082720110236171813291628134769361336231630
0055518541699451237030874717693475306380949148828231811460148473591765
0196830571470471397168054171207608541527790614840815435277054711138661
935519182555496737687537565590189158920767435261488529376321078731238
7572064840823737530328846402348829287586745751741196425955473254712998
878441337697174478289514806062975015981041096517924873725424158606070
9263434511221805151576805039523207983907038445590802489767512428111868
3112235359449536233280515642845091163825328468276903779894056097304965
9821677479429060522906427115409075963049075004578669480644240791416042
498973639622383553426568824892490309401353227598292267618021399446801
8996032067580342939794795005811235633986972790236701977628984073319861
429708994553409037260576822344748869201029764887194618758629342131709
3272777691651871002498996665855083811335678961748113924008069204414625
665382945223391551604594824870277524026560308024160840633583104991593
1308539474269073234720884119182024847075732911507212454468985268553115
9985111793938108020977347381749339998889738565369940387595253362174823
947154783480058946039366591889289962175210471630466038444412373450910
382932483894560012983649341732042243216564275828626964629870549437086
4746342771185293824804393582160198607006217119659183259180757449365566
031905742103306975370732230140442939136072997423148218620571279724084
322974222530647847022287728988917204454136416830186205926694781065001
5772730346839982955110599642751983442090994298239413615583265388406852
983750196100267432796083226766089824373992304583819359944552036471095
9082518991662915931963986386099844252455919444237409807650556117505789
6146435919925564267596311962778375128746537965238665256816957003269642
8785072018471660573792272520952321099076112702419491396280748169651494
320431930648996967523523778013360171535579415272267440438354774783461

5417136108071971047308860237450312138900813256243172049768868022829250
5024334939599178274676959411554430985036164313163944257325967461417580
663424492506040232202802946987375182931270655413778298861958481093502
663645207509319615250820150239512810696188302083787791753142473780066
613661071255613809568754909763022481825473369577744250136333465052729
624195150307001629823433990910006155502494673712884321972353399452938
0672234196217016163432924793757445914665771562668285110792098013823602
779085249086140613238204702960336142123967891694992342321715288832979
9391129466525384726864053187319793226777027601787151571127131902216836

2104036867736560454285845169503140223236337570264179657785208175448924655709924081323665578698526453538880111889193286251925922213556676815576092763061557593066264739260898327834768021460555713159391575134197362381437944978888581196334372829232196632033578012611307701085721598982028012452701419440551082110912628261670708062742710620807375623747391179018806303915191898251718666137575727597103898114628132094118243212011578288178755591908312841658981012959939724582828850347090530282922251789724313294878973743215073413895319923645094033008944417799497855061146956152948565531122294623526306051560149924641646941653581717906597534647747475189449033886376945491013384753795701243435328321449298275732064946005703587974137284730855685002414057806994944420965645454206704067126917703420558935459214751399465865637953244989394807296345359598977325035224253669755202625966190223911374464701515637749468173440379453288595394926777638755908647972478088680068172355853131435632975431766043925383854057568997429850951712778248854066092032655982812701957135642813925406613098387251913882874323038507006601992157068887156531369864586671792836573552565862718814401443171436793748105969137093212168062424716237296617153934399533680541456986793897178488910159860309541293529874616910919252380974294455148855831849949859475902426366425548655563314934689356150341488374884631294653005659807467697736019455981528630627612626766355773597675811384216123733145970872986047138417401248888918797133273636262511311334676537629299840890377895200008539399763584744281979857678072104896345990778015426697174567542617238402203277336476397551754916653384472733685352496691562976924834362650474619882335945593854238873901364177046945395798118752712159776844251179958071694546686174982003891413675742529519923536302864099584773808066759416971558083354262399667913719181197456509501421574144502465594282308668548345475504175328090492439697577338340692003659626982380632105842116831153608063960003029834869862501418951961597709853098934159069182644746212429836075434644624346418375891269938235380143849573643323589088034003650356294509895717318211938753606040337502573311825257046693447027575665724602024343580517617980430500157661220685910711916447836787755287555765149553864629003147784335242018223228186288983604995567100947130736251175046568288749334511080043705700857207322750831967368410921087264603086269870121760440904028069794911183964366052184314923073516315889044454805679783225559628577325030639073862370333133937948649073559540051796504206661825531052645982451735375632502837394355101805927205309010514290924335273127869001515130558740539553595264903028131275892668785026838027753980878419695424447075982652771476368013445122704646965861601405000598135542660045553041256453856489931603128055964697097277176477513623793186953564285143044563012761042826494036797480293301901344399860928405868810026888328778606907005752229163788459542951127123641629041724925928703351812177724572063474441407104579870116834865389408608793464288581405323722052203338827824916065507514284988950267304733868941466577151917067007154628493341305459532617825762474557786052890705568120939213636020794840019045348227175019919985035172181982915553739405244748816084011428682985421981541739946151944675665399110862570266172891572116167086128078644225968780654055240840769809262297989089743886487188124121528586210714417131468273941512454023152718464160210458750969483759431807362021929374001190274750271765673435942473670661803986776730560640185899053575123002306608370871168691475791336384086232538434926718606613904668433787965167900709509607700445453556313624051358161617384399700872078005727973747669733000195181571665144821563406218186569555695230599732096135279604360849164645440098534029608616745334380968998239436938249495509471695416706412839424517141260191624738270866976931180696097101557258147853194625746145350397626055465125435021452414343298249241381217713203403237186715206273592816333

7441031547104639631117708345350154482594576086659775717391457660958775
3667249840517245700825958212454852196164378931310988248170038422332O6
3288500432542084921594423734706930124693333918887639562414254068324442
9613965686240316412840305878256465234281833656651895855036990943259953
0942506080824684142553143703739066510989676539808735874993770334589953
0194951951702175226452073203602754639413113711611622289900457080284754
0361406381477089041361896398146793609058294820541858067653745684521S2
0114145135847400424917141834979108526755786923646084051029640568547162
9114796051660512986011642189235847067744783697916343692203021988896384
9015241726483510873673134583953442150224626155336633614834786432335561
3805300749667620842875753074484767612212952046402684256157402198984496
3409036109218476043128882969266380818247741624321491805174576051652776
7148595672360585448148544021329075323119337897054213766925989414624437
5806251615321799734696371796455473353549249001405607436631064741766679
9857256986302528399444346379930518242598412579835864959062789069536551
8549591816028252311296488624546624741498780234896199049347281966658307
1475772532015868355470778367282575623992435546393774544779733829602292
2395391013639248424579908952046563980451217891118683684611173674956595
2373215883192224769664295949694007368505028403776890626580850024671172
9589763991528855287127946920792122067201320528093964522632270868222123
1475800660317858618410693450455257909777395661801233418741794136222157
8605007833903459125252454048575436327708936373481376250658388020484S7
0153291728775365851028430430373809464582794463170347696134486828880549
3874742078360720918196695607797807865955740709604430297860930907972O7
3074960701081558685015948097534353052729341161714831747339661005175217
0023014799010869034522977048775984057286298941810215296900745556597724
3348361850377715055086033011150531761641696187723661381272278710986517
3452038573787302166127222580623945634238951182710638999382819394680890
8917142686787488703236974236982543558888324608458202840234836262358883
6434932664801755904603428215172195639634953043008484166217827151444945
9540901179448852595049472655691194579203679365403761138674937619135288
3897654886121318115303047160619686704364428843498822552331296875029163
5458654268660889460469293705964951284489740485678003585270403993562660
4898282215255571996993525794545261740743270859891130014290671400225943
2746902189829951795534427487181116421174293434661858125957750175413534
1180155914001252399483939017661752161192300632039269350307440800556485
3217364811681583302031705897646782329202381824767644909239971574846690
0662684870792697974543610502665979171872565458187225995671847189539968
9635639827391169454008286772208397356485201960596067264555193429252306
8186375946771657471639851037580102664513149058946532011702593902980926
7215532618811216870595841647293227196915373233155149878813034739889489
6254271704631085200203089349760747480969523143814485952336287596393315
7034764290005251909087525316574079244929463176141128160500604332367814
9217024471810409000252357290745094008754190944850132342773779028203376
8777598838891022428946586307188578363258401140040295820151572777505522
0497671741806522968128144535963077468399197436150775560849014830488815
2662261688754968034628330406849672488458314489610898411164185347246790
4954298423368792950285053562273808693036290643496106389027342398164444
3712989675246221349980717909832538537518245143182298170149804714744405
2082067717348293075742446071778472524594618574890493050965097953905542
2530692123607017038379108571469830225772485251738459145607910558853770
4706629305268611514962570167775660509871522189311993190860804095893272
7146520031599118043637406495544985222116311079240253084120858743275083
0257360467355905024287620096058217825407072535881942427482290612611565
0670990690000964622866691935026133569804484990306069770879179642034449
4706647343583130498593239705958907652120593897697617999546099025575501
2925295051756463328193778481798272892162688397915039028415489284840S0

1018329343016939308597691882076098327288892113551698234456444733325307
2962398579235645767684446557407881847532800320620409124850379079033369
6967998575698548117548118386688492826248933731346365620962364360176047
5628848255746879835231668920327581208311926727387077628308791944164060
2074628031822157640294565833974760879869175255503170496291961917121150
7212452773313637547286304990037502459348596003211514499284066215825743
6742274475501063912224218890391206885714990281250332229301019625987993
8312748207951457466369086901110213105305738750610287625824804729782975
9703788665270217441124608373700727640915037133336149717400905160213542
8701865990605537125909298969887572687800067915869091084574078027399901
0187258340250270675234927908455645847233838793694839321219370566310227
3581109630944234629357335874395461017150974841760325948353621751671249
0048287878693443178634077789561343147653044727101587308359186544227753
3506094500454270943829595234500617950815499122260677053695403470877231
6703773580038588820185360607740785920309100130736686153320514309483329
7128610836602524555926973266001032976141119174374276782789747510302954
6503081040604842126629274922587131958043783255838142797282061046716444
5453966782750663376119561547180811410663728904450860711216506603398923
8555537675320538799346850503492185865362156116256077378507833681394845
0925056970346054311689014345656230772431780451284414990211879930904828
8989666196447742952614868975745732046817013139309051170561296813362465
6576703275299788425636726104684513955787617455426140794992788515941193
2345573064585536376766627790456519468752359050707029026423593768921741
1258335714398554727179693347166990452457385765734636323402095801122354
4764441723301996887594841115885919388026520824126254157759239535571390
0994061925788576243834396708253598508677174520306477125971687162927119
8110872264071673162031199505749535335078557905805522805676870940035886
2145084193945110212966418030102507190041435180262583918416963342871083
9244701121728427303277470134379841173301244691377597488172808378086328
3584806041092422086576772875220996324008042994492930498688498984582249
9837138589166913141159480537977042001597068934711183157338901047464798
7808156521926441124175366266821681770769432381466336419486790863825847
1341439078678526625420255079875005983442086433532034033854071697000485
8954238194164632023644992186969351976251487589536447516344494064161198
9416711341044350148248437987463916000978580071488654135135723460466234
7929727283142415592080025103467895454275219424132570402630697694654401
6135405468798571442918680303910184410863890414481123754437128533082399
3732836681962313029569185695856627411377033885853664622747193167250336
1104073315657007652071242407975699950151716821900645117887028746352292
9808818771007290339729922566421130560137577597719013994123632672808453
8940031909615421499319261336411225553601183662732783852674019875478187
6353935733949284710295825287103809975654397325671294875582247836268807
4527390349037453906581151941957264558587882696188599474918395265496354
4757136504122860593117832774704317170217555427338113164461220577791460
7365779146307623015698777942799470800066693339080866312852037258042287
1394552756934418643828321630754249357674340668984292481754076245634484
3585997894799507358408972112726010980185913187269858204360215449353734
2282099832151279967547715108672556888219897690679432319918500345646559
7546894209085865186885415650053017704347774479438672703930952508071174
8114388066769440408803370027622892294039495464568694673656276512157444
2727556185472729709231607710083303276120464400195010882554366611838401
7506433079878960184957256409227026453638384878282644377846764678894452
1861373535543656377606476678170898450543551146912314274141648367976459
7496100751751595807391647993195111269366016485848293907331879739169087
8819561867435883137351553906131409862755152129544487710458089772191105
8276339894748491027833916995225437768143940741866823756712442332351148
2346586764996451945247633087053644068714145683260663976945480193099437

1008679575123989119060859807956189770286170467140202639004075521169679
0396797200717133559771467791845713611149407966712462922999331477634216
5412277835748258627534990067921119780603078857495469732841964644872481
5492388450416874884403265627747095296067748119527859251481070284907091
5018652287534294183631406112370858732629402433909819838680897918601274
6208189395020988748831959202092020419914311024328861840438672146984472
1805882747761188553143345477594991570811215472430488110982675308501879
2712236067265424722554951167783499513760704930313675989221645767417615
6088948829950931142765681879504457390726038660155812138169555771358420
435493478953642023389746495492766853536201317528657055058809440977166
8261877850356569324883700619168688132576989889215377016429415477035528
0056119484224729851874877749535465998647312837668102316847838642080357
1506610437608027590099241762684102073191041168647523492506036456386777
2961804953661056181453874745364735629557600768283850026539033822042235
9255398293284193944942050008998872489180621128704903913002948556514749
5434457524482287158340654542307467849427493096347001514326312416129821
1097657797808646208963643472088059155364232264831264515021605196502265
8472066706130120493386969922060721205507484698313250445679036197937511
4510561099405972270610245531643418423159313539053072773643156367264558
0132267637726686186334792960994124327001774495398230432040025449854446
4125821814920560149218878884850042818418295383774717036791912893763308
7010427207210527934076159095560569028788415435937041294487067737642271
2638215283791146308614599688138515495896934947775300910908956450628879
8749499879189773300553955499696722311303299622373574385677800288472896
4213358326697472583460615280371262743221724325293392575924924474115450
5859760314253954019027327179534824534471181832675337725688313193570020
8316178318579346955506250987414808507383726201448358464003533691270555
6211958906298935556277917839908857649562403797143088390971110264225897
4629317668967223404012789249994400301464679220203830421619880771734666
4735164681098205658445677184987499742916295695277744170956312845961022
6901454223339536443247908988275294511632099275307499379381898314756794
4412459596372625788487798245921701280055758027161475792168773028767722
4142783904590739127392942678843857719239680522994034053347073573334451
8367251554265826396199993098367307950372448686461149373049576129415707
0706620328918110723891552753833666381708043033055670727526167741946306
0608701555657445230874655839612405030148057910614581630901314898861888
2107938274751304764124868278016019084967844218901110183925596780158884
4050853939768387360141912309606008688848409587590939798875457125098990
2772115401440192622172796546564989599214375691142902020411115792487312
6508075595972847278699682789162682786949115247674585192281108652677009
8192794353379135535005146898579382371388273535727171789383014221648557
1714102900699728235323288484621928112894081707974024421905443693038017
4929970320843401108733211145368423599993209089515669085964915227766722
9639694224242341883180352109911640280643484735443798320000362808190976
8558492561175239297741658204184481090895126836470846247411739612714881
0193294558673819432508612653588373685599202590781539608212879073060665
3335449059883474701016808696373177373258291394020149923292096927067833
1675968147669667520807748268071111678492935846198418626172110925322160
6852538815918559880627768721643818351604955385279364210903131036078816
2438914712543316537004929543573131191804284196503216157809042520133124
8560532036085914481767170549766907392764895140552152060925413291657702
4918171664437203666136857876733251108285903819215447665286225246359219
1750130342843933195491229727926976395317486223207878920268445083520441
2496126094785976476405051344616457799579741920939413873112767240579405
4104620755970157418271819156561183209665877740814676916977483766418386
0817525478596851524694807752817906293992706525231293089486645014790045
4710761515539979963895457354995616420964604747459853772405194520424446

9515511057601494221445985078562898005200150144217236030394428342444870

9471028589036178924869455199904917116231709297408195172163625062371420
8252611907131791876380037382099894155167362903105494029053725379895773
7000881786588704904392091026112781111293551942277819214700743637373519
0083294733687322396549476329928275318351812624007118920345658855468095
0302630425192198797773744326372609289111090052198687553722810530557641
4761482463985863718977279776193730876704264970441151141289006212611388
5306037367229595816117021395030074141766112848332886016736716732035880
4701580247848646398079995767647079233106445662603373073615899226178 75
2674260135360072952785114473129927914524506233402909639717592321979580
1119146699283960660905462007982374521224503601691041156322195329726954
4555151828409453955078674040937185323660387796280514312676627403643 98
2398318817605978528134663946956055581184589398070501135751682068069489
4385529135088285447348281517609715423859522132730861322041292330776 56
5586927909570047843039556819940159642233595945502281056543779954708 62
4485590800370695015608019307214648972673163938925538159958617022059 13
9730270900638588414953461627642604428373891251918478198500254982630 35
8510063410344376334073346990312703558308011243548158661164679904704099
5479238128789718678010981520497880605047666820366296725093693960731 36
6933747203672430031896662049975065252017547135786573464383646763792 68
5019584615106967653639024474899543219972319061169329622877894612265668
3064351895616389957450772210945127991885324449376487789040544224233 47
0979587265217693777637079604073278970245582953869616412632465754921 04
4812238089336380764949967196348615540609091415949767808774619122770 82
8684460532572718019232463199946676789260303597957811827900047139409217
1939987407600099970695816344792336051061664600778755939545785813561911
7973484724275643954446900185370303889947219983080588340583672047301 05
9337164585377733373826188199786074067450906292255488990834435844707 18
6834628390792947080116968639485118508116438134602812347712665009370864
3498081061192511699839069112411278849225010740467001002498755498035240
5636737156440483483522461021967504033422680901960919183676975391844 88
8981030769313603684649075185192089980796748495206425281503988219929 45
0163122444192907905821755002124641564387801147363534860323181769769925
6886234224365116141378358486034572918456459731014580144233910343661909
1211751414322400433814714649570280368174781573399255278767581363359753
6055953938401768676743047462011227916421387901627178293633202573540649
8294315950055471411440663728022590649907729721531848353962105920750948
1870223099482546729701848378246112123226391943500731777620066954059960
3740376544106287192417866624208821464827827943811361974467588435956400
5433840353292127859574881400073749708325048327857556278773866528397 78
8884309372421959455553543681653293719886363436817907518019612735093 45
8041094465517258849680261210153466972738116149856071359331842125178208
6976441366280313195926629980080049993801799153449183914186001491765 20
0955505742943903063235405129132722852895331838612800900242018592068 30
1245576885159986036670882144036179949757693010158168404896369505707 19
4161819229869985461811066431624215434388574483433888071994766742309255
4142522046461326333021925412332655422517900396237001187722488012189973
9867454023278310111558138887625327523466564979284560911758393972476956
9229581647917057753460630170075274314017131409347082620758055636513 83
6577977785668667231433899715854051283817539517288672679243351932427 94
4640427484557220427137038338428243358563142551037569101814745835641 46
7895345086856290184867609167706199880065923053443639571728250888425 99
6639289712477574013093554392473324079182045553817663723533222093512 54
0132481590298902642974259278789454750065499469212124666206626082143 49
3200208055224057223984383044936328281922845488932895874022579320820 77
7499212636085911890296466098389588810029238820492462297133229297037751
9931361009803526705244868532263744780463843256463010000814486291219945
7156447900994460842936828479652744612765333244881103324202517473862223

4490697236755378803399596664030721437536023310369657332315237722987442
6905668961779628232189871890962510009667381607994856169911256164664511
0175597163799499487451735865867708404716844747708499097699794470710722
1646280139462754592336253361858445760238686903734040234299795866218
897141588045753756507850426102120697436970969214409411346899426308743 7
8569318126994043871459489599835002482339043529602141043479871030683534
297708298332077518071528480882833701459951573669234089522074675311090
200040877667734520830410725541593900525760346091208140284177420377130
700842437158672936059348066492560890600621400735246220346694340437762
973714172956577384435940054753577833647871738588319957253806398099602
6454053272056287315112297815716086295737468456654236008290043057653315
412716898974622851338510767066427511106126351131616092424346656970070 9
3299521780947571129105148114698468163620994912119157375909346546661760
859252499642964904995300849587607819636004710267394007407320843624420
034614494703242395176785324245348099377528028052592404865762846714121
867299740770308393074261740145003221049726207151701671849128134389819
559697665219201908137000367278208254808444077054889497735290074093964 1
1521592813098524327606824759522533080282483140911455034964805588336314
363788086926850984022754356109530387770701212000289803251790104923250
778850259083263414354851687722009982947719960230524388558044873833160
358617226920300671018787426069417860407069990250750049323362692993214
094658099646531428589402950507599383742467138926990433088969689317122
152250932961528322314040152247200696225193121876948328674200291736644
356806635821053328041767261515623021242888554325019347747162804383419
392847933486122205735240128775008941153319230976508281811189635502495 8
4671068452926448455574277121347428588612865531692904976784566259641824
726692778344002660727947414440837066457585123767092000483121940348372
920856002290277977308648541474618588111570240287314904233747102205122
542105996607035383950648233459260971244250184778080977172673924731940
165503960786701230473957653328065850834841252600889465846731191572917 4
574224177949335497989190078206213086108038655162237581246483554065072
432929291154509266713185929676930903243805005047057980295747163465461 8
685966633481647375637582530295286292373436789494660108835291361314666
383280711983717491455000642982081727450617511533164317850686055995804 1
447050514513443466135434913237773369000477575850404699354952865082123
106885520961899712439343411168098795396248170852933855760900270227949 7
412417974047571783589151301019483114208868324943314817802337650953324 2
995528594436834355197273185178049465583509919430937022568193180246844
883186770873093472780380591552502312040642236094709885301607583705436
778374146441160534217600459326489012510109436888394937501080782355178 4
950908235899540726474620437428881050839645588426654869276504840328312
182091922525491147266406362203079345506603988385724860051085280789875 0
922954152053685929261987791689221592205220551985320147926147108591884
318686574115963789931121609989761109796335654449027343590983289478678 8
397496610903105796567898848146337793780972063390584010251514800188040
123088613129755420721536964927058014552750216146780869136607498122516
216343548510063344349103534205339346945249747695508626569362762126109
157268918512773037638397957159366930679492986483866338445448631276085
510051818945811041464708454015362914582274572901534105798816935405528 3
186736038250883523047392021460703493319106727265127717991413837226705
030042889515491348029236323928824220795773086577354430078714994079606
303257695899262392059660138555418034196698932436702851049428362179024
244477738192565459972644214164588018332426573856187867895985236347842
353680905992711999559785401448359660621563295163890730042756825400192 3
588832030019113497523286130065109787692945531139668955583476437080703 3
156924647705668317087358183948045388753075171478337119507687976407728 8
464866497918231845023153810551758734071896253879853762143717243682071

0468814205249239365508704489135541655626666713154192176366666445461341970658844048039586284011613603368548134550509359031416572525760552586987870305119319075536363454402515452339582336587160381608528218500714103549936084662784075061236838764462145891921779142593006497312418546365599567512958502030822784103261371511351983906124159646333982390087897387993371672887203567894869612784691802988400077024046141684357096461162379484580024369153446231929702763704581054668618648920064818578844704613762942820614210703480363084411167800614815023913690139665758030939659044159125120969529735812730979032583292747939969282438314920625902933092860103323917403838342745711351398457747832024488386021968076716331653498673034745401399921598221116711151254425853760916734327699904005844974347590556420630769469347283565064991077767958926507983234810840182244891170749665104061875918474857697210367432681514842019569722074734482208792869960836293587631653890478390048742747935151528419727078614321965828417069390496815772568280501220207510923634655176931515723238105018022585517518247822341364317881652068506613942262653446972893597805755792607832166738898066125192388000169534325222620052889956108613287995075957355474955247424308328701918030564770827367014344539375937631550175093518515879850506946390523195829252309751407405254595631400743663136531859885757737887841902614118689544565042160337064786252627247085434175977950069264902695112027502630954367405801647213159267945379436949752610184466085800078312719131602123509138297042587023364160464484612847091863431519865365466090267618224747180122535599681323522386679559736925806895975303712648024482045813701820343286908637165983377571085833010368743465774110621814317655633962100638583167467480918871707737653558986622029499873827444255479241163465467940603650247460245618952590934996673595122712732052401111139185230270676142772309222947288101331929633399781855031829344326322064698010129517045570430063250156250431508365762832674123002049506397173678418891005142525305249688625673873847779662866216497362402883693096173543733731366775835835701794471457470812490698022977681568825722570894989089912066055402520608013224504825120813756743766198679642641298605943112830005408881881233133472974731212674444311867594320910668184178102655733532621387737473755345782790415115931321851828588777441772296620469138660209349694256053645066213331732596198768258859429879426709380114105415399391896083636192487418791693064635784480721565839931203794011832448020155671414285986372785984697074047554361823481587960114136623524548067203456147569397801228956585216225616967129836900853900438345103629959118876555485850103824200072825738319153990752707127241272013958199553566373551289090697625107030489202794525915565004855304667824943741234171084511127271602210941931455401579997525759706235711965092077965351455828496946412471272627520263856889880768351634588214744382212186296466126270826742263505719504739238635075412116648302620097127671004898267161324519103527836207012854444670111305232522693015087030633845197418927063406924545880913768037295753346806779350468647874587707376219253052874813619851138575784542929107665429283407134350225088281889291524452778398747219008131438072043020724546793175877846662665684652886150768840312232121873329607244268494339139482344004879473181001567234526177025767088679077948843575976135181772233032469991166575966356154888040497320129756009526598823496022332949604235511787278552924080285877667806337022880002218103354707338193738262267571929259335637095406157277805724414831116404280200117378104537735697122670282206349312690545498167184995028115689010796880290011256589179055592345472292137852872328218121250345182059548096772277660713101778603438829573318206423587236993410098106172349638246868300913325653449234684068069390174735320150444061138347551904288775406077581916178115413003992574037864435913019078461131559812287433383309853783972802072728689232029894397339481981775713924749169464 66

667896123429109370338793251233773971388025498350706646550164356596853

2902013540514610372925984089244405799629261209829819631751214535332 10
3905565185435755015506330230393983217424163887658141828375495738248 13
5795353764156486001991020976353392075484934838869281611240904286051688
9724156259375795831898950072924596046798855441909311233298527184462335
6777359933348040747037205328034706976370027157282023073057696141487 19
6642042557275049195036632300465139541814072510893070944397831211073327
6687592803776507172513608755719376485636744855888825788766133918449 30
2119188229270901950014684234363699275319954611567138685704507441432163
3904078029992349058144656520449623351543572010554182060440262989131 81
8118356521480138655484650393917442276899832095994734532614851533809088
1844067372693578429319408508180054111250120345744530333139738044694885
2770989980569600051914114142279477629690392241524461598136812557513984
9403015890891283903969068237159676228265437559056160300204572745615 27
9459651918250071334871565451017527723448508700166716220881347145595 77
3312518768056485291054073928022211200328627810564024398003807019056977
3965297877909880031620066898403721551962433429799281009560861602014 91
0881911509793792900369449912062176537748237195532458063615013009808650
4424252934783569851494288463384019650862826192681818133145352271022 16
1786885639796180425572709401969041952782218972371157604600163990908887
2571825104688428346189131812029696413348931760054804610495092798975 17
6311147402264219675764519848872453240032533025182483077491232525668847
5616954239348897784619157579442277085582057854100616348798261398555 09
1924933763441969386470241543432823282768456841426994383723540254093 93
7307380463434382820719655314032671584701694148331391499674109081253 09
9843163120731085050169063293191018211053955855670398241962916952076571
9999272307176373081364238940148232626547055090384196166395745836874762
6735252558119907191836237358436871834305909221799544996922233003428708
2269330565446768367767558779608375718328106825559568543168045747689 68
4479201244439748747005737572457408749217827564247332585933827183601185
5063727116823814246245890459076029692142808180577856018865526909992792
2154712708959240179476507844514414645517172724548476941607662478326 06
5735413894461988583756749847678053698392957632660226472399204136521 62
3736361466640323155185415154811185810844339855150436734807098016306252
4751019715046695459749141410113086616816368604210338807456519949324586
1160487111648627998380248125394189901363772731113383426677853259232453
3344853759664716208338537412263555308937443901951541575679942453238 03
3408307216841994789968124268884616597060833397337177144364986798767 18
7972512615063197288554063191512610386496203137400515441345721044904 46
7051945156922739366732497685739160310543114816892225159257668780953462
0488181913512012841625814721027809659799919441603443841823262314480 81
6732189123799465974694473719947344754614472906985885420101625230641 96
8059723722842337324511406540283755263039707842698045973210194934570025
2505559594698145422107028369067651113380082719704304519247809251178 5627
2910352627916974258068402627307584190214628440917898442561629867390 91
0053700297885506985823190928855440993457717507878492547917137854322 63
1465566615358702116916043172098426523231396606548893085383019683401924
1368671420697276336719758147787236143301726125552055830024756665571711
5576955972073111366164764921241000743253672111718190269864734965813010
1367113732229307682146982330958626017552721672584247759443215834483251
6677179538137449644406567381383266457517449057480046505684021118589827
0646002549842229320727498220697476980622608266011096184855693521180662
2929940380157261010384282960889874606563046798502292990209291932461 77
1606160384801422508869123734248586441731267184746634512149080855321 27
5811894748251785940175844722914259381996647903390875103666661541646865
4700720220225459753480984235013648485749478855474592133750963767821 65
4279141354746700628127674422229911882799813572690737854690911015568104
2971730577884247638537402679741523709462463943460512163924514821050 79

7603268598660940087323415642353566766637531227634801010770454890510324057956596674130831157927974809669543472607247410692015339209093345827
7744733961650093575247112417075063503208867717412193495146667638712637
3728461160408770630158376001115336492121902033180685003246663792217379
7926804663637619558362047195745588172551120008041991146136339555201130
0394239159753566741136702232551901934176455731469482202225229548333297
7455605137307742517709774446598076075945466065931031273487155532643890833837027738220743145689445864371754121066049337745424904700149039594657459437712378972800584293962105526750395663214923767298140663500612023607935950725002611882298817024409323060665400972298243353765243779
9415918514933904172250146997425335378050436214109357723549008818690739026951401669721483626167233238511176389727375572281168991998039957293
7460322172819284534093325844116963040623830035426887429021182429856451
2457952073479846273461951045524256137362994330149839372911108705299695
1918353365053484424284804631047652208342085936517309658449613028583365481954359818675622029416138432116325768598256296720182890678112418686
8784597313387140418729700711919867701293106293096949899354813921875928
8048398451387407586430276561571473351835440735062553123436649600531091488130323844626520435136290262659333068120511588851043585699456499388
6957070611192357275711029419692899418765543688425692806386143513031063
8444334313396196979733561523242666417066390240362365593574944251038356824938543066369565628381349757831909024277049909445141111241230206043
4223288925974914382315759079844235177845411287242594935333309857109787
5538683981754825212175181030821817650515556345242994845390457756267446578551759148916225117807053288117045974059759864583008005610322332538
4300750981134310120450833190422865468587799440122965616563890815959223
9403439222600101972217657362171163599025757529000338660227492594219355
9612947551851369939324969278663506523882676894116763890898231461909596
8338612311858671495757270575686399745427113036591818384717808180841752
0100655662130476326752494668205997463936880649990764134258089308204090236323835178306322176172064336320110403440994091584051468783262604775
6804071261548426034683388026809404479308919373423903638644025492448115
7390763168026646799679017556718706413633240288705087457165871395916429253614402597840290871343774441758956655811307376296889347527173711313
7790003100827293871224879869141242800845027251225463527219920187624235080278447967843370236807361439928590481111125419311013509593127276611
2488895400919453556362187932997488458678348144862698047039900916289528836891137461673156170241004515775700160377837033957253926135405325011
4657419224801218243169853035363945988575041132622240054109705194916292
5743792819168762049267568477748603451383969467990943530558615004279444831120630905934432470009375367100560449265560347274778079078363950451
8762448392697987313535284348463888133230439792774802201529619235548600047342730950786780625307673643332282419613242705655779452266065695016189262562694823800569503364915047116242857968968290896905836375827828
3892895520363223930960420462287810637658111782742762532340505564585343
2873936828810555823020155443402566605611991608331245276376749383219523
3495631786258422134166574826288774471793387032908362503995945159111325
5050506004055193310678540221401392893077471031783341055948291837130769245697952206414022795846705868857757846872528947007508518500453068757078397466638450736019535737073785356700362585582066737243338623835066357323527255029874737157104957827619393563501675928367423085383857351276128826173200948780873129781099401372087532187962176750723431042040983005430754543089347560999967053006260089395875398030047816817127195093934191068331792429451595438511210909172267321832118162279570595447
8225361268295095486221723123631665072572186345317410723976503826472612065862723390028195090885740960057687874591353731461515897681028944673460860109973678031561291557189237969413783512316274075169456949086800

544178759792003655469263444618177373227167003444266776046094924812058

7571772478802098965643852942388173879991874712975874116541332391556510
890877525768628661680719210903432650301463542749204474931246520147323
1975770361204501174793986282152535497202671790895051950859097956215389
121805648789967857306884996390327781322940152073050520209607654688325
251752641013550651450298021343533658755591616836749428944121480486599
8225611198797208669302128499501664795238170649564273515525846846289200
1418813857435106708068039340064939802782040845015597431112977796802358
220439971891827408195202452301617599479708280586003288928867410624713
2869094694668439042012057741066994621572385110915692375927855868449397
7360688001922934914717580163165254747272854041117825003154049416495321
147450754966548023101855184474204933682149867867387892495751470690246
6239047396630200661578109357920463627713503946978434359174142643778031
190219547522692089547968878254856457071355666985023275461239882302786
8901317573219171678493016365013895529131590117422489607374946020294851
279855924507737935690813338697470374157396558258857374134903582781434
074625542355164396890460779583866499664944507475657969935149351359732
0013303372081166289167650986948072944032991761290723011140465891138242
727263296851760942841879398026052395654066459330078965741576697086719
2092945253931552743735282800482345750914485335424049182058302117366937
6049738422721591348355204042576169928064285471401936855614110276582808
5704034232587586569465009202308498308267843272774869277955040661110043
597647686786538495502722558854224986136573631739614809989360847409717
6495471543340623707326586975276459213374297141242070511225644949907914
419244483283937913804206362380029700282062393180756192264853973949330
8325197087313845811985701710024913652522719868408318404784693642902511
1292751766993988620343878917517267572217442145385761100283487432190524
3332939928094883906152940641101879375394113430317191685263553167352985
3639867761635066119682247234864034096810385850460672960147613107402400
7426534024368037921068446153419708080881220768071106438905886342157852
8258228774367547014083100311384298534935282493585040362345923926688311
448077546710591069406547237346587789419248732364370240202401751759704
6829540255079677309844431798635413464595390227657432035188431115597546
3523304523550552928506363115240811767846454714132798134065927467320835
4528227663430595305473430938175037787231764648909649104425587969404117
052776629702325695246367177584587882202846053053054661817220965509818
3967544401193567027827210833556064466575228098058628703330757873821082
1129210210389616523122848792032803766538720195820518561825014424096283
6609846332252841101574173614882341460287377498491498459046298890328492
560839573991405910241206845576248034590472359536883927461900635300602
528684434546600578574568725002887974078126995014359696494764149318504
9625552169444528557452948072324330277365557456104296608835697425307361
1130310823800031585387362868849210917491803390548285054627864100013169
4719989488942095308644650267961007150484392620633117118608612081871573
273455137001418676869219670488590103624233151677601727174223305049530
615852479196288967594442134623565193122194284407143097895505598588624
4201736282607350511638463571118784683471588349062334258834361427479382
954834126341741688260288873554781665323832154076835909681205488454817
189269206203670965360564089875928450815742747862194136716994322945869
330495353722967997800487191020347824739491797171976726253884952817305
136008922705243085564874504121603355151493103964186380892659519034350
197950366229937107061098032834728693454151359671815062976637443099493
2369570495349591419352727151418737658694512236367107938011524216624494
1198004465572125975358046399910239327977083871847534799854360306617746
8548167430253509114142253635633838835435446860011086384802147927631584
793510710622722123289000304008555103460768066519552168656718918133485
068069377003906870137625405524668497671014459934961842246898041701860
2351019649901337786508323436869443782163920218850859965813111265889482

9177348973611017473924599639788237708464359325646405544663545645062781
6507891000060357895847141178811400147045565792468479338985904435609519
3955983048411907085968390826969646301033129195405483566334707548255971
6224095724560789952275137431729204329442145717570211196649273295045892
4351154224989284182930968016279099901439100065160664654765723303846462
4395113830677701241619910309399289403981160616742076033829175930656604
4008716224229486412092768005484026354604602128643129686176048676854 58
7332459049044581544689760012917675937178287781574634474974431747224 57
1417824959332658959901232631654318097855782577535504957177981990246 12
5777284944635352521703343393134364513830425898151477362367919941816 88
3285991871572172287651994703142482487875964116310081912766602885664731
0961164666767118936763472129096300869239623420708862933863125561287340
6534679097419938288166385060278732800485054491820199337871130829493390
2544408454452831107906717557815800938675360038603557680639810642357510
9973318402806850770996662013993830215705749043949115438309056158300113
0141099139583290325869583767619707448919113263121640981843472560087662
1115969513338904625890504021039716887529763411565301637614017241741275
4156775733851563340968924430140617974975371744256647349345457924696 79
9301102619433763644866753756108769161304361374833047944122595261241514
8981699807681018481895780038325763387804353118569719951740840404292157
3207178938770895931557022742728265816149740801332063433840086890238 89
3918333142004515961400898611215629243641694725431356170181179200559592
8543918333436945191945143171541350074200639050607167658190582421620 28
9769684409055245447001281886858143549545420556689838786244832075212 17
4109487364741091578604099102585558639401309155175600279765865384075 68
2363973583472336482553352052477229608819305408210532813113048809262550
4406239557590391944317141526527540808952986572630716340732243950379 98
7148815126244606312813852410741435979408576657852516943899274655621 80
5886920662325044937029212885127459270213767483429277774127189221554 06
2683300828600901792187538294862915016245407247778866998890070980505 69
2506985818373901350763943654187232930311836581686333644779329007078574
5106113991480911099712792943849391367015842418969109386238027257645216
6781402236132290468097724877826864188122877993432976707163870569511990
1896323092458999902179757131345174259360325136902088395860854675047 77
3229290628464817203195072814911800959505125813447571570554678484436237
7691481917998405290667715479291174266933488585670881394734484862143811
1159547544985280405742250695146472008424624472299321579226467217881452
0648208302769361192173852367856740962791085234229560906326667104802881
9226371390907376844480931844498969929310603687009530872724102621367 88
7069726985697340022803635047552368800495586973590390206919312830707 10
6179135567674215877257598221912943186457454772051328945878273757752 10
3071194255451752885836334459358005524008931209918825706554866392314480
8623744145953055900306580952924404261767525420677103355368495524654 64
3577010178979641631303867495239610828903257724489918622996519842327 82
7499595893408310312932676610272410807379546281880763426986176170331 00
9346800830651834771328705425499623260325011619282730212993493413979963
4261512648506347348327591363178682472894449321466061847965057304067 18
7482841519147416841690897229561606700728197766108311410618692743573355
3564627254143794098134638322862433641334789788909126415318730406053 17
2477381035370826694106544406226612937662336325906138381976319401303 98
9855820948209539186024819909896648627135664987570149795340067644785 86
8204910762709697757054915087961976919441390159412568326794263957901 82
7825455689699680322317815897782256576138716770132148021155272767311173
4165311892203845147369902316477647593880601607553748338232854582595062
9102393600165447353942982876682073712192752999073697440811342372020131
4234045052593169727755905856570031320224654790866575834512665456826 30
5546193147547187391279239721184692177837620063262466814563224968776560

2801045500696828152865754259823483400926471012832843064302569765264469
941350270621458319110491793194143493017703487026333460168710291836083
7
4125327587763154022303956288776844723280302142987294946474939503146494
180413351420239388152487593737159283832660035406428953541698506199223
530382921861048691825526902557498893197784720619919805017972262247637
181445979641371384620798209083958821187048015563185208134305168523741
5
842174781458011563058311767877089770942569153607878091136284354824022
8
283945658041952201303119772279659598388409363583559011857427044826650
5
634384216253604983408543890402854304926899306613530295624400202826734
367287192620794029735061796925410129175376266082539682218062164181246
217311896733474309422088767060630546716996314182155902924351378436435
0
632262093120680143169163849781012271071502167924720562634687067390887
567539442448270838250878826535655819744166357784924176318814836216441
222232363549938942990784092165099611235325120110314233835506549388909
2
759611053693980830238610371304756676260555830927849435785197856390534
7
432674505604909407708591886510655453008198264452528174087746547899161
511634875393067419302334275836504964156863538834492970269883021283850
7
501173072253194741218860306066086656547714244902618109150955830742760
8
294858110352011070330305870925795123533892215724742478567167678835897
3
767617721175130586934335536764903674373881704440543698738593926649447
1
535038152596325055300204906764624458522605213931219629970578255032704
577980448589560702099021534466953706842845217821445238667104694081075
061673174785697189794278788716052834504290221224398343390694767646413
145818070481842165818603669376409894336493814267999197179815233510841
570647616502760453863299952244303389384486986948796492541509969476646
546897692164861423923568275318509654088133533236031501845430918115897
9
530096088238018229548364665073083461587537390946753112554261080409659
2
752714562722552735012176578243220128221736845401883409112563696058674
1
735441883030291042295409312139163251665271628121402003934852462926770
253355678013212110007468751049272921506773328246340543305146411016945
8
015239281064871651193748496284714520592286022164309227073291131485055
1
462608765491036968970857811251399477489383288426598056121218316115303
0
419155186977220696407051706558307454295568020558606479198561137208320
2
139733715897180100934195299240863180418622996944159001484453489862067
964505307736118399136114400730593042057496786395373172912778358482156
2
914800308429891763640342582197758590998861542291506488185489391946492
442442707346065366282411041380687463464244524892172700800269889684009
77
049906879061899434905998791232993931686542977873405363741086041168212
2
328032144301845079668191420237115246394822017709314272988455433627298
6
473983606761973552064654414860620658273116315057177242088765562487222
6
829266602037148511214624414964999515202973569634689579349118486138732
3
567372723628672295693070222728261893624209144683434264680026607719950
221650936519124299129890949673488691609975570841538563266979992872310
669681200387350435700139029251245561252590033221973074262855770905192
682914207816015920684685189496026803241645023217978454935003686853112
0
074399878675353188044734785139543177396060055361114406353642161812602
1
263865730946905932559063972194920380562876788287430919096154068691521
231893627892498701245388290743083816074862738967877453782363709467889
1
160341754045508916975405922739404926662391204064685581911120898761302
2
144456972568625452950130411217199809106691154157468748584959986619908
3
983781712633106815336413320408361685895059251501682768475240163473441
553578291894992138591091122483181871721948688386571304048294777424440
6
010996901563835237827612909596748151072258291813299828742705498735967
748422085620675206715994218091188510214643881536079623454150921340343
0
061299786868257960293849765918712706805152707141861960573903188851282
433872683766410207671757126610927458223352290512994852828161359254699
066916018502759401681624498230386088013824249883069963917623093961348

545994517800671078225519324205087390126795497844015698988750791231652

906974570187202046818294167524913485599606198009894844748916628760419
800602597001273656939362975409320859454667562340804615013545821550863
207226603893401376730576253406555169815277785599299882419464266516768
7761191736222702092278336052507704807075907180343633570756382836596813
9953907607270681813656575919866837510546115218083781191964755409670958
249560178282456727368563121850209804703624641761986827177484782224634
9032781088546314151737181432979288325624993711562971573739011583631087
044860251030049694691425838693706512037704663082421648944335800059686
873021485249287953824228610007364203649679148694242547730644728104255
0872919341960667052564506409608790024404064247311413566099006514678880

182321568773621958482168564652846069706619054395401406510630973336513
8119633316594903039216427085354228049798026714911895636425174891344121
4263615547808921452836708221694025987112632114388529939169630480481789
2962988201123807490130529424929480161143533023900806706572137816797198
568613029030129939944512498469010019891936059827916973051475943464960
288332896966081505634505660937812923613349058578055094564210353090736
019584463712165073198201564242201326845668774183233102473192186851564
3412032717030573066078517538509706917170791725285511743627871301600952
208920242405030575640215372736959266799747810707279372391235577709346
8284756010763012791311995391762818615943038207783982432617319663133362
063793496768750895240236424692319045416738623583604828374392788665477
5948590289204020193959377065673211949099104335285517987140350203076055
782019148388288094649648208424176699245675831226247807039055765314126
326024292243620371953291855471809159644318568520578823501030910761280
604457044251479975896088802812599786238774354965990492967322084497244
345824350368978036518490995121422940156691745341683830903528477964306
7608611599763678720495505795636516693834521021205712467189023635837908
3391190802068995968969901881223218552528693485736518886301604529410281
7973608068954952403606648894468348535737117060799430547192164875943131
412697595251661025229095753755095093371854490007290767612634676529166
4645580371533060205534741620555668380872331011456706082197136019911669
6011772653512414405109362036010017584053344689875653490024475801849902
8511290560362815437279676288312381657743751766245640457837049648569090
428184674143410766075498411465742153343796282523773935177587039942552
131816901739901861642141354392779733470876597369481710103318186376892
728376366023019205919792959179148224416394031804147790028285712517764
484105931564467536330924157970212626481304280838933770672398228654341
7317364814245629661807931369532509112875469498015503179945166912284138
4464630874102798782095587734617666779332006361614129983611238785269844
9676224949460162224198481882844175972508965043238838826776211538694490
722314080038640966747955659603365865500834501574668100371549812154559
177082855269058782746268018954840985480647767322593083364643266678951
9813230343847805542571189332448803371027660806642619768000401457681926
141234214210908378826034880398715896746918681275950354190406896727813
9513219884211832561094874735276486643671335936837371907167136153442892
072527305707780561606591615442358910784646554736956343970737221781859
1230109443692313952203010113674073457059526133029367437932120406159970
890681203507862354127805416826582353742593856966435762710973540865230
3333957492497719953466625694281212119266748886652563151697066072400219
396266842825154475614963579333658452377240996873579532275919009797415
517213348453335786814228739938519020936782740215599914204564464383816
000999065053718814849381608655035722706417743866297516789666554999878
895721790262309084544806465185693092556964531722410894516454267967618
197288329584139351338445960416728545739914150804959446613534398450142
761805422096598486710994408250815132392521360695106267337367922332214
2599523022293640904766459615450559484204881311441317204646926704975974
9059935116920439027605157446677396870803247804063437778416725021988849
4354098282116000727729150507598693656847220169410461894445826185511600
4154945106281588724851403451900555634666152447374960766113577874837400
388629388488610195028128078179274503495840575292845298389091576491324
731010563331478134640265046262915675377909213724782897003196325968912
513302152465612054358376226860928203077741687004590435263581749463672
455178978493175067539046404160336384724054649807500393002457661071466
060571949510914024823273526691221496016070897220722054628810038730762
2968906215262971114289273463392143785758381679957096512975121288247076
2293756572134890623618601418995950002939343301174633003329729078340263
825278379605300004735592754684871892997206561365337515374779219624955

179692200855731479445742882259242287677732128859806537046540246199387
2964993594356323021311084824249501800675718939861189726218243077831783

2604194318599122046582749564413763677702161143127001434771612016464832
1329271182571328791058413578619311893745953236310239127088901391290916
652719237745868641703648012032953287516120129170609592709077735616740
1939117441244712460141784967972824936614589907255008243499708909680963
641689156962089845192562671934304717145630443239981556886935433726230
261498003528371665135912169317838230979648522206285418847348693935943
8432529987537651192492335099196668931068393430992917742911260879728304
3316638758402370220112172394561144733654127633402705845417785774852486
316499991704854769484320531209292739986610752631319764337653802952214
1637423602372218506779113887258057677755437425357442389979633581971403
2277935613974470711946114165176151512388236279056488635894726860573344
7972830925709439137795165630585389041681689876925808365068825009361192
6107891124270988122269346853198517066371742046809637665572893641713249
386443340528873527902550868995093761512046498450930848209464606417794
077592727351875061493452818176751710845023652044236776815132674319325
1095192005876749184930277695596540981225396357711694671126060236069439
4572136480764649901663784374841097357300987497338721557269597603311371
2883158380306249032383304861952114982623586673336359436081533096204352
318069905867253166796719897757396719850563320391627692961278450432509
3027849365575704663665005042353807000210433790543654526769156321162307
081538667932875280399181022287966754927414138146006565485087779489944
785505088949148052882658768844456627293908196144006839830805240372569
5064114389933181166377016307519304450021566160912397787650073874339861
2137767631637994991603580029425394150936118287792564890199706361151183
3437732287805137817006854618939770780027545047057465744096115186501688
7216781580801618548641080898632223340991247492258081118532699879573620
303636012024863397052946712401923986888626998354310920045622791699844
1698832120180955945505348853261754254953638515063118962530921766529165
824315900458349693970687658654243281945647647853735525153068989109796
6688781002569839068711319214254198866419286668754537724431761446354156
657628714055353642878518017662196471266899624319482731009397417104259
055243749687333036596872146018899966928025823050002504947431957887361
7743981181941294800460295054273686692310079383355277975003835915620816
4728629951618141511824304864955870476420387157706452758723677080818059
0408423523775775754008846877561116658139251193567319094020961428901109
648995715039720715905042478578296419139818646456980690038836467983679
810123769463228883609158544301049426148760350379903441776859995675993
3050225323476525468899552580628931781172182316379508778459343728786415
1446387303443730098248049249554003322343437805888464426565167111725408
902425165680743457602957148128224094784605585432107534563821848048375
625891575170601371468196421689717760549530199246953023901996148262601
706284818796357991239697001594441468677531856458312725471743944500821
6298283049375695975213397439120310652126169622928117872149914975372547
212930687038508756506150275226420337304121616234963978809943527080416
6933227218359322427911165736309254664967124992961439907500009763571020
509135217210267487838180045968331069999559077825546489128367433945158
2478152805746103415113435638105663770354879809403265266548458248684582
906755643586324591807534607758016958399758064881377043434130105968843
9299179317417474286712514331325517759566739120611354673648311519793542
0861547222832758560401773389173211141862365202764491763082599430939167
1301603555506639664006376991774482383984045272776417201122912290611855
951275066506498354602961029657475437590695555075101859350758837894692
340808844242104044351784510184494697766022432572757633721382667328318
485104191372257279900302301951988145702121716572276518919027375580323
980856028541791086963303805028305825415520792215467550998816607126379
666906266962228804105219437555359934786322393330880742944031636339297
431845742947964530484812667242960554778937241659254754257272948183035

8524079897060138339019218816473115578505264328106710783042538278625507
357514417809437945152087696441803929450533710695800288060095926155424
042953849392236692825186545787154155054376817216194941624398023669701
764585168224184823494985612261220525940694686843355828800042360426716
492051983003040063908216049484182231793780018789714732654139165969414
6628544607201166338527550831900032819349165007915757425415726422107319
2131424033453260766000540883242224303953642851701019071959689962221685
7242058270080448845866160085246854711766440337454171697257316643571299
349388718199291759466318132864866184797194493997567376889688942187412
5051812865226543689028478952394531890759781837842937386927112332452240
2704855011368071301499127539063765677619504082472945779516147251783340
5829363143893747277449678965136481140700231327461989829246746688558984
335554557604277573762760912058048480271999849553952672342626971751222
462169690127800810984444255359151750836095039154280956032294024501253
444800135907132943742644076571567194141395791922713654100901617029910
319986570525840925799843414159079094047612707383047817895510947309066
257504993635142278626507467665960409187273722547794729752121567356857
2609788566464575410138193018478212336515699772263615169997116230814735
386874455953454013866559999562536246834629631683409797550456405010277
261083787851820349370533279213894340837041728605351627431809719641851
5813346386178640580852899326162674792028229007798061487378774117335830
2761312079602560784881890468622896278439020499837036853688102771127764
916480789399444390409250759048332890872832414244933523646308167981840
710198476936630553895402873674490337398474907585950356060720035878450
4301688110214426498847297177449594105845200382301253166078708859906630
3712804121528907855153422131215471139478438631378025693727576221585767
928915212630006697169938472634430828463068278319532124797579764030143
681437346152646919895021034218176259365978453266760250667448846712460
966866173009706625245017692278852056906735900843160412459284748056689
469781827677947558847010378813457163188174944289989298716727868572546
6553677372831124446176730408752350650543917283196198305056380900140711
890771221329209083766220493049679457866788418100358637383427091353528
093942551819807934978546448024964273686684335521670808965836820495433
367410868993443622970414443439610988612701962123616829423893580447197
0209738919920823023231464235056710649911360357731956388471918197698807
100580670387057250153019061535855590146412669669192362905950385486873
378121913721744271446155552674522825740005803470748350308148551071539
9389168383731109275020581701951231311776778518448777687268042139392860
342132389958185132776669365598180645571558540380121592971267768643842
8537188809179099573080680102254116516429854798597801200530325322575249
974103543108838019843220023575674082733060839664255593659517583051615
3497134438263679902877179428908266042597494911477071422970252511258606
039005296024025458262483257557575612161312795812812156853840855916278
0570929372466124367205888681576790769303505178957563934003111259297972
535777544200569966402202138347356603769169544131890619160614468251813
160176609861677232066349745604650972882659512753972733368694175508487
217889388640618398460037168689685091852298344657755164156298149054346
7626842114452483994131230385258051848680195708892261883252235536436873
645834791469035678722598255759755960216814522299491973792689788065727
749960206183123619125984229997445917931919070044699554058436069326731
670892612617013398426718889342124987556990243059505953676654027533075
503094906893359337655573217538335664890410728780373174267309618140745
1562072125983147245748301211066094797879629490438133242706116552697331
798122204673427121226641381929147327894366091827878882764146146976422
2050291144484184413818492376352771491469069743360808145042927657615875
421705249394092838637329473577842342407795488209531262353402755035057
1028903943133681481995153566109244774270469991167237898955163904637498

3966032427419931139442903905760590741555533250655482151792922547642545
0871896221311351669933045431200007471829800650638738989262564890543973
9686679432127054939232744427995717336359106333484418514695342981280 89
6868740832375408026260594329862056291817544122229001840210059258435557
0500116263341389111647224103293543067992468631553900279513923299722276
6212995130994097950530207390559581191512433304040788524971092537241747
4301388303179701844108570451357681512915362442949250375261611011837321
0046518961467826972444261780434649844070818194648857015566472912494 00
1832315747489212272150548567617331055173286755555513727525722807015 84
4443069091168420794485271927516752388469452014058436541244190068829957
4590054357430805615594652422881931272032923409249033976547146518111314
5925190572580493515112436689165402260062755458017611743528143148949991
6146718935238144336846404276729538716752608133950987596207785727789 24
9855982834823289177208117777338346633424188492279198052968309263756731
8470970487223370762475836981471774211480432136309414872547814926308746
6784789524555610053498907888898459211841022359782737316521280197485413
4198697705439538874973901457412211904805390085525475177691827060709796
7712659724884419682338105825994352982382672363173424267155782964601 05
0683100461379274890656030763632598102793661123570622546093038459223095
6994474648995943528035957281220735900214846748760962849701879898071 61
7087186011317039698435437109684351766492479554420274224706377160003575
2294276137432881027737424376338465481823242545858652299370190888474 77
6740026800100967319726684955864544676707987877175135398088398320732 77
0178046249932786188807671330925433892842895473399804678267914598196 74
6901983068398922634392903571857330959662853884503112265863257014951784
4368139185358392042964337583894923848122175655021035540671058277268 87
5751378435979790444914526917905927035088146718778168140149009915546 21
6901425697803503595872473914976161903348045649916980438948284871605 73
3097080720504665480348755712333122224862473301639986713795127886798 64
3810255425604253579275162413162454955297310236459199301134961429522185
3169829571040685148038221398883769639075814255195711993591711187550877
5962547737751359233870322994013917636580370678440085956246876399514 01
4714572246854340128078585643043939470699712197594064592144290107129 31
9140574265334713416412866451075856458812395114011779550807321636781016
0373433760157315563492556593937367165619355004588107322335593024482 56
9699655583883053413186676168998085666828277132356870681226254846298 21
0313176077180123905872553472420474152001617666021805882461949664874 60
6456387899631507124429153884042324507560321404776242580365260920519 14
8291010271577459241426287104455972926999565011286066885462748757187665
0669697796028230413811084693087871684835790925462780349442642545861204
5997199608003166303479589928945632553125425344317399853694598058360 28
6745185081053313047647528537628745709777767541307714243002325347404 09
3030694218291168164390391655747003216588110006242071852475797469805276
5170972745153025094618659937285040116814957781425963612401478096837868
8851125147127622317915331487044871205793776550304016642970150767388550
4773832888178731212460074527612354176665768817010114942899257349101235
6466763962580651127133964984228245027305669370892373581646095356116434
3750565029963151679745340938235328999702562718021656243625511798697216
2498323095658719682960254668065000046716222402396653824185505730658 14
4606359055955496419820113969652844393015739310520628308914921806342871
5535370059003504708646096354109788410609656603436535444906170070789 95
8318056145339065047705274315664176097215179194892833648128660460835 30
7188194805344217730423604084119157616446130913675931528639923396387054
0720547988479579886169962180644201535353179004476525582272767064593 63
5057287804275734855898768296689233572428808680624632489791895841694 45
7900295928632288829382800916032460635320238223124737736787406179409 01
0413815330576102830088488649415922557543809460630258626769891731846 15

639367995770538251493415304834931224348063333168840269976702447327490
6189736334543327828082077440266709778178207831208572634456094708554 85
2142658489101849573503186642174822985673406328525642088746642534053 39
5045023102754493429019160008441503984952021532560016392766936647780 95
8412656042906452568061709558520418712814813474344515393746475496344 22
0538926109954944289146367538957876055842484190258311817288502158858 378
8068989305945215392813746540887775361004235101493108460765432909460 86
7969100188403841622500908888374112448306461237752331765454201486843 335
3152580752667346858217764625547987715800378073715241248408692569070 49
2890066678114027979163653743339514516141110722645617628225991247884 909
9284872988870529808306524599355173740824113367757972723356826803378 116
3575499834766699082383781455439162155128563855768188044803432132102 93
9421624081354802623088222419123119256612052550161349899775372113033 318
3980963621662471863300454136003383305305793860790211293203288717499 514
5272045062395800542689317348183540808487347093887388619010213621756 50
2595911351442127021011648093093037494167291593624568786003466022400 339
5352251424491516060429976479424234983779611349866591027178292993124 652
8425630398244060789798697342060395170075318757863061612647145001003 20
8115941696043578824718476564441351338509186208978574621805394727057 491
4758885846342665182414683879858080482488208055020192887763490205355 15
8562400189346433242686366341174030312234237172519433745140146909287 147
2905890150615238956228461520314617026175667585862095154776828356254 50
6431626437458076071417857800275876080483325967588788531809595965814 81
6008065212981791958439859252951844584692724664770760915168517463856 47
1876221491932156230101271310528445074810700265024464178587243567799 22
1303996521838279141848265281625104614721163047907822420234842176235 064
3914152982300554362570147636995887845014405130574818011867308723759 652
4652046435093431303966655856293925156810381694666620313639439917344 89
6713982981562741198826272351095251221821704750686253399267537797846 680
9995420421499113435407010220569268199940425166589339284985656673473 325
7949343731185204896148039890749110350313946833407778669368735475491 107
7611269470298782112564765681491566691909552936732055957727929512982 090
7151577300917884779633743002145803603144778906200771554904764805424 27
0513167766893532669437359097224008315940237583883147635421404408604 21
2995770165367296599020483630577798545770670281905871864830613825275 27
8600758790702435874381211840974392908362239891253893167318426595596 595
4849588145573527311910746017982834574376785884144398093699453232606572
5996975882421929358791454369349104390422637817675573224987314756957 01
3416041498872979606838574148390973894482340813010956583016594628071 91
7844798263328455536359745121872603325357817924068700106861650620278 23
6810634292874145081373060954890892474450662277330838526810902090813 24
3131511849533596968989039103170864371432842682490648126662406926704 213
3671604705742655313824243422085609793500650141268388679333024186546 22
3074720253207178938050317199178734911226776218997084782360811160079 801
9560682135626640924595140594191988865960527804596189879889781246044 50
7520439119510874257625350337428534435996680254877211293856191012207 429
6511208884295468554439251909040934596997623225136684493959391431058 220
0549776165119323633557844773870072751670887701833608973105333061674 009
4074876084857287050254039652206249843878079142123292038061883104817 23
2109300172019148512553721123091515719016127137406536835464034590901 751
6919077376312212625722658664549644959123749618371939551519665045731 49
0348698140453817457369758982275113774563078672356216976682523924529 815
9046756218528584558914530148222658405359526390985393717661971015878 38
7327823837558472442882536372621081866574074402013077213982940343245 98
4550348898469160893504606046029720752430522250508848409813445599990 75
8681315475222046561457662331404526326965352792923797929373929190374 86
9671964630718060724784747396550517097475096606260234290376468444505 82

2472220213238638855714513234749820349966040662117777729786064434146736
6211106480533161430705465164829466033764356209291270324090210435102759
5403970654729979272108961839673150847030362204984020805668699225246559
5358373749601331417900353700524645605869477674688973094413691010744420
2027223857514205225470819089634991421944317404112374851728895430801845
7409103199946112805564334422622895793405173650295313360283143297024936
5622011880738379659686693856304036554244937571974210249374057019369451
3848256986001953215162568971401835116525496006360110312028199534967046
1609746208291773657299785645713069651650016227778852738340725983559967
3970824046315259176738042297431785283156494449545036956401109369855817
9851150272119159176380048296581307898594703973120653780203227603441629
7329698012059066824690143029493995250158989047710508025383515715842800
5178152642640065745840279170365562834115519991778849951688578980881405
0968676482560815758716892137852614348240198670085959491834379968727749
3803924399001240892926764545234221922075784137853342487883353547493224
6859780197430738916781429610504444966285797198684931704497491550675552
1279111615838057069681965725948152986672133352580867678999596495159606
1098889306228869661326312175575758648326279685711415335026472140795023
5985958527648203136398655628137447612938148477402022504450859121825509
5624779073889654945265020370785100531156965622029849937475086136190439
7629959903131190080431975245809400009145582174545266258052740399813169
3257001827684217223180514068200502309296617727018544600370433014323345
2516468664561052172069290603672027333539615770828488823728813588940045
3449022699453876878465724857819287558201702633487954178253554555754490
6825006997973950595046134205343092698190572553123033871330291285031992
2813569639601283853455211594356914097746015819877741238198895866727111
4272958310827089863920462180345379455624339718562497127140957925961992
3078188404535552979777422106889367338855485881072236768784859382251554
0354409948225290592834847801360135009151581145329214423539629875548306
8015588531659665633944781862223936580697312612851200242204741143375961
7769910633391463758052035815470306229527721703514821238530493265705884
4611319656225452385286064449330918167471272369727202950026266949386760
6739072357441326860714781306327962522521358345146175319707352809011354
3146777394534710240060895178155583075721182150799500558837744547319261
2925383049981743040230702238909816076153110992888652872560217949886633
9642061820921316043176801177815429663673507872419183405805978019413641
3801628579298183208684244469747609594675465935139271920270860666700996
4469126425789697600503752819096615375661855458062643522949216579083449
8437925743197158770646868200181823204868998256456334050138496655764002
9708344806187866968931216351339668783136235117749794199305482289866190
4006471543595957922754427779439667263372974662779775357319608434772449
1811902101192943925903802602648417484447820051685684303466144125006122
5441185536036696829948065721395351334078869245327059129149828017411210
7188413426878788829800210711931841547690632321330356647042801998341625
7261051670413116849386770027750949884410851369316956444860759317083546
7673690177738942973154551145922770111036084305577182412122340329282298
7443986446401919560923000143949934530604425799693849177239781614945113
1204204868637916752530634900665239580440289843539255578484580722003332
0292503465974481326140173373348415220872649858367236488056433128304669
3053048735390596848977694106624899681646551018255627690892330654374744
7732515748234642076182693720200111288490837408415666378790491771579162
6174472533569211027963136363961933383031690960585634786515836410409521
8542189253938453651900094568218823512196785349129074727334576190879552
7700714534296428857778919797005177373318942564746778705951416709550151
2543632545858505909277777223574413690610705925417965794073644894013368
4621259740377694362926710786480691656941449476496275547975269975061123
9290659055560299806182775792321198690451590594249076760144944330214475

3811078861683941736268247379536204857866736619434018375399507887357076
9569736334890609662341520330327366441684091559726750606818691954 28972
9554967800742088808731999842293318016422639183011407959704912671956726
6193876235342306778374503739921556049731619654537918413623760136666098
7343740561564616345985238478285233197307913701982509058532692942864 01
2889661556236653366808679676269021933858700947062040850270178945 05168
1786827703193427843070164519313139114857909616968441606620928373208333
8786764148839135298925848184530866997588412889658670242875568773 12359
0034961649957608292377522689365557076354134082655772488902435754 85397
5257909113420179830261153474517489394228238827710449742344359228203662
1472973991367403671012159709430824875344769801066976990314194078 50208
0100063845162203542748953285695525801669871401279094554658446853 17297
6638859223272280239229572551621704395377986809188708511955501483450065
3542058958817281907159463277706136347609047316518417732001776274 96686
1929830048478422225166252681241060317143651945672834889281095890 44695
1076541036189885348326694340218479313476380613355515202360217636 56182
7113154532531524831850160025503530023509981187456840139784132450412924
8995106356188398860593998518606626698374306821560893536408037221 05692
2170621065402903346895715239006679969843981971994494884736379926 56271
3791440855451262773768033692487909647451106309430481047440825975290276
4930190996182867206680083812477082804253485451549448267335177099 15865
1397207444535596290620297896514822799643822846241004949253809663 17158
4947464968773242941714860117757925464809222939256348473448497344768767
8972551867684457804193010435883847874498471915754661252774210651 98340
3688768217709856479897496641796375853276088948339937898038693590 50038
8591500418224769262139163222115117073297407572999505921614195341 795453
9564825806957558191410105474085836697638897485443567038088777622 53423
7252366858625286860701112073766444177034759239022054029211833635920768
2874681916357344362122584685518491173782814989331732943286878667341277
0941950614067843095596346611830093772355931550084081882042990111253625
4951586587987779332016060230253996395820888578524640683893060314881551
1881851063392801380688294775533868576870062873818717550962023016 78908
2957729937039481235532251177306514137747970534389379645194776233680444
5661037728242377464065317471912285508752570124855530349584254775511192
3104174126089604176453047384486184959876882445549497422370796274 25226
1378595615081527071735522514060924714662877076575923280000636236 61781
8518201466129968973204506701938791223390280196792848576421517536 05032
4280495374126017027574030305342271641863949578600006459952392766 91728
8951034783250731781367442373727643857425217753618604996157784516 40562
1251200757112686925439127054804174130629085265480196487981111437341575
5475499917082236619650715279722050896985205136490535547278448297 20710
7814574514568460861115729565963175793886474842463316376564944811616192
1604628737029040409753672886130662513809093509849143091520136859 40349
9036297931364403312590118696488012087866614120892897810507017559263159
3289475933353555853961535737486473277884692900514837562696456927 13830
1087192984228256114413262879693085543514821959294806708059222682459066
9598704980565202263218860004581338482133838010714011937050319998655891
2494606613140897994650450291669772328830601951849785565324355223 47947
6176792576544582052660516799447607227055026040253806930549886106 50921
7465565888873017888384128959995965915932279304573808414378982357 79781
2216639154001074121336095716896366700574845895205479261619617366 61796
6892473003181633077684291239817740029380690464820050593056721097 04707
2358576276559715286685740580991153560586905724472242083498594270765145
7804339879341679576813796362083390395083293449558059536376048546223113
6251679236438135424774841948043589332145988194213605792941674122 61599
9836108550167244026493529026929476241342582563872303197435078616 06461
7695101218541063220308171661124148867644033887297576584439522022196100

7374345414850891687133744267835952705613152125262073869332183059356589306210304929209535538145495116012146419843979390371896439869348784158
9092209093907042757821905935709430767237024389005345312096700350896192224298816087686432982939714882496041244651328082112489224188331444749
2688036342391829666716628224156781839675243796659674581169914928136901
4502279780135976931386539455472068457777174591385361784792669537103695089637722790612812365479157088869076676890819374934061036841067386005411002627870087470594710658645143919698055970695055650501512339366658
9057173313364476421307065675731991903938811893825307521088285951614750
6809468839245740011135470274786982168621274321497665188300319603334562
2355344214173681170059576634936762232906918488032373451924349124656653
2971823841739691986587133313412071051707368341724123447237186724941510842704961554950379550152873822486053846067672039287586862626169843822805601587578668309251223040159989753848922836009598075215949025807471715773537480669005001534985359036976722971043715921098469391204905426246339608550824918232865843934026293826856371525962389474471783369996618020115478824991332365221595665340485701123258277081886215013071577
9346002743951689275243551823962408391501234739246686510022276735154153398174438062936818843187021953946745788068387330450266993482047409308509529400887069518186325483548249662607066502499564681941064704071227311004215441855491231634073401961809074987236703389974993439243991658
8065128366790564169573652160502822448852175736113317429473563577483084
7833098492957430573060450412840297114897365523337025293332859341544883
1374005810726242464775155356118977342742942596840194068133338141610749
0916404430780527772977009382768736682692808362834677259100328412812893578761188653303799439157109917313087684148298147316743892415070812333
0466386665268851715228773495808650709021102713080114880705251086164181
6152556748171047862194001056128001346471000489600816181363398613143759537835734463470097380223970667333178847121742166237978339505084945840564804300591120184173005022419629811376432555086259936672979212123968
3362625433079201974575553798577860333993611397314797358588046748266319
0555031714751074082657545538452600524391171639479854543854640477445274
4423208201158058940110410945383309204755983130127803405876733811345178
4704239620884935829339947629489274926307615195947580863523050039063526975508973719632143202797580886958529773162198359442566894666349865566418285278405307103946038370553195307057814332061654837208763730542151049819639823162239461555401624481922748898899154818161610141291114223
3274248071051202784972384904402642968076980344031601013659880856422960754069569557133508005356595188884145626531983654599814935470353339657
8804947612732090048553113590869747145353689015718969841577548117779410
7604190191456527288840405188279508490082645360132429152288889379751999559985968288936089112710910309973067570621865972967346398430619284295
5042921054669160915418280351783236841552181865567963407111243064385515
4156248975176397718812620984087360982992383637303027505941877062626357378481368868368293339698892774446869696629499689660276916003698605968904718417160001971841236265199793012787419139272279869802272459522940152432208404817539812400825763713606703033447765411404274369962054125
1450482700210515174118908825492609774721462055366779007552008799892323
4653592526127377276954567121544499950148452685432597408757444502355950317588809467867062427950496812231738195319346995561510042092153608326032153069185727225992986003953925473431806464770644415440963085983320989428117389795068274955248706628273280536479247410723546119459442653
7978749869795964322144950143520616632736083387789574626900889609416213734426382002676575339103418924761056359888170083539644955852192240769813052521731950132374196453428976165813540733130263030285478022485192552078323237454832679632890712562747524612292929641409424850290594741557599275124250850699663473537642940738391820741909162541609728445914

625614472721705908293857676713045438433599082616086284671963287516028
608040353472085362193749494136655199150853689237351274850742948144519
654169382291793153091803782047287223894558772648584565835836888354176
1056472125564386401518568769577988275174222434711115526234369721170763
3450466532724766334237821195879117615783397228747084512798865992451832
791641445982802144372701894626680357923333751748064104993185218845506
8211836085689756325118138750460942419557443263971984310789277524723566
722883955273552360662259878859853963287728445468369492367606484412273
536829219132455470407442166682067461265670796430120055351599047417085
461637336202703865952273806423126218740626890903998167108615021958265
006449778173573185052157715160847631314297100682482491391624928925561
263847673862182333452283028570138155437476505784656905883948253134199
8139629573625019198571058084667923649110592908805506833821771837094406
2699938269197068244705320057945408351861003661161560945082423986504199
873162383835746664545218873590261219345316048583392126663772506208519
0546236237337328114258166438424988979859667954175920036913004537037196
275360687183013764812127410561482448795986351085005487349029844775297
575349396655307150551544103909386537416665215918335499738256689326452
686208235962140239634097122426826870025339558269322438059983242690845
3047814199149893110710157169474955576352194587457686296301838990582420
1278786755796934723185030744610603483914598794977948711391354629025486
282224974389447438682661643606831812488598723268791076616230538008602
921583381443284532240746235541879988817472381285359683828950062022524
646357316108266360364314856355316050499154144130887215414433174525373
2106513961197330694878139130968733186136669619394025720049930809999534
8219427655878113235218778124571834239764680697306979340608138301890778
537922762154846640882312642981642123941745697135666153982555543529498
172239014522235919257419431464218266477688866772502171232941522897844
616291056628542007145388341678148913456674450692912906319135618469153
315855813507648754132185945574577015648665261674662085801070023556816
875810595967699890198547270641753128848749413907086642080806276944501
319670197033551810041719242513644274485219781537035777096179780365547
150100641818050275407358363121007584869042036045306374303438876152382
8983557372852602790109658113583990082025106415006848860377851451703993
626938322618882301899591271000879075416628748322394452285023918486791
381569205686354321704163358637035324353038603138245178894425200804853
014804232640065209962960096641776937613082080687020130883472099991664
558057470297265064248590310071846989531069017432283784757153675098497
0434834820599312232247519854853545545198084228145074641693251741711660
329326677622781908348972275100308089752520503024664935126461278489087
4118303858779985696639063450520022123934526686579920442386148475724289
0105114328883814583700148678228333016407276114036941362115737169985605
841735445608033688890692524353381053971593150452592094012886826761957
8511313238397636156621285764826409723566892206504594883179858641010564
3818698894289927631481613114119783948514389640201616144702822217564827
342006461530161701567304518618437705212706257342258715062895985488617
620522961688656521583778424714947986648770706732481799084249744141303
077278122172757039389853107662656948276197633287446596045593501802123
231361682946910516536799613149656188142307979002819702075307204137744
9667453062511078456579246380038273856860224589540614393614994048484286
969806483262108464380743336558398688089988471514295701014512054966842
8966748661018668765129731396283214410268341658603599114389318076256443
446092747502825373247224396358231441866189835337323691680869502922048
1436237204812347239217482268429106661178494353167259238504105377931104
908157295800821890410996537405229404620198482059471956546843007682203
732839906146792078803130621080742887826745652227951039753018549245010
8066714356522034098520971712751588390486131129466673396409924349264716

2312234605681600440545721462865662561689286997468382163390433176286370
8095828508190969741762120740550851100181533020817181367176854348727208
9172606743181038687549909642874280410652857444783139948749789244343537
3201883750977953460440052811978526927544248963257416298794288255060763
9516510838711766467376638752697508837939890328835740211229563543208743
7414162494910515768227117417711932232945391974092136590860000476202432
8188811611636449287155599082998145435840371709565305275679006103858220
0502577422429256977373229660938546733692944968154326056858234085073909
1504592315081322676781063632505958627455148922828565406945222105635580
2862241676405576952603221833562396373988080142461187550546095550941227
2002001667329078978000709638482831244629559654502212074332643657186971
3451446896888922951080200162568079951218413160983309702178276860244871
4433613144592320601473497481486913207742459736433949200730885748206722
4118479268240533045986927545897072131545841540477232222083920803632412
7217631162891881643394036869317135582680006351732097450524378305263342
9820515857292937290651440822520931400383344286009437177696508292941118
9712087370784093552754759466760770073958299632583886106737450792618043
3067251405352116133767896036538579850322184508372345725893974482449203
2873386027992042012799506284586176929349347486450464919686353383914495
6932935349913992245366418810063103071095056877344542309645895436141863
0876241494447419866698347713405300957797872079291462389626390884639299
6906393101638336383213195393793042804984875962794959779336483584800378
4161018633174149813364342738798030257797021830886503641810622157102928
2021587181445626643551912892390746449491042735969276652311469566584458
1811447637737523501285931265925760750556501984335677543209175069011358
7867161954936552029139094377173320155808072273331910017793165196815422
8088370576507598837597021754117738087137985338962896830262981628055301
1075577589785348238548129828105014962885887182322180488826018274616448
7902917284184000293674697066526008628284388308813356335802435105776352
8593351544438010102449942174781896553188470873781552236440714542829548
3213118953754081821607486597977762279102308233648436172336602917193399
2616788286898005789119115696128611373040422299624444564522881179747153
6635791461504943812179699911719553392915467985888569082819110314718381
1299678656514530596798131908004221827090056930448074830083456425150236
0936375255638319351742703436292684023477641389903904336235185135026393
0095966444898776041743786038172342060790714371194447539522843551677888
5709093405909842628007555002487258306505575112593538963151718260658460
0128932682974216179130811687821272103921757969833700705560047926599743
2364952544755986234844740409617147566288275325091737591546032508096011
4432704119873159696800796893604075977501803740941714699818850466289826
3050340628173028231979912553091836280779925113306555777258958054972193
7547685450346607218411557053096747424723286992072949541768648905189668
7507736218429791511575851590669815433469973569518765532300615728199574
0879843326878654838770370483886796963447104488103666255295862834343848
0462678122147642516601976422702036294508798790923068997762622023363411
7711820153990501730714939961155484037152282685779983851093840045282636
7576126056398439135294087394557427764849924141468582429138579177562329
5402016824786676002102151382666411013004217800623443217919523686177696
1388050065925090702529001557499487526013723194269628376917390123280026
0299278068310630273490101100314067077900457927698279313684945163089509
1829048302965001908928336498837214396180793208742328768068649099204449
5073598605289572116995190404083389840835633066438541288900714754386656
7070850184695379003257164362715713573472251059295865110984068456897156
5825455725633355594576577747618020156837852364031497853809831566253185
8094257851058139046154652480727198329095772958055300883576439354657145
7913592767466432544838454558273091398616717779959434994550317477143659
7966834564542345782349530220337939230896227

442866717466798655682537325145377430092237212027531693856659776107823
598018863075075604083677127418714589669834570275384870360304258428021
2778831071351132772777499204648303734048642790225836760077390083656159

4921097507774609559771524786912881124482928425719746882048856549095615
768512861059352678026561439383358592178867356600596530098536546206425
434637910629888573898318354369679219264775780379760991519977631569730
1911388169677703831361743164453785457007319360521970015173541007668696
013054372758816070499877893650174222466174381932691928624293010619842
5416346048533061312244441005381190421705295021020394928499328022918752
088000318240833795363864223783182669354546763785703606403992213306997
7838159195259555588878191552733115500131708794901667727284263034494974
713565876728143942654920526300619080005910944956218545217579084841829
846693841949558812074700106037683563441033205450016151657240720125298
604958894707972183425970164384759848658280980869054903677261462021539
8636294163771793047627218313659680968500291803114107970431138118641849
141586975849866022454649276513102872758629386704002130005951781635864
4077874811780652256850653071350734245894460268346208345803133921453542
233875444863038607087278502777777508677629920222402710743245913400402
8928720902658654473562108425271922286631314180112202868765811959272712
8351324215088164501912089966902197373677201815546709893992735421991162
731652624506949920028485236634716192101353179446018193273960721248873
981575039346181702082230279563933543167655527885029351632734594726579
5104011499734482377420658757303463602505161561392726898206604832108554
232208407202400309137515825417460421057455961533919845890027397157437
538022426415567778759307934804245360144550080463441240544089726593996
633007997972592129223109419470783842041830759662553943244560963589541
422566136737969285423713764749526337556977162602199226734913942723609
178467619658720575970336763996591575636399342505878894376683014289164
175738503388810078600218625038800881754282047678427259567196048406057
1210079656164926916996939208557744994249775621141413333243237951509364
096641340808447528614157971242508505925805081064620512457221688482019
7934411532299155248204859897513010075598847969586764952488027942323124
19807388735906666496491511139629244887105704564341997817437109316921664
762069094056656347912220876673531620143957944457621663868466016550053
3947931580877471076476445478396109992723489002851457979744344660440511
1760455861770084338760531480088536735702115650361045487992840375321759
148201882993997086526906455381591739541840830826296942142296036192656
880385459991453155319530519391834550185884549349557882374650985608212
9842400795180417637267312953711599532987137948096818664554688514436258
350366624408525585930624414700201882122046421925917234593398961925790
1631775292386555197656249237162846568538934472706908824411028132584191
0775755054815966754311956994397841516332406889407043926608112156186190
2530322071390646769773268368150661123769280024896835575713723112884258
2768928782310956781189966969774094893487241466149739727949412661076369
402958236283034824223717633199718432399903981284939398586827244646054
071699259408451818357188910943512641768469147790922528378375323956019
4745349090551016423380781159966344826207141587238135420324049317575753
370793509694613482852746513771468342056262363219717296199917086663830
4381504998872606717267657248389966739493478186405997311990052966003532
994139326485263280930082210836770501971287076699002478130085130527296
684406061016437823071913630704942204938341960095350999398713515879252
197394280615135656431340816156888490174782485783660680040392675996290
8630937903111506727671941876882462830751887950689739054897988939998836
266317622380542165500973438436075892142420468068102248730738778094787
7235273901645574306789841755860978059801159655866608180878353193002712
5973791335895789733400876344311886148697683788112151087712667757231018
3325111391985166650796809644853255663841758311669493885921614166745675
555382378604424455712633396677214622446741586901295620545652768104736
368260978986496300568279073769198631560129161425693064781006989197020
2265386741626030496339971273667679574289555663140148811846154458200759

3167883566826708991945569858024090677654274445079856845354905475878 10
8274277202197966003820209978659519699449293354316949164917055441294 48
2092967609251479903225889004953954995722993018062179262112407110162 209
5785527048886053819284236085295701406576742213483133260263421770543 73
0953570108907807302213549826362852887826558691568563466259473132585 19
5659138468924462445834402277049670665349938723547520909770648817090 001
1063912557187406824704713672257092171222867211191725322046914596922 156
1229752437455506882056173695494066627332526041370446290865446151044 25
6007632917948614510692258879443748157789125088591113417223303156749 738
1920863972206513520158280086982468765373753233446669783773281011145 261
9599588666501082168815975949566602903527583321493728643587459967647 65
2582086055524473391211712979767298140379890972865069764920322099279 240
4020662929795608333483709734371103831364074116484760050698520156744 72
2778358999608425578842724735306117051602021864568180148423771285876 616
5911990118688140951609402458068261990511296112127545741192753463822 939
9475349910748595614107959401047161296588915916567992554444225077969 29
8705769705847914304011825454535611172427337139999943267212771932319 339
1300068902626785230042044775981367284743790128671709651764782559460 09
0760126770386665955450974046848589127133239909729337983586535080972 67
0948531616454530790871573529955075169242502752012548206339883390344 78
2848948625326384370394044505434363120240495681948503862902856933719 15
5477929628988453250576597682076434462946898145244334205580449946585 82
3750536595705362244038184299359354415068135070920577444979990516676 90
5380209621766365606835781587320379231026760528625950776545290579527 21
0420413852461568605765628218747553890252057850800740693372942987737 46
3057925699377504026856615866168040761542216193889794638536338311259 582
4418797097195495224074795953951942297685825139007695483654789933863 56
8806182905679340765197580246742179102503322169643776004412820779904 90
3233081231761123799725721469283312184717521295801191664227393514437 669
8375199845306457873664077738069965291870312319459500416451412022582 69
7246981461488184628904987272836192381272041977916155713134479968757 57
0339354019325461289360256544031228921782203409543443883693546040895 44
5802479018084762970341979623021602945161124769165018600598116417274 382
6673072895297840924401656957765725555729576130242533547909506761981 91
9701424151665935744603959673618532551061007924434665329441818070121 47
6460301248629639975333472474598343390086851604672402252161362633437 52
0040663234254993004214185882609820943615743210845647108254431018830 90
7726258570251121046551644620072039153746473932152920633797970985170 747
7303806053628389815119695460644201711392956688531188328062643343170 171
7020517026485281318412516343924730717133554950605158671361101058050 469
7835880611507229261275769395214080302982839704314172657091329508291 125
3431769430807546865513292224276499041740474813410763681949573977464 37
9686518304446566839831848419482441760598638213837823531373045228594 98
3101017622494394053901864942713232427248943202272085052667040161106 549
2980272688629950320140783550068178326612442947337934708704036933947 44
4883640146301430766548886919995190654063116647678194049730100375198 570
5416725276470230859199227399842341493349983909786403439076922427293 37
6689266049349441694715697155470599042174219258825753425929995659864 26
7684514106123846878806544579177175040277628236063300794375840743669 48
1319018301570912676662079893317001720205395490686409451497740977410 94
3734521094285968471727023406450671007142874586355868678236996339079 94
4880743760883533682031211373244515710404186429258794496377751457723 511
7586608817493878267538776413037795190605040647630268064742690687941 44
7448269351953938097017849673194645289143892223863280101218343141180 980
7504797024389919357272570527060547047281474647446208222454074714169 40
6520696951676001055917701364897132278420170033566432055511462217933 132
3222171193273734777157788658376969907911711317283537401935719863182 444

7047615448184577025234412484550968128116664970906043227471833668098116
783651570046801876817095688932418440736231060256627475747969763747209
063548402949173472748730812019505270963758360746254547935295423417127
2681981339902641902576337361165697385508744130241104699836432221001267
728682180949890762368689263384417518856262832129659941213751796989052
092475199878946684512057837358450431489084456881613840158803969872920
098540862969471322598632313171273219428914135494323359122937242309660
154616499698557962763275554577984454403223040904934659346663308857369
596023285750180268502120007127142076555657726407983020729194806512936
0217761136093911359393530812177362843189441739621355453605002461387879
6067604080531693002509344182571342161361444011915228953065300777905397
200339662894179465964177798355925342228777465640003439352647735178351
5933055719947159812125038017559547577745951520713908433610011537904901
5078907056708818445741145088305122997002099696113097121893728533083594
288099049270074679601280969718292839412819896052132336107052144317601
499501995895358971833690782831386342368579567965634192930497698152099
745288783121459736846075674766360600396879174354213850348953262958205
4474876924133036611832868911277831754602912791295567600741873322554290
824475967304300804589663453378198753699486335053772244515901054165665
8870698989013753888024327585151411858454353652987491572718865356408268
3272251101470090989862716772241528776898622677036983969959782816557940
8882537183764537402218188411874481338287947196445493757002072346962533
601592218202808179726049128292420726712980024237600224648500879889885
723158842214694614749102789155465212305942486102726047126981324149381
4990176735748960941182680504771730131645894682345409075051861661015410
7017955417597598280422938627155510777799674591224661638474771460111789
6485867721918610441753073190603997309812718219106724424419481471152783
430392065368122142465502269302065675881276475434385573474263281549277
0562660066546711848765207267335654731669662177069833645835826830207766
337778647489587312552194785990526293246984363824685738723284277789839
925737597904038285297787397684663809624175477591483096429915528145165
803728244231957520927726582693230597524612450564355755914053401429767
5082443347466243985834376148793899641444025141130024688693719521578304
486934438407345590866909464481382353532042192534791688998014391786232
376017552145946542744591797476063616652401862061888475586487380583089
379600294714755490167949590428156184287251585293982983632066919799567
389478800199587980348283125992532975991050207350736266025424310513286
294034955417639910947632944854290444810268915259589521457320122663991
033216800068635048620073570348589610617902776607181677068179366318045
3823791912595619843885760951802894321579652120565761109398991549688403
137754939354085695344990800901270384017262618018204667379599468295436
971942325792206474709758952510700203774171942638934649675715427250404
693871883572775634448769445950849863887761683550588497002868572692805
421291795858131914228380387137282755286830645433314868809215169723787
6013755279811045966988291777962410970709137037883930450645012459886785
8957886370910482165298115205833227808177991560826384334655419760315048
884191986084840626490039958781693294270619622974531271365326944415146
362569734275241608734402697978790021463626962620120377533883677549691
5720824154639242413505757494323179537955463238524199308940605113410985
1878055884092735591167161670187118155350582366098569193922700064682288
3589944865752267148004631656752194201966183070345216392823182511277834
283289541424721726008101478758030212294751534403712723321670865724341
8108047795784144265189977886011402027123294823762338268920964111163011
032217548508094335350434077628341593003000533913418044642352624003807
3951095137011158509534732482237438035089352893521658778097600325712128
3541953122550820412698760354189007713651108604718194108088431110742536
3917138988135975319323346515798647750468457586989391963118824114415430

3570400082640126777953841106665096407904987522171722641564904349596267
0656328990457837601136851326246834602134845575646260777352188360216622
168327326752466009077868093484338791981564661208248486780506442969584
602102930453724633487602599622427009937073587107459968463323761050293
787408079067362688314322240026342541834946497494337876425107862940494
3559708895096801337624024819095581134913297913613799767020614698043501
4907067331506378762402066239070271832790480285148295606115474069599725
6194929668302102119305025062268263880896540629845561979338912841975881
135820072574356168576772366593657751853637407687010082486727325827055
947358759499152718354765991563039137857167298544040275171738826587384
9917746309881277693341113336407022766678610507168850450924177681798125
0769109509091441158337030312240850672305458124543727125939201379371298
9504976889641046583485074819454011857702359172469012966511482150074342
299282812227997873756699200712962845547283485924965768203078846795064
7021947309801494977443099497791041466285009066700904219602986633110301
1001113278230180588984555896639346087537285190743600228423038962151716
195641806562700099995601348969285573932626572516364002040799847141233
603888674683408729576146976265971507573970514521674038808385420153198
4940935620834941808448216518439071864548579354119886526224032719177493
852757822503822693597054005494545632486688166937021367054984886527552
6796375925429531152739433899621680155290688351370329024845825815071276
3600548356859654294106517041963038966990987130227585345904165117509748
6133027113604353170371718416809873141819585031564870772149478854628003
926277518456650430912603414221842304210133140285691502890354177509096
542281408332982473259563282470188681318906977341224009824572047781021
244257867941962179708245494715165738807912130559425579829365910185929
521458891989736410574890894887746130638684259775642325268634634396779
8383912119284815590463257268442980690380184893738786626776014667556930
214317529099268057699957897317628916600923519338328859418224344448373
374585706226750497682736139292125659038855909391789629362867921956985
6722077114516768711517036384009901803018928779566852973917705416096145
3069937591596227833917112798101298430027748909358748945398117353381576
846139508418563804583298672849362869287801275472398663892413528204505
780353885364847097327544925680094275596516029103457751245135941932152
6895090145445952416961136980647081102315333388276662298702841007248866
052876037540430218578429642231635313350340680402784441475200826890037
86354784156536368956731168839504335415631780101661551036438448861498271
395607957291390579008646612982441522813477864422645334901586371744886
2610877742837337586277208196830696383180588110789389572837677830118699
970089433656062457189838150176746551248089349447700083734530619482002
2438725236049547571173946629136182524460576260094886690256581329311350
674437793232025038020543501852994980778105259985304488755072493125506
5100388571908248547838993266028603373935687364455746756966011919160143
8807752987664394513579476071447098889327766053074116311530139110492328
2193110588097367047432344058908828564002679759435346427421078414906154
092962408338791081565789909498815712690236620043280215289589615775222
060621457988284049182338365735125431269368037987268684755236920077772
1381179649240036159023457700349411534068335573824873913135391914758158
527625413375899842036188795513807317346224477123585367279053008355143
691747085161009147544822406092245575761039860966356788289455003336043
3372084655672516489462327278693098950945586309830114378782588321229906
713291819397652202572455840081402413093213342095068969419077870202615
357580218210512329081352831950915725992555006719879687514630234571315
2953633128866961298875104615085935633839150702622404505679511688694605
1109466276723760723750528845553323504747748998015828804575300504609169
021596452383038262921063032258517321567528089135848835485487124126532
742471657522015793560433819846488377660552702655267847083560102435686

0883266117880977031360613779093609113087234077209618102390157853292035
4712719691056747947044146433121314395609675166261128944405036638819340
286420485038072860987919829804873133499004845521940657346541555378014
6623057839211851143279665124261860447837066569424651096974621110662557
267176417196320000606794615444473830095878493631232523528518998571980
9160006814191918616838901518124804643471901284000707041173800540248415
9936710284924075593039634872403013753519911575118044416261522200880897
896833332452200044042973126122516176556942460302075359589324020852892
492435270739656513885729183164947634488104460321439087648326551672987
621999736837094585493934338332588462059401572984464297862778628233290
690449232765932924499124046133833969015247585601019682761237203430551
089792317528677738782013266845098807180268203922028048492157434242568
046730697177121873456085715203567062170083893698275361917197371079407
399906036839520612792285497138600225654467398562769675644776992563009
4957092701311919298249557757637508594236914490683476345460439443713186
795630258838268179289757907386757743819735208131268068528419443653155
109713356812574828346979017890143182775261808833136399736028295990100
0051972437701525586481910612361767641145832369347955064737525034060992
7897230719508277849700119603131624755510087288521738129185608767747856
196063893512409250785806286682155371236246489693259203489219130671347
1710997703373628959597835095325235982712896491987110448156130108291858
1273929221101792694864281968328624692921084643895996928816550769582289
8733723861578329428488075621932309574063083808914628364138116929229083
233675690406787653576163961754266645938024360197471995403483650856887
128855292429351867994655684451320866302074899531698788879839089895456
5467592320605819226177883766122253354733863709677295930239911805566228
0926495004498775277334625217332638938949491465403821243218073615845361
140460215552597536672022391988105028468107377043772329312159753622750
5157238764529436348387913528988787905821550111104233584518310227611334
335804789714149771525157789848298936164491828979317790326467228749418
675453269183640879828266619105953142528663092670701732405950706227386
670579287338827184951879760685322806148088186465932879942779746124529
5409526712496904410461310739091921123969406835184469699304716866174240
5051922297675298529668486734836811625766352554575224403184392246233255
616522514104235923273201888336360890136050472633749620582370618484689
529986526746636302195871613693678672483535610994037381399698900440515
3889590391032827945728151139758776274744531842930536613637951698172746
0520885464692320417591143500135039507534848961569249509002075560557543
8417029014607818186992492393911943824110025705182138823009803545858781
1640045530311277179266614743774837366237460202073538403482309687677893
623056167893806731785663137163538704715874017289052724912520827168930
437398229658837763226587058276813473532994786385827743816547793609856
131567793418000201475804245593773783036039563134913576340135030348407
399275786595343912755160207530865236538527450378885971248667165003987
7419265374145011160495071001864930153582757306955302684228758483403210
477930534852209549079257356397702757373204550799101581843679809773130
351644989780684770092412465890171794998639015234524231446407331462397
0454745260504301874212994382125706449150735469297093206380290377591188
187390157910382794684926286064935577057927535699984474878454484558005
0634603101943277182722031250809775029951919768802465896398114153371350
6843610011310996298251092340076886268173814285820414110607895701149506
894308627965260288795353976116845807304352996562712209219685525228491
697344907527823409037934366431756882408319294978354314731449399148449
444634289657179655332850400946759399635949907338642665621874810726324
787243040629049467920253848591539802660863028206837106819258636756161
674883003149343012810529959988806188629972368964165204568060779510100
917746573081454691925813273129673025592058716565880420339131539744159

172871948757014262221471927891106602750761289442732242913669946592706
572510419363102385981754907986994389243889008939346341213828136219471
807981114503000204339015792043931255399519222609088999712563092330 2714
291250144039818705004202596087808708135868664901772444736952194467034
906502238409693051825939968039421038583216016400769477891924212148954
359374400999379643728561303628943116743708946744737971676182086415 9316
835618424004845427076218560664395978802142164316651900960728174606413
768465552889186181960348825852074845556619089693189055115991626908 7256
988217638846374595506473777391415806674076650097783414934842161844038
388310937601539388936310631548713459725290483703688341501686075158579
902541153195356070770381497122744696096894095305260098081749270092 1933
267421388744897485958260981627811239347933827705619740666378971366 2110
111506206417832730909438642104434100156848794624469675999352470493 0849
927057311124823975923359898645282770415482776290851650379608150578 3509
823027587421577959779004592060888004354874347352982814703676657845392
604783416704594176917489468082537728362160668568691135194523833890 8918
911109127985145874140765028525906720911115279925914212843554397575 8998
522071759099462414469284632686263402158266024982921158694801076576 6605
491619087786452758667194236834434314341938123350021289777131425000529
224971673107771001716851188822998892084729467521062242455347160799 1208
322047262682159688664508167350961643933992447751146236967030823020 9426
462536749134703407424587665240882619103362519804641137116122739349 7964
475670145458128842701067719626329369178482286279120561849828090900732
388615464457885782858409709604774411265916188951776629166252716872 1718
762516513631708979617646484309698655020383274990369013956616772453347
773594284105079107689335238793554981878467812308125958197651326354256
394023461702890360708166424177501440151789871339407195406803684014377
753823023274168651273314467179277067541525937370934213197597040931481
491994889872286782267469651931566305291459571361839749552474801943392
794936563511497990843542657131020197144345952011778759458037507874 6251
804995052213989814784595033178625784899977510091836758799219228260550
380285078100178544158073124700713812448131990189182879151729748063153
541840272497319866760503046989214001220778491865416706288946143739873
621697146657403395403546570420713258686633362792832121561488105450732
644643989838002417068492199129748009428508166943564929578343441236526
169848230319409486334102166069882846231098338701418928078207374832054
307495410428903240139509455809337044918261866426541508190058270723588
418982809980191510351770638816439664279347043773648026957853681036798
665319390376877658266085036871810357283666433650577172278666728793090
809972219221888136713093480501052572641573813406411781621048067871 4302
389166811566310728760536945753778478065058502995269117032333037167 1960
112352344407475268128928355868286840263257160569745001944449517018 0661
810819064410545524662199746055108376658288581298144515267490380226956
781150070305237616097616075164743583933410407798055772293477599134 3313
672159786610550734227837116776183199485930275857261397058658470986 8667
953396094629188678055717113687861007855007438818571064126920509669 9149
289422749742545108502926884893954474822863067499394273403248683744914
556473583037878860598475691837004542330128662758579270951067896905333
597342936142003288246714880458353144138630797626597404893087110768 8512
323078607934245122017154558018416921640760895771328756451994313802 327
207500512875563762033975330060539152081158801054294431785558933982 4635
645831046924158286611788490100463414076094998214465414603928375102 4735
058944073491964954037027224534572201244636870031384833984230918324024
901579518659337859928294701598579591968598386859819449054412980974841
995536896369963547172061818135855259262329953991693759170924286136642
185584676677206230544414885826253705320824543744822903027802706575103
800171088178328186514598655832587195546458525341975776978217729236120

7133364124028163497001437315008855271291758919608289738898020217608210
048775450013336131917131976208564149148137964066304065403542908487514
4609304542879788815724796980056566079959438836482028316033894667904451
1365530731423327605787108207926760439535354664225367818502682922884 74
3863930395837400973858701426510863446204705175847605499045727257503150
850585856819746842929041706716614133188504384698079735601777104811768
3664107793967943620268481911773148240899769255512882631452780126438139
1375696394891108464799849976779062995454495157317870080407124802833371
1170264272301544239136020661853406307113082815207497537193146840097106
2250371959216386582428228940836492726282455960515525235059120784146700
7605675873673361894111742761679155530171994367568479285326732265780455
9329786442566694443389254568991712253772984042896325472825553367989035
077223103164222255936866224029328970790077496213095713496292896492938
7875975644766633100100120853804913657780486947710046538421970875553324
9565430227984049186231967906253176993147358452802777820588676923247
7965323935598599179926338256860793129715306595539487832777388807136981
49746405066251751431410646697548078882506210803693030149523602476687
17017783045944939821354666812018915558951093237791066397432171715286101
2900733351801133111413566846800791039962245315059620716207040285515
7026143358103007802778165023775172009678562401690788151274926741016063
0231957867333096674195332631791548690087721251730723578980925225302256
32265419023399141038030993435384580270680334442716519277258234253690
5924927564449959931893373020241561339217286882111688625658527099872906
0165657108807389487583616952170620956326824609039961837889787201822687
02378535683441810012149346172306767528635990112808891008964737792459
79568825007398502380775095912981555306692489535737276413238566846781778
1405763877234876040325129467647135943665941345531063140695856263463368
9731065163807435534312610069096745376501440519811834923531887194079939
990955389289577987504772778032708466093615488559657996970259562328028
4617474416482632048724128298949478102988228377461856185823233466718586
88349581842191943883222041292566218213616277944900410223801402421658
2366043639132312295443465694982722206790823288070241513735241623122747
7573032561247042685443385322470127977785997835181995430214875947781607
6188527083820208483499747127552820257969469966553819395937982896137784
43007953018540036966166115762868120795797161535606620273576267247120
99348262911458725856610030202616546006848143871460837279792596145993239
2110170397337698734954390474516654195473774411618809167007285249734723
5348009245947369144102322834363438410372077100134620579466406707530982
408555035768869970078481436755104015453365221491888383202132791737495
2250859104094126462615872664616191769631733141663374449384885148595135
86790187007958173647585040709656344453006310865134015456864546098577
93768228464230331017327992712144695553139665054817276401972657906219538
81325350963250947445989891087859016969225819860487325161631487225332
086811525038778390309210963973140870146326277487361999251603690351640
18132286384101577891383454820869539491141654192122441037258823537352
8329662254040539599551254188046955347016927965818084221691146779495770
903181471995224200489058855937464416153490934682109527381906924934012
58540162129838882360671129904727853825109322126760086356788729911106064
7443854063130702691579329114716835748930860734176203484242255797432510
010038643688160552466827732801481669787349633209963417237792378830351
660548716717928740011191447262456712470024976224582240273977070270235
0323771241691314913084480272640099449725957209235930230699273000522490
73651419777811827203052590605053664793101848708283976243597654102454
7190212964624407218786854291307199115602213435981092612780992449298835
32142115168804430524223133517203668759109206121817157215013230491503852
431276016026780710277905987836302849099513323332565542428323312697082
6048284109116462935530797013471599928564268898897007674423346489 65

0045114824894488438119052031620239561251550801142934559384022589044523
5491606770575264177519736090440204483367881891568970277893660449983 16
7550333460997434539066796812379833136398445862204918269859801850628 08
3650581758563282867239702164703792611575436878345664046590607888585936
1572607337647947362839418949283576050483364494011349865491208210048132
5506837562819702568696995491876219763972045027900446675639511937613156
0064544864855250749799420850028954444995335745046836622766872082483 16
4135994803070601611822309156175259528490028995293428737617351026742418
8159371599489096979222577214401390912722461788838743608051967515303 14
7911414335732073658590493042773379844712919544464543044009597518309741
8233761863378115291280151786636009016476974544958957323146795549938933
7513949564362601454959264673734721602188531326544686008853720772213 45
2751031059526253071110235537885691649959116922083888770780517354383985
6786701509637808868647575766982532354044245428400882687477770328538 26
1997625425819929342059121797780827787051185845230897298563876865112750
7276341003599414660122279489574955920360994603780484838552595991081 71
2362827442040178498021103176278778875030363022636160976667580106039555
4799787456998157973342339974244475884531393345366459175525813475504 63
4426716109489081799689592267046440216917680510059071844735263123541 64
4248647774387877651738534789750140252040693299113532556148136043532968
3129289912953561529040275913176773412777046365308522132575486307933 54
7882996383406999371515422494380882406473326312335046138821594795169 17
5925450984809791108923311377895396640746083457300976511706075241436288
3466091800384906356926853296400551653599785791306066404745571908486 62
5041462763357204425087660332076412002768371472025839577572548308176 35
2281706577594153270832662553910968973058504562259368984989756227021 58
2652652806200251844164898191969095582120789897267176461338008395664 87
7220193204636718817239547049302092798661041184695704868470049638641259
5306737666603894217618938754237522401874581597228442522907977372292 55
1018088673990839885492144913863562538863789161591888424051299819365 17
1369259169577919988494941497711519431575582630705994857586353474963975
6855970386267805400720089745025270519397969812529688311916459045209756
3052833730948602383296272132256900737675339111682947198127705742624375
2213758250320087363753204645000573891793465923557708362204145285013 90
7946406724667360182753798544781407692125608569448105416619567526475 07
4523902545170531094066263668247457573460704065275753577743201023913341
1381357750332256611439000976099169521398177028414610884136085659183932 99
3931358081952707069270927607721717779098763854634460240516904994977 47
5774828730093397894064147369457198504829905134842867070991509330445 79
6639195355891478010944345098270173677240979049480592883846575269082 14
0684093675224888424661256052695097801012605772822873599379849977045 73
1761175869419846747429048640123199674462226863633260076411070293488972
3601262149845968416031874245315843520548918590453569419644606333798 84
9315311695475836111574976677407031544805789781705045731922588154943114
3902579345049989550037270423618264568041589970013697709364618431829 66
6069073135476364512034680880448544639479881054680984967013179549428 66
8138827658444650585179771236814267458547557138229072663460316438137 50
1465429194535993436082062827907253188657517973424574661225027443019 09
2242962776936653158716809444242786249840749466556352680450276843578211
3627340694356164251537923224666458237107932145904446111092210703976045
6510101286976059355657979972303939386839617991898691799159386947086 32
4241601016103098873785439567731482972348965947671427213412840043762 10
6602005505662023339519575586451283024177142823715776932876797845227 57
1042372817246844546162244727036661864054672492501446712045654783572 69
2144705387980542744365066549190036978523007037200614183725711309111681
0217228672125895948574600435329503311469579656490062446226953912511252
8680378263752083462010919392052994067353165017583782632764100489944 64

8907195082147841020836669964415554899731185444595312327881988435193646
690756191744363874898626362765030272068609251880972360884793801625295
0392255210283185911952095216030879709223063182430490513612517852667830
9896484076261871121193856452332588015635845663256815365974140063516653
852783302799332761818731642928434366351615663255280877405476696700018
8148312992649497560617449945560484056516920660629441907471164740575561
955183453874064046466344652333203510377844767588566666090172875209822
4471156450455672431109195734666267791950351111912484914064555435257725
496566392678522191762385475381971083198322848394692229495373749317257
755425809647949858910268635945357613551466037513914968451229674554784
2471779306074999924871503917371133105984182400457742575917866712195051
7428961196738988890457931260778363161297825694113684507888434449786640
449589578177977537633175038686569214328456590763877035085454922881774
592134644790364096719378848001565990852627617509773940164374064232153
788341300502620171319759124864587923006850025338135489151319984710933
979884365446048272891549710760373174451260971717062154915230935580784
5628392179950936649904409609156994214938711242914663120546913223860633
526874046418697649751346003184289825747512025844598310398201406094846
8707691618383086238789106146824197283200526150385110681990583517695632
365696941423626101521553817250369391988202927136854440106294367264512
033344244808295285077865022358866847987292336334526758265461364764488
0992776331655021300744945298954339617526611749016912130058109554244912
267385285122343836959839780483975246451012058826742830639996089076557
3443634480149048829835718981640964510119289853987608822969226435420824
456841236875233258977838524384542275920567609260795846727938663976401
333752981741038008397136698750179251888900509616272530290638512244815
629473486671807921675743950233541879714637034135950706887960310150164
644742239232867292371725653842901470659068867294069484254271590520534
093390143210813138545825970434858093148550633941870543754820191702268
8231751090132941361718770058091133457961642203012598022043107382966864
907037504453868442844087909458071383896209544920759961553665571306844
0469527129948783097134507882757248448998973497039622465110498777004179
371263198665504248264504271322916123093246164135330391676894514835856
927021660319065689993035272966942540932985850471428540838671088927344
3108736345700269111924324963772982294009440207520246620664473839172044
2575483401453940803546273409990964069072075622907374684131198586578798
855914252147080351784967358936933535007544672324613125258268704637563
439646390594790703928961259764866705690718158460299360428566416523782
7113760774562109031798086571731999343128179691294296204556952012433154
4608359576565078324467211258500776099689071429906214637225018370319985
169220050813910205378983915622992500646873567979540662782950224745926
6561768688629321162565605008454294559032917372009820858817353746878318
206447022686127649760906343394156649026426219449599972627879887420686
537748400124027120252747334436166813022720475458702704640986434675736
414944556040180469025649085325167271670951279005239342170274303288614
132330961696475560201838621599787236096212275704210996873700071225799
429518696300412954188779628724093278461798048647907699890577733886055
8382491142283163748692878538148143146224283984962337855773508605110105
092612932309949247418926751316188186207532574038684806964904698279991
2216113866566382032601913596840251564924790644398333003180789523696165
1840561410338434799376178182100474351909070654806403205691171664322099
215471240461694247104315222205104885366382704720835222072281792307724
3786214629860668300394431840318971195938758807198115048397750862492845
2053766099357035113846959784295954406485751505062084971228123360639541
4804523183037590392304193129358047025322396391151279375936015140870535
146062989951940745755354886861982269324695538210219472021248849044263
6553953053943533004050613359968320166698794772079525866914331899092118

6522605849608814962683654672349840481438109431985740368377466370936580
0637339294587946644516826114833345980894813230142344973630008177003029
0154167401795744361620184220760535776542316284564276440937556897155370
8728695987224574072558628891627542274001393924890937205554561607842410
5395618839990558247974029707414788143572707914922104355774546093490050
7376815968281968019771590645796605754942541814453299247981996657119645
5188565556568121513349098046580376847618266013737175683727413061704644
3808292439165371329638261653072310606823338899995102553073274412094260
9941379201101046632087497154105874458261159959068772409428697875946269
4298805477860776458005229407570308406385160436059312555658553312311655
4638655410300726993447731181690786628011955322480995617127881556393519
0125607711288469473226363577830259656423269738474469674793817191834984
4120102842351921959479411888645207796023134306321717435406924886237588
1350795013019542125685389606693125427932944450460414399751105930683075
8986663120897091786738144310626732857291352473357373341399649816225600
5641974178798441560213301230296004214891147848575264386251814296191368
9838222749415586395787408237809038341408792976445118888023372009886401
2236174176430506370381076927834118901729401329462385639308531532244222
7688185717288938851686500759048441570973663653939411381414330070841798
3117234397432128982693088281790845460835227616883923670670181937790638
7518688982678985926122487707255370774680909173812195568154246781758240
9863590845775282210873370947100534470431626453265098754187048260408500
4943289449671151155640450375992218315315062189417680797400402678059163
7359492305802189105616245901301913073423092201187748905417634752347872
0509575083012458009760894490201422832151708178638297151787541023277930
7785407268363951803722727399072461328116672620238536295804476874489455
8935561294166787711514445952150728011245289783898892439805792611339511
7163372724763220356134137665549360910760775428863941537509112835509538
9101756992734810580205244749886065694140688059815714553496102116404129
9207119157382239649687900615771795957511675590848192969043559344490289
3696486190086611848364084454709229880820186964350102416589280672893461
8921288399805886754723382266287467489827600721396917908199418072364510
4382989430173553032251147891184679935694376925654535114088246264417878
1754058520462752091194551715071532232290031783786392997264579504136224
3073887474295884203865379630088782849749101536714044872706052239832740
6544345293565280769604772215030240603299608201442874066463090243695580
2201751481902127695919485480650025159662766721156265827038707214581147
4469794369850676576882350350632790855260275245784521393118971219595602
2277801052170563123963444611270021258672357370900902467406949257666965
3047973714276265705359574487908761992997975491547095674568662666933170
8160269499245637861334504012864826825645467814425734313848600668267970
6727082780868964032762594167884057145941148046291648812852001026105619
8452785431676734301941800287392809461519481854686631099079515044881330
6501254612214135427912283913036947262589780027331680030312219807922270
2339302333969902493238136301781213601131368310388677339001225252410376
2883920011468747397830196815162344845844170847115405630671221502524006
0095668450209965442357785547880065844530633545865197485172711046869237
0821037423834451621446359164268326469767485119161178393419514216263434
5728069393696716440345231117981331367472558103023300335647091931311841
5493271541872145395500896215199557764809532247281705684628352564627540
3057620000172149902896451384383311711658584177645106185825082104724546
9890855260571543347364077660598021844622302303576492869835354772286691
1672550929264234953591129778086706764009141760472511018422954289469724
2719313957825111771373646612886109938596154463668555664063242409655115
2712448740813863395840329068301663750515937889447003244679444205006230
2380567807586140516179491567587848547537980361332045886720131374684220
2777393383010159278738266403520793857372733187872211600697886849105688

7673735468207179344205169186912073390602304035953144024848275524988496
6686390561518129135491333068919805095831954745243476885587738310414344
4539933978264379056007932577903268772389335970408929063798623591326888
2769120482353226853311130949276614545789111470718167829879548739779664
9393340499958044511144263787805500618120194285658011511604965975147093
6084824478407151016568819151547630853708991777495003154677919940554300
2384555684329587122807033930365508052035902690222574326941773378330200
7785088164599774998435514703041899310927886362855595498666452151460833
2243270293986535471171461120978644646443256180023520004864169280901251
9555879677770712014158540324292727965139982142625427852383618248974400
0837646571991833956603365094970785232889745881493347730994863973831822
0193244687919192275981928705919005907540673571852348118683464347785054
1578282244907985840870058612052844716335877723304380827091373968895055
6845553523261822111023731271368814205839838547470490005360938657617777
3048783078559721753881861727200525683687300867217691544126287754950322
3922211648722178615226209112425923774670550161255823546154420874458421
4964776025595727402918471645315888525882788428685588949650842703942988
9935442747557848840925342436759646126543810920255629982051541480193744
7004803579667745874100884131811872582385785448488816682771330320509148
0499027063386694690993512487922710050927746141495291462610517648599066
9299238175990244161879497023565718095144258549957651792962105674460022
2141336737548079860359695946856983379772672852875925060444184643577822
4036237766702987283237060452744255506815180955588868358914753304570116
9217308190413682196197924446042649934384845273237461911371108244643350
1694801550253284184628733492266134568944139002470663355470788141605488
5679668656432669813031783621646465882083005036445481292288496446164100
1250237576828218945511845805957320909394620648677509380243791289601800
8279404748174220633279147128420951370105619432717629286857909094932188
0555689790662862891547375486731986937384664195856188997708279900169244
6494251903473777039886301492011183528372327919965077715581634061761969
8407222318678270123540349943842916855650515174383773539203225611599297
5687965574856371399849841889818723863447747735515013535079191081808266
9895360125247825470432140977846932329438014725512584376086099814602199
9698631548473576292080996702231230779999766892614937094813131176126725
0290202511250176953858317579332482374758716019598930968995429457152380
2778922356850487641824139102326914916557444484512460830514578741750733
8717674417355110130764553789788752222185205861330107591272012841581609
9012918291185666715739299809291799149161000466033329225776086756566635
9653418185422560598843184427218109423181090631060596773327840395059600
6697721027773614118272064342985384424658772847185178836337528193254258
3005499614614837350414191861619862910670638791195176205055641054814853
0782364372016539996520950423890411674976436029024341956762244685142089
4565680323277778182804023531717271616138474526434256170300403880716888
8884214757957281324163069397719048693210177484934395220889779774606411
3216065912354287306634985649513842991511937541568268804640344074003191
6487524228128990849604910887524818976629544394637536219830608530266299
7677622972823708841064030679839570455079864255624132956970690312606933
7272270497385849063548119466535336602643153554561276200224543650140928
7070103845024942299682469894819311063805848963834966842315468958573941
7810047802743102434361706393732266714140476450553206852545277727133799
9598971912933510953352183762378144828212389833183922695403629441944477
7939338629478208565391602768654742216021974541625034794865733087486966
3621460507966572115585682647125640198323687221801627370274085461233153
1487465319393626134387278498409826789986196912202669754590120334748711
7152720342378485320199773941089399183239935343608383194483504071701600
5001971940795569291694412482684602905546024805566374925676902358565499
6305630549909473833868200225327275101476538201571896891764386176038466

691471270502090101667931435388981799261389495820568431525427173339845
849677842195542284969377538214198753983628041513853270951507067783176
184926867492451878878256523880787559339874189923941064660842841595176
800291899674460456234768417462843614905240996146091329907825077671729
948737993004970609521902915918788156550294869249948263886396823849560
868500579992081259169809576250063252274297757223532446463129919160295
2782838780863743794848781600798669184494495203389091181996840014360193
7093305472219047178616199521109291127917001976672020216396691842224134
953526405415034347849373009481075000992303709153882015508200330120076
0403674004750282381217235331054698371010096575548811661428174197142241

59512545338683557968905846517230067044888968406108630406121351552038742139284496202225754658582086698640604986554258859081455309948434938427338421786450513985427397429095857008561462561834952700228141732536765397946912752974701317006383541596544634244968352635059485344744721078056107810829649426478810025979318775639239043291785327634203752297565752743408295084547947015245260899313885783123911751269225566757288513340439769625403931174933713994495293568010603796944595685975249877267

348079073267618245233552121621496802344929254288655145733756557659455

570923953342814246290317278154039983415564198377180189821124760855955518999506207300714034520815503329814975070244267726436033873753973148431374070926654492295204231990073459463931199653505680733298148658411091994439462723284536771128484736224606331360285910596352371938716345986963644390685405322319315241354693248757673046338170302944798352260205181494445850496120326909233752716235513352623432072194300935881503393598974493352695787457278314039670396910017073414932531022063263016925237018012024422688492909819555117195612083815501448583657166510269086648717323819014860992469913154608200199270504730568876141893298108310235264828108102485450220875722128344134379484999727920258354341720442598469327409141782143949280179974565987369828742826826748442121371546823275112853416523703165307043258283372112371376096959399375495362232222197465961933252907404248760251381952426973910175637197534300447961782504311533150675825627353434762525391425152757047878437678852418719663462419927008025761083927497622636549001865320645499515580290839851327262732196728478302538522190479278689389538780368699318846603104363352437327154699898811186443670114028426202615047388235899747281493343257065474637022451887289061255030273791902640396577417606898976983456646470520471635921448307099584306471727507633718020714597445652514188505037163773818902969685284409258193174410055576089850292327101600898257223817394543698529654769490187384046465643730713195901140761317428220388331360297085261451234907307147624534050245423763666685575740120604059886955630114415443141696986074032207886003132790553917869674163555240250767653085632242737847149746037784064609346812991871902892759763070159840887781745192690147691030030234979458511000180886606216286801110915116104098327308808995433755118718317378655877648735885449036687907416918253831330636233820582015488544982788382174243758054923815972964061963105821516709190326318730933813850113091332770930342511221097215505610491387050426219805260247611607505971037943664771529353491718612506611636738330499564878779365697911293195878277774060107533372432790009732407256070388800871137309659634457096041175089444791191621745516970964844762046174128154536128422601551301589525862806957063924443547802390516861338549861926656762276035823498556919224890690116459866096156795541549215758128354092025393170807378146507883203526651345707065536856992811242656708448017786461497404549211843122762184522441088471507570190883495022437569885049454241057266246094583209596257287203099477654010739855806996619801953450050651450105492401886108913417306075923843946124656986160560909454177290736400939132195676836433329961999796542434802656940683698670617587413167650506027135882574433707216458819522613397054520523441280923173065051989954502858538352287378728698291727580782420982610606090150925211090898996438929786294301411140067628774992078172379474620916899838961894863077306027491026703883943352474243421236712177024610116024061118571687050824404916238943435047025081364915515510432725074794102473747819226520593355136255301812196424992488212992601774080103719884212547447216029695002774268507752175866917993801362584224173985607669916543275706123045286728070763189470589544061884213157138003398487408680941446184585423034495144852105399124893245548665930533558457827714423774338533920824127763216596753832665064306388069556915620262225946941429007998769834420914699989795683266709041413

8068633325156525696878789922574327961396437026543144639333799000081985
7530797881761337436094839283022338032797320386536462424980551140224692
2647893159294491804038298364903488863869756441485560856053717722873 71
4822823686427811365720394749690693723991561003682807514117847378256221
2775995916775814038532986888513655232313938431742258535628070191544 00
7763016347647781261324380248421865669855274007641051190109545289838256
3484070455808090522147697220428738220206445111655802021581372204663476
6333517561799050089778088560093208145417644390323524193973154721892 09
2020247427040585791354379260097680763629875661478264433892612121345 65
9445680104222761652418376401867345339148807900136360352843217478040 16
8314672618806793649304686587364631148328269804920227876255454017850917
7497728294675692935451666098641948145836444789096038304582853698956 08
0665666190360310045304720024226393881572068674690061929873082248490 01
6816348921255433754447580388736158658859248597558742783859992954170 99
1722511534025422229692234366177781929653313496747757220978430193818445
0598507508056494831896792205834341478905102576174909975820012347244 10
2850794123184376014714213782951102187358993917081686805598813354699137
9453783137711413549197124346581093112783326621759222758936993477049843
5251921073517573702005457345130587313221438462087602775184053489371 32
3766290711205526949053003888228042048082108519287610767728145489279440
3227236284124794319264419243079681370382948200586974201501323531987 20
5199203538773142158822114859743182387909891993253934150378768995969580
4327251777689866125889395442013917130641886295106652689606241452084 48
0340347411331488004313864731715844681575483653167051260174664076072809
5967213272942245361042667928094697735836383498228114766916959695573277
0282791209979260863817017654210151115811092683287485950646262362992592
4969437818222916923432548536160415251420636925214774598094198892681 47
7644390537611191746302607417041449224194980017062386681694660798924751
6971850009428744446624100586380355863065063609572709797349307096488 90
7606301907923346170197456656248712884986738267854626894512094622905 48
2754233025173213282785316517586934054111845715104834632832008101152525
4131193679545612612161031974278321038795482539174314098770652570060376
7196838304786929100326748344206684066735150885860916629765722779969 26
0038682733496418758332118080916861851713459115685089314940448199610725
0233789677989918872582686705377574351246508137986281348350664313246 62
7092452365469835174070426513698824143308835526319454754253248458840 93
9937846318867338133661031005811464551518773050141308156660180611322 6835
2963971146240104983148464604395200616373542584698260521254538591505364
6201416593061524137743303724644103975985001568921027909378678603185 17
6724046959915723405290038167607242477016978152148615194746270546142211
2569127225381590502039583051468585003602420054909455026826185095875 42
6210973991322095029548958289174232981343154069257570588015736545351 78
9274152712894131431826947690258885478659919689883599904388542274846 94
7311875197488771215019159190888581326376998121590808969182335059079714
8746133368039706350036955539422590734536933263896961623842541047946 29
4837937463813246124082530690269146502151719655242567884712722975266 79
2028038412966157502184681108869393992526879439503267287008758188610493
0085975019692809520482375713894543884424162175662637351803364327740 17
3412594274558202675440278812140928688041203000227063180825931867664 81
4904472579944670459423828111487861177124712994023435319347638977894844
6256041745478020529553081502542980157090392382147214574805502696844 43
8096038016443726195300440399081842658748795326360174773439634741333 02
9275581820008464886098183291707862124370345940428150160414770581856 44
1322231887793921639889612736992400225160535128293723655737319319389 83
4175384397083090358533308571836931136503700819056545043298422099381490
0454454004486182214055060528716831341426278964416953339802968795175 36
6678475509672567390773471816933997590011898911139624652061607188564911

9266426940160695906161044378014986669982843324652576088257101089919591
1118083503036507974281230709395198402548016944626205923636351071990148
1567744000123130725410256056015931684053281699733907071537208809013262
5415408408486946485133762274828499161274747053222550579183371978299980
2173759142434471486634380845991013925549446596674237301191215691048473
3069805081712972731380662922967849316570700310830556788979123298130377
5103174678340112081353091466073367511876218722324789683703827950123954
4495396758853738446641347202470015885201761312154814372133479265672224
4691795625863300306994583628910381264895233888076384381880921180739792
7683141230868809469171765526719713411290271581467529442762521329501543
0115336903892213841013378832753935920209051942093938979412893807659530
8702735507730422191143004325668462407228903402171151273168905339467851
8738227848515822470484127739268280565172603764458440068284667373544482
5924969162142390338893181170113891315019222854107381814522925921851485
7525247618384807758382986666755676288831008601526358935863571274217777
2895154458312934709800847178289672734129037076071597089783899342792622
5573818895631940507275208732599945654560858685535826313370849340641399
3491374917907721822853116009498270366792789235878843160849183895336236
1576576833422289592702393915386811958152996066452081886184389697200189
3567854894942216512361017184737604606038296164427331173040258699852153
7216477536320660720612329293239624078004742806780812454299279509350511
4397602119291130378021703950829509906994439391195500340721574148017759
2299719328271630397133938003492679133416508911394642479661320947250898
1957237504911331291669842737114895866286493361339703036247163012832100
7084152026276899630681896952666694405167511329378690500341200428417394
2954144584447541246771850871030194976373064645661863494065661595559022
2203881357136176823477846310988547480314160751831305440342811270350719
5990142030588149232148884129356944529643170313190357793773919016569125
7717806985121801152036378471823289495344465514626784682026303966630199
0692261062324086257493667440265813971924801331606041280430940301178183
9533845697347778755496505226719892039806465088098765959904026835458299
0840488743590121024857071905695585182299648163245701570374833507162566
1778784026024807954364314277409752046296007705952321593783926560584766
3183164539460869129139029707529324575283112206316530779455997093588019
1017954784682220298137949673390087099348352365925215317478091492963599
5768036416453157419840829497042403902353402659221352598530803324317855
8577406056900395174966247831146154707471015241092709901906946055592396
8305614807726537399849961888020452613695722308907368225836972534673299
3043490796231583862612634442408631410349974036550869216050046280979399
4259573707752242127755962792858417731369309036459436384493982339291855
4895536764735608789899719778070386620927463185198508519268526245382588
7024957380501099381632387082022856447402189035037020515868245711255202
3153087809016194370538717681644829394491186589768122858228286305889861
0296052832544386045241598879043704773773713685021353938226539490234211
7108897837100517498175970206868257027259712399904777313320890674211212
0082183986777870565629424693820042378134913066630287587520925647732733
1674636966474625706120034671564090347896314818682134598061272968256544
5576749859197286737975381067421738580194869393292329785455610079000544
7253305167081854955082957331645303896672805738782805825883386743956722
1320161223642719023999031850697809484729803770517200091305626967205288
4316649649046311031340090378152174924340671446624526247884447970326708
0920479660215253622977798413035291824916677547333861097577175208925700
0627095398419276724681021271464465163618290386785573635507001183672415
4289540477483432843483747564304527445068084429432880032635348132660477
6017214226940034962856397025725628371882800895476023866630654974704533
4984376640385989464581448053195091992594514982336136539044123167407122
9663261870424198840786560346889440980735651117190884162131337038328475

2715801402333740874605509019733708360472009020165095766376037863721883200386390086318700252115943278393284792647056206906139403648830945520
2394372760011556448767844754083561603998488513772923034323530097939678
3369830091277799794971704628531410043534933382267484965817752353127196015906172828462137140103053343920270345130194910703446174565771792191324143736496939690489657328257566913276453108344568715944990050920224047579942148514139245457253260782716471305699581372348962272410151358146339359857391762405734462715784143189580687674488008034901047315958190724146417291159828969702593777767500673203833675999208981411198985
7577054569008806673510534703721329348905545549720535301055732469661053806609950070275475226267638316527252791548331453619391671955103025151941717812391244827611145322188667771767341740645237899301503710421102322388477693731425534798388888374132460169484945229905107108955879321
6205632208515653007407950559249445974351034919044113379156636661772461
7723425057713516044266303431268508796541039734739274529051405512410302983625893362358342678655320477807539090909460140438067643829114783029646518215386189201400711494551862692991324737572992206115252478291665457569566383251147867252560975782740644380460707154246177387337680719306797191303107259747170951488737474695034915202425718743866194207982872883105710281579364027146345327984734941390242082297386601437354856090802957134692265331182640679652544349899969780862934703855361570010379
6998646180680289328572972529014282901970405011170939604017994007727907
3005957406453592391666388114459764187426920093782970522564055698299485
1451162539665867422363083935081487782114697145156264218397232451972563
9392618648161829774385324106434925254168626435227043137238046625985568603693929750779400699210927268702532645880616669225572963522442048586718120450934271666318905192624501490846006880522350944434658274022582905129503049799614016607725564487461462709786889732567210192923009824547654380086437400109757236660924137231868007744762686294526391724897026767456792734869542632962933077993830606951742589565375330331982513746697462587161719676711578595912938946419005195942311625542655890360
4042611724998909306405095319996461071997051693828158842491614923639600
1113845325917165402764954766172956590312791649517360294213628187264592
6776782768960296649722476337423458853255432357319176321653972435014685762391656504338768002101569443582360863484573501025317463807091205815681879683858394510423679587670566860802659482952325594202921026887529115436922289471789836330628408977303931369921911471481628943832342429101443255465123776429921208276392973771594064139740520923053096407841631655435542402370608217818229921582821565401767669766120899144806005
9529906543762363612026305988951007723575565165921971451678367435512908451113629555953087586708377800191996181655683100455702282789191613024036183516412231627090454293979674128235084330945220216062668426891971
8081496548307692214680927243772183273970929550675247929813115669882315
9331096989939122543447935774560661126904642965640740541928822647854797
97974455922998213530029315531271761722186319708982235311610694068488157552894816208209181667248131289081046237699070132293532844500814089415189311098796540721461827574805585802435381615139187720044458506579847
9202545694411477966399229790532027713023499786440344218249616320189181
1804326478311151594681114816472645477617634978713086688756952976260303
1666841214634302624407946869782859874183950317139429001355908772255770537385820548895316960180686323258791510705889327168594220715607638907859760776550843037319077176693145523913518622363114271160854458040847
5000247998758230058708826549146220787267268063637453759806741647944848149738923875472845934387527928676644327256479556156983137246251045428885007334895130250436750092419290343543601085669208294261850388397292138035920978526334813384995927253013258210860871562799411912242653301
3518546830147588361727164882181498350287788557539659788906106832228611

861952982764025772256605724744655934032528658160143865185373616114163075572970379994466511411405407942714753778111142551339728349611528753303886443281608116519009719605585040319934565279822234280729918171305432277487592302825294802655057174086199252370629681498124204263776859881953959968475068012031703913507600700194920848368879638514240583538606896803775442070642716519419088448177490953805258104482473913499622829643783561309374571147615093589594579265351844458244073484489100939557560229105606244845612560043821227900342790703931871075238085638921136403935835401058207371156598072563030772823585173136193707794908570998474013366850020841298191122359596968222596454588321433935711948347789268345889740076030693945402135727476634284866657596679093779764676816301584881677064603897065832759236308140929955039458378138514377201135323628926420377834841213595082140727120895337331687881000034208405761803890377556602679235794264582504634285826405824664704136419947470546611833543879107633145242000537808999550347417398247970896323065778806615087882093271595756544842616883205894028796721171980537283624065611890799913802883209434331124691268141432182067023539066525496563617615132401567956891035488079558258253280000374072431650591530590694165524402644222655346570827097143842841856265032262749319629589024754165345761282409353540627014400709114820954833364938657662856625027302154425979845382948191301499938168390326408029823488774147168249587848181800555206691015613702532736823984640258918801203376500920647729115868497705912814253936463325614938138098819347295892191223730295843415750510217738760027425700671307213271558502718326316567322974165569938789693238288866660475346398736332850561625487738543568830057262497407546851550544779206649515963229258022932661722962213907725474952264621797546086820993904542065712223201937656293829780886180306195284931320849673872332603947486973079385678500759409394786742549882024204154706671982406807377080366075125464173710459356950619561033855527322098109391227546654430715285653966082482186099201307482570769885348946915431971656972247661616176670651988734448966245862862515222538429015608740899543421769517541033533634037347503819645696162086050486414145849222445318556939210460917094993512309706812433674499298196274387393132097040166953757317336392406620673366066435460951047803390531981705875771238273780252473499031335004611778877727476072034257314815970711634540909184231751982744277637794025829492137246161424412299249358946143400880938914467003203465218983727289742397437971531983072961242850269656158846639448405567776686058195053148337097686851718630667649597890678887068315052510880215627001700423292565257755357147488071703303840646594213132225602881837518818002778199301674099864410627199825274556959680616423014905837129420328352608681346582068661120881999425608719239598657559906884794479895728471897115760112663523321187199746658400358021813404365355789510224096323064467036239649691027401415384026186040025210407010782659915044971893946376538974233959444780941259644679388105954017706171034931790601028584817942869277680251606346981864876158623370152516023637181787999034379595511508651454025879726423200572504444194331712013746825419070853107215208512693984662801771110264244563807915882495667434928755342215336739800701841459689064069363816415346937335804134862168236281248551962820737251711644710048433926771290470954498217712459973537949895925018192667009919231981513968720392407813173328822740618348993689159625882779434181259782237468233565569661617070377394245553860213043349364007531953398491086996333561330849820046220523794212611273864697734352984061412029335747698542837985073142302960860064583902032668329710664748592802807062228941198468523711846288178252337801817573627386563385765251145897691425173865797681334553312596108921679675992162004777773660173969815700518930556320934768057520823924709307505648653540147096925863324475352400235795142080886099352369049792716495297330731

2176270227758280584330992778199380439217268111765936516774634858681152
391360381723993804361913708704178324583687073268792759151242132793069
2493680672567164093795811543741008447431807984798184562295337831592094
370585987930674314958421280917714693715998839338365967633328550845214
4871734987298280228722459721110033706788519570863646932674715906123201
8112861922070378166898254061531830765384398395669071980485139529940333
1186528088123217077735132700970934377286450690552483201886405445912131
1179044127994901780460651193462138351820079194171186947790208647877508
8118722447763439728760053349119723576540686820193680867718864154368080
099068512360463269609940850990396948362171570718698156808599431927550
783617631063522862443582975777239716171244390007852725787442545538826
5166580154504944151640169244989042683457345626173402057140117938253155
3966917865085328616022779776182844821286729462937149110911635104493201
078007237074496349256912189049313573617672737075794898819870814803294
5608027014245740279928915695074977187763259012185583211683324563832463
542641366304744206953390687461804874269573082528928549775570446553072
5372653544909165505854490500908073608133007772880591762113407812702207
157721799184691999647647655001009776601727964696655224452669933769931
2900316835211790528327287495447512981340250629138109549668572838779529
050442889661515542282376017449137351386273975389837428783645708577787
917772282941837862509262813945141402838181071249937085703496006797685
633696864767208107940134332689922920321079715285432230936878389824978
4699775589777584162128896661183097189395618055898887347882238586298360
614828197063885376638702369971905688791420015005893278157667955412656
1532407775118370166626802333634507878413669795089586402858492504048493
3796171180328045570796932170830887117625919959435644139714952826220987
1179393056412254938187438143080847275530838917269346294899678637549361
154624333630992676994687019223088148390348146066609544524703883761208
316514201007631833758934939996200824800998604628306243249049275733571
9180582605324935512741107358603022530576982049946002145986397578505832
139101615820893810253664043283856221560504818745659654507487713704550
258145886878709415841423636958253905004410260672794345106150247722806
2235096633157361251426679434140746652063534546583922261146323557839399
370970262019162213473885624539830201655471462084762972652574642687233
8636231531355355681663605190357189524466423758661980411448025219901302
5958934999070183464431270680599004325613871121045068905575067907676256
305038426262251372906522565494265482732134998484160539500471824985656
0184731449074269196457452658113570265107162387733468833725899778643672
5917411557016552924842063152187379159524644831952515980633946037421867
3502419803903429172882058569352678665815820119587606982523964929234891
467944308478657497450836696232960790189307962445874843725174922985957
167812557484233167303580613732387207900933633692574245789195386758667
6113412582471603070894316874964912571672763444303055435879439672798391
605502135148333240544829591240121878313403045929441621292750499845016
709464849534409152471837782557600293979425014893421463386758834589638
7026112729779481845303444231471312440784982148467358627326536286255010
3973603017946321255354342329834650428782992697952507621176604162749698
3635949960324349579121030004621920146211722288584413301742909151997456
174122142548151012748826300946974835123007217022380251636265424573166
8291547444218100277761276072978923682586116206667022106584256981663821
798412038784102644877355661996291918779924348976235918131207934212628
580852454714318097767637213645840433599276725551587668729268189864664
577371815671372712732706917446076837023027879242438214038304398781254
700621379655600744129064710835313042028929121521463452256753566839681
362781899954496762854591729513324623126862712073070316867408660159570
991663158646522388745623449645159907497920994590343139214940679848302
722545724305143530454907855046857565598503141863084834865010575124492

8756718289912764572460725925529643384645472945207641184438179028342584
640929845681217561693893596597574042929557152915076829707802023978916
9692521995691674357951072811013584487803476120458651798666327827480150
6364902275231920574521535572880248195865656936663054699706295114422061
255504568691480327448602817268281027424886402616018934181365408817027
5190363279822038270382089835124557790353616534469844285133454838643352
5481083128499832894181729161208390713906848687892138101036796504435 25
1204222146561436472201498942002143834420124097014662363438582726929 61
0862525525118921290714836045667955951686533053105451019783216574176268
2855934691871492472425479123271529093087674353283875056316259536391 99
6859258022570941304541646785723973762668711162282093474137383953097453
8562283954012484780817487662218271515701356954660145145276861488219 45
1341105980195908637689785102904745476657438215181134510250246512821307
8825731151825135732082734220695504162056314244492977578541810479961944
4293639466973981359366911184515777799264350643544477890786688566763655
5675101330203920641099446748697238001890185771237393338518911517615291
7903357035783597959554448978594989542466471543277067082726518943783 79
4806403342214337724047867869406306620720565027737002585237439345579 49
4371757594822239484821309090539231169866409648373506830772494450468792
9063370538796371011704409037520385264029625703004417508984780077854740
0690983159410928873587189533947358288473512024777514415286414333015 23
7602025716546639313515169580288664731538340423443705796376486698042 91
7498972943309837151215686192965419767908754359006588519119491014260755
9694653688445618809901450714928355936533286587807344656348810329886 79
6716467813573843886039356754812673163834632608152226774336103425627 99
0445807102437290860556394198440975135553481936898944385856295365498 62
5886048571349208874795326091097703034650129404022860283613342235054 78
6831175310480437887068288281500040827046669007244607660813283486164716
3816967844605155176165371188763515235927858975553158127353916830280196
8872202551866090543478414559163466458713173467524042320513784665145 48
4852108274337280013486724506825679412532619761659887652396688873925 24
0799849352814127096654205069769479109091969184310175731322507064339 08
7907860867329003063983535165159800074053082689602417037023267069764 47
0297602604698157613952922096431184121990812443297453496971403552504286
1389842059873557626554353472123109964180755739430498475835897786753 40
8277752559453469072029492901386136911719381317360164647662549743551192
3723190337566403995542447783944298351828774246412327916622487261166153
1195565153183793037448307105649190863769246430392533328182321026516298
4382479889408161531526098178358205420475757423919079066108906172633 36
3527535883672852532356699956862701830812167405280180002553689929336 93
8678811674407772991654278804467841356200936297554569151807671331296375
5314816579909072931041379628475994177907248909988399465812988705098 83
6726884172624560065468114480637174295084587982931253382289570642635558
9519574792100474878009906747134908177116597027874004848558461844362188
0455975536139781877110016001209738065852060227467398432198019506909533
1623045898291761625860113602182893530594673628712855570420487403580738
0175224160105364492072700313587362744654707779352664844640806718320 23
7279420143447234741680498214353219066185429925469027839023946936756 58
5504715201141750008863744375280986335535666305314474278010855994616123
9902956286531638308517479794311770261662110750667259113679565731261079
0687425271321020893420430686442656219088980102687881677586333919879 36
0681779680015207386458111864332223002760660979237284918816522192627682
0901885478038944356032042433072568734606173702324526804366175896199 74
4461169110304860590553199705636008633935746768254932730261029297265221
9997013784745668336927819603268412053872503967733874100943023310659 49
8597575628944088749450232447104514115759283854319043656099794417786945
6505908673727940501810358913300780225183670471294785839325894520337371

1540965251726143245821365109492864963727906756677570290788108245219873727940381999502492852736340743617223491460131337418826157775394499817582444937381706204950516722942428537471667761788064434756742240965920803803416278472569426829022925212523848585337347913671592469499736083501009084159991613780484158077661793091915947188569099610232560063679650977588295435738186298518032859284770413724366489514614505019206944691005545175316280653305226400767770893310898674759236311424921196473798385954255778544792305750680638612690209013250630793951922213386091859506512594966211156752477031726132363270363423717204669236175272964371717948451046238560425822273820574669416399792178115941355964646929848306709201425779742380093529530764213118796303250033849846428603634072498312855593980962748682443195781859038887550090259136755043758914720260583621377666420090901070593053387190959348338330299912816614493302348832428627809450374459419962277192591212973961871592020847315534698082291794557411069295622770746468292250640769884404759019173477414664989263523613471702165066560590473280364968243983685148167372969698615723107288050308655420546534599832179968137693852187938647137415299348482991880895775760669754960742573489972049994459247477655065588130988577915322125348254266184290083358153300425533240532142124836043612819221729578384448001546002989505011823896463097856070910788010264937937656509471879322583388446088955461529462664001960838911309128568907495244109929559185087086298774924629350984305416318920651890102210836873850768604495583670088449719941471180764413202319502904398729819740588179575559249432469415479940500957863464910789359582772786600741560112775892715697466918567208804615859568973929234646086518259734809876278032735783122824239714918079349952189648914987489119544660184648597939334327981695217348104730074648312530680755197063807910667955898766453000450685243345844501419438076057321597242893329409535776902892813273095037334413744484240496526726491230745760280033902974672600719069651789305684608570486241921921895529501206499382979045221890711544996993791443408977751170261408258401444153573912575268782112047795676433288753969726244731879032952501475268642593745614354879964023555025562412865641888711495639054779427685872504112799119785252786355553260549077541637281878794216675674857856141623043363824076503788015601988095772380487988087768681885315507155213567545824862107453652890422991722156412432965485960404760340108960793000197018816034018706687673493011680676253758341019449395995975179929452901381967248764294353034940384045489020690811451703580193819159005399253854990428116443209598104297256009893982978142801815867903361601288340891824265607696572754763199672245330775663565149889240332801785290967159121559220796605920051664715113084015747198573315595081493132744386096777289684562866947981365031356609445293868587621647238419472667526482797803646166461654600938432009638665105879383584087496361419706343732440744061759639504054302308420453116892618690547745512308142928671314547872493672262714019480580720895607295402660357300016591846228694429707353592797791351415457236366805613510337359416057986935094459307645925364350129491834074656822106802432954472119886042088970448772597852229355144143595866617108405761912964802496895729633619081064734292915801249233415950727908608747347297779283102211703600785545769509313647869059130192897508136820693747662440979739060858195703694795621733909224235687871954488870765540417538648949470012505326595490659115857931270481659345687647710613834516572863565673081448107224136252029771512301152163664361755541537773135312607367384511610608415135837496499914467183123847817266127832291011902305693426788974768845305927887905349031050776142554299629387548417519639979120671487710566996732225389139322340156445850150383589716631779696503376087263341625665152168570773753040224794403987545693099761184759503630211288883923449592670037904222571028065129805454695532114953758276649718670

6631970791692260507908921887407617766347269293430000285444517296016471
1890156412069943099861693668518983340105486629594899465690353605541572
0293708695036832258132391740011335789122838643818662142763911201676285
0917015801323940797165867875199335922606774097310151174226890239632200
1301650111700896408566091596419960202060399859516759933616460872516105
3738306083013854701146917863353802341074177249771296949823893347460978
1466633088906239419319707976848862203944896652185530855371967667509632
5988051779747261793032691283182674862057809265256529034280190882705903
1405466374700138330258893616017150154888689359105694404497217202113924
5648474988858366001193030933405042481909480846789876003827669218171908
6769660182978203559920718977804292361836630667945726051889605382347285
7593282301195158655518017828313356583098613731652593503080582396255908
2865729213865472195779312243359147323752403786908253602164629481320488
8457398705136724638246505998731146037622534977822103010145429875113822
4482136735267372107046667779742422508385846488729490960052186147747715
5199660246552260696212706208541687872395159978268612079223288649559946
7129439200099676084626144529668818191118094488991955881471379931481529
3295825160760107116624951556593720289303451396577612021582500179271658
2114749398982521641313983316292159116787863114903503708046729113467566
4573677603167044711872286977774937204984115525342283689364699486599281
6389029333329596705023331063186454715946198921174696044074793011211416
6497492276966387934136055436280135652188591691916012650170347349219856
7791215599655450788459028002419792836146886166968729406732657944855142
1210293316476780504320302389291620949699409462681126884776194192988872
8302045325483555956456104975075261052442558093862734206358927768284425
2812958146473473670736225597282943726377487768399286376323453936634458
0584640322202749734150248757659910215195448391414894528223832681483988
0519970765592688983154471576951183155510618730067685680405712307832433
5686278130316986843408552081541485255677208828951940358785837202454478
8168634608411970360599469204205022389505099905474622524732812866755075
6059266570238196798544369738430363475513530101422313185966598355017296
0912266356068396272443084046523628652842323814234990867660915808115299
8567318827000131093821576191329659314579978119982342630591411983389412
5626021521474556185978394081691455551300017513102083825563173616215459
9035129106180015379921299481140928264215227003187999595833637241432647
1243780519752445258629866091397653631205034855196870142616427373944251
5387041040934011786902848317324446696438392741321758809800049498861502
4556839321369972260395131599909527837014548012759527925657066876033946
3012129119785059365743941306541784682021900338105036071495296968271934
0824995408242161639655390093100714463887620313491340775627556205877748
8079843945811949518820071320525940334421340012436887461101510266689010
6725161058423245264855139823924004357219566830736578634636284713947718
8760514239870777535371198854467657293463584698847810339146678478547087
3151504290874245923946132610892919503710118254923184207210437942006267
2244936264350959550337583817195105443116873279605675329829161312575435
6825245646500812280522636814611597532119917066036435974480828856219322
6739368656062542938224900619956077533306524648443072734872088797672926
6968147974853263746082115171227217434461213726243363240118432918898637
1123475830738974105916818188166895595371823995831091589558651551079391
1051537159282391972723851893459502417779055151515726497570872428767949
4097314530204095907691738750096132648370745595341535133134490003875280
0310133785644191147423502245236200886553420535485956209777634859173787
8062122554402259252738483077651799963738230090961975938017475257830796
6156323362664637308389573846711167092750644157476328242109681866702142
0776326837552607761110898894496467327753439014910896163618414435140276
4581222896050603815546531573231035915735922758911349256900935607147977
6887007319541022834271748757490709187163047623887234096963025340782477

465097250027224145260335082791705095244089375733331231982030215416350
7867782655093217137817123137161142123181244080633098153607437639502654
255747238777747951603707602548634894828153033520219413464669637514327
1528080291002816293441826410827591952495181736937113651514537697574630
355039688155770393898348715498840132387691533308860839615203879265983
4262724317749276862696354131068465624484349311650896687484469347103405
3482295484404249445480290150087120911679176586065278724812579775347478
8031668900351087458568174549707049735995711339834554368894821610053715
261453005639912424453996258031328022857815556753370517961433593548312
6071990025851110866754290799917035370060643683886576034328421346749363
284798134599509524459413666885886365358016564396724558897521380576361
590214842158335086871769121384576004437560818745484730537879160685430
9384081019497206105993813537730874309360802543746183604369148741127222
0989011476728779478953951733778941126562046748007712938053458407655616
163671403281364506738962178520907892224643916798604380401984876059535
757297848080536465417964743416320801881522629972791753618419010572539
1023526100666128579386128482872115114433121748164404005618360186728632
7932539692823242601400072598995097051264681198513807028811692974703651
3882781618018114314687279332331454315102504802737697359069296971888893
4545315353695151898759688924675788779434750697095948389187091999985678
2139078432637031657987840807613470059542315330631356291972347631112370
1263743716988364569939180204023601706548474104482716849915119737619157
080068754318896722949153519195619312478770104883649003430712202169327
164487378907486971688905566978934955748268599453881593423799010669245
5380866035693093474851627199700083726662594609163691191866834087603981
605345718730448837878445994564106619464928279029871448513829662277069
771018679726274836234505524986843346217582535199489358389264000821604
2578581501014868869194413913566869688314459862119923349722584933741055
3246237223178411540422579197837762605724976861180888568657979800450074
3655996168491050849723073534559981156167551316684195733447513292296442
913651579966325538347945076610328968486987628172465341810383001694345
217588085496074784900756730397047497994124351261842137150277561668273
690261688150889213493507321826932280660518231576305416072303671389874
8377933405015841980710583153109134517143956718801250305988695063116544
0619618064708073612376753683950228243987528605105113518141919737956946
936386812745316528106350383468283573844055142293480079936682108044936
068621646006766344030319224950931559540458109497241368057496365679330
7919636715256980718618747311974596214344478745387556767923021361485972
8630338941823745049891769740071428842397668062831729011908574032503385
452223540337598944008979329603741205460354384182007632588093628697893
595580850949756506799535033458370680057239672681329462140754013128286
368823074537737549664487670662370586745285605262876843710312085978307
077429889423331966599337067247096895252498544582098143949212079393436
556802569455922608937043796808830592173549902808187239423500831667258
6298989188652170704858091843945174164560090225973841145776221030576886
9092600196199756364983572315537116480078041903407349958308441455122942
817760215210493581318239662767871573714998284140803688197142273883020
874501573985852397251066895699623496283549272734508268912027147525704
2705061118459464718285320545427233451594086986241199063270746182667956
0117012752583508647388492046027857128502347846753390313187862966495520
706455076895843839186767906678569477562130037760802451808273452521432
055160633150403699415486061306759533659716800235921608947814046818533
147106095468336916218480655870713410551936174510371015992161361995097
086501377805338975939883669378739548227896833361381628700251093980230
769216401666959917739312248390826447912809985780640532434091371862188
5323049102890113716108308680874867238115859742181565370929674465518492
928750040651580719202828052992244416273543223825649525174246715774826

8961216185256399893656944505583510328185664131997626697439111167780948
7179369657369037614319223834766554637308885177708844968323805818661 04
9089021478787690731157126141234536496390084269944708025514624680875023
2039897736546071330432841705373441390389323484250318168830269138738 84
5884794203557989165117728792068933863168270043214700842467578529416604
6964037538411912376432743868418340633769086563342469199412844660048651
2177804327689855184022775180987901106967645819095323132112878909014976
8694698126335988541954556717571267667883715576312670276152597776992 56
1643721030108499313035437189899247009395752824298729692241071111800967
2641573072618623927137157828061141430020171111426482584889272072257212 2
0327713009982949992065164892245518836614215959589128237524836062172 04
4495902485756809969155862344381651671463163310048739229322622194319 53
6546576778120984486254203960830112776745283134067622943688413542209394
9607182598326001355753099690969163734966559745037380554178792938203 00
7569843076695439031187270674422084002598679309241436629052273054873320
3749931817038992564161674496493569266521534815077105717773031882845 22
1753638550909028760052076444558521723466926597049347060455327562960 67
9060663231026724420595594961738355220588146676672261525390990922373 47
0014065613975006335694487509687715208483235189794212322592920100695 07
2008942754098085726809450590641548218430923520598808493156199837134 86
3086316081775309934313568261193911313197553117878918315599227750248461
5967066466405284880921192853256995495732701336628910201852959715102098
7318184639442800526951909043300223556760197787053090664264844723116541
7685422211916748623508214055524163362856193729156026563037485196337983
1249371251258466854494417939893950361305635853814653497429452024282 80
4730393196391966568679509781211945037151849483955346185707607532969762
0604212644505057272373623975657440000518850643825547281839696475595 39
8026300097329759096766811250192035086291396430856380268780542422691206
7084666956677938084288797590663333851918316580733312886410779699802 77
3881216321646181972297993823279225034392320715570655636931529218829 35
5461902365071690769166585341141620278688145206333435182444586927795980
4662797012743488199998367141615930040385490934771232162308539249668 81
3677226572366504800742866450667231972813565442043144422054427955692 89
2481651067906360543142276229820510603946839073598742744190252742980 58
0057378424677214050758689327578238964933029539316754365582636829334 22
7866799690862018808955961688981948336656830850488836176460312166876 30
8659491983675260971893798508642961542780131573884226269097207549301 23
8347693325994685064488503584484386598349300601794354979546847118805815
3183483885467009000362390165675090985197438260891762970517516264463 21
0468224004535486063995436349987617932954392450932753221167185125536171
0720256583335435269680085114896326771841394897101579682237123237779981
7045313497795344097553782240414687831031187320430287713984126674284308
3009963756515199425640823532499590528093660801770815480297746804698 73
0184428172248913336690764257349831495301549179718603868488641641366 82
0315278415073016038287609047855070467970510297237624004973267965404 43
7574346149263092329939531021385733403946546431380393284754601668289 45
7039852028989705619905005856633168102542479612249799416192380808171 86
9561768335559308203432917111861194066142459302341685892832540228112237
5144878383804375333860052459837715219808574847409115965605101261021357
3908775874485223070727867510269340595258400443876916608889983769297115
7675464446866868225821631593841533402184543020044556787861653538779 00
6847964816115461477425676643466678616571432139560580510685249293020348
6311187697906757373061308658049805399624983088516297448323420918709324
8655663168599888218076342633618038033093708068565521163083570426598784
9396277425742722126865260875537703432427972131624718656218150212721 00
1533814352764044674384081792139852471765606453271666305344360658788 50
2002162008322243397547438846569080848229761095989093615129181432469 41

9017754297201682602926069362867759394413039980700485624722707461638170802726093244910407161694311272169324596134669925072649358332736922363720775270567953185986989393297451923406580320289778734716023174722746080557162944886163769004988028768178344620062203271019135123357703649008084555442557682671091481559673655385825943822195135801563771197167936702062224568634854690598778034658974565844785240881926883092277705460494635561584140974535542394776734275305008393605426533858342924088679140936814423285879009223052915279991590500906519247441417091004770849988903033856339419441048643921902022566287739846266971296286873757221618817127821235633490471549947075886804059463249806132450533895452386272552456440081303686346872684137921937957850774989027824315838273235033109670899330157066419524016404802598619582946661146570878969931266619486819119516889978571382608897201650221151500004591675918314137952842924016263075906928102591504769068722721155458369984724422211012783008421494898542759892875796268140828424620273448115637761588585666606287075979845389858885397359150678466677440735588962117649026388773046312288150082414864035251260700750590426855154587308199448361425175009691988121471776942905584636475578159388806623954201893749084032275102063489232830934102823789408898953172570727814669839254676150509011338562734748228265353590100895281786892385130548337080121637570618687637859548021488100672071140270517244681807607601299422257578378515262372980443754897446037591002939914877675347724241123099838146911879572544474496042009487586321049675622617109806570375457977845287555067068133301194037028368463183005066807530624706475224361857438269778398335421299357934225135203492355031032263242224496188486719775355803165214710619958410406221190835966907897963380812136398928437310743158230935296944233518933301343708243264385327899082614976500246622336013479717464642080798369546513329453775576622725244620507851699672019899993401013335072075807710403826558364817000188252048738626947279776868198412449713014367444617738360378450588677310415521380295511482941381968111653016235598910147759480759411771570116508692185411471004985307661544503263624343420505278561286837117886986242284537112278047537319214048956991086183575809549838444566013084746527651201522516404600863882540892101024615835361898855615679545559434153937745029100661215587064016652981681454915048709104536360233696267900742045245107874767111085816038833504907301984545965754311516272250132882641327327200458647504003597538841150858712366767330536716517667235923474108220556620738971458967361244286013184480990099661941855126591403124482682150505096821172238621231152652300713165865427360924785213735015263087364504209708686975277506519538734683752316717031793864707833381254703056742160675957181244817241549006779553950339497434406511014026688323398138407299525779426860509803857100388472248482378758702492339217271606723237837596682806558779053366211090973343419979784433485265324350722533603987194609870643016788954090843383183273800955490568085092791321896161996636262009622696371104592305859857933213945718121849704692397468471194090316286548267278160233466412458675531537220698657075888456159200392763767615955391438114106410712803664182738485702131664766755240750094911376831891968759459457677975505054359139588476862792044160738994386605970487557360320761893992907847325701218938635124345040256111531106159816041062934721259033810339622107691013592064184427275725636244992188419296928450488655716808147667896609363464271937555630095802657166740606967045070055976452397530935669267213475656322310521709797267882011756733844202585858563099582772237670124261950140214124151701706257482391993757315398056518447478149788507156871414235362443327302122681085470827797568225700932570140588369636640436028018657355839449184790336263501554324008794445528858414945115640942709224065884058157027469906282629123540380245799757493270182391447626286719728006741510646157842608708921008843375777396856

008810813692857565080184359309963392248748227346979480784064776775774
350810648131138541202668180146216960634863869351822833302134661336932 7
916859503079924691147833251308207669101517857971695866018579272996719 4
005523669049880576522883405403829572329495666610618163109789226399407
301157002457628374773576308183798161638119079736031587212198313819620 3
449769816206423985075228327733732583324372882160597886109873551913778
558814037298650838175116326674547594083452969670926281699808448890104 4
363992941713355049172185304441361275537274043801966167062333829738024
049062982586095139350274958987505280720673183786473024891305790548156
273669342031533659348035452212375932319892888437480373241078620860562
246217556691406649656032562701524693947009851471160099408912835194756 8
274832967227217668299349444534067907365525417174886583901039319287413
336870559291380027727314775486977554119840138896045288554164615529596 7
306253288304118555011888298415869115770818537363775060713350543268713 5
382591328509795856142302743603957649606785980108937955654308759455387
321323500760300773010791789640837991887086196320867905115889137412620 4
838541157848822039592359433270452459141147350780545504033581903384706 4
810142486891972563811686319332164976298148495396460838748495439694585 1
525795180911626654523673351745016360833352973965589221092115691197831 6
729184425792575755004030749046664227090664322428513245440807605030997
258302179025792182169082377943883480865654516580322492664139624733960
511524759583935636607443829936677311897124381434507144263490668336746 2
679651448757604216490046578045668108976237352466304486513946482319660
407267126392740537148060020288141194791417421096450631305594241005639 8
778030768315454955071573005820147925159590460246611517839367856016125 3
240627524204371192506137964850891981909587770580992490842085600103886 0
239431557064092622965854619405990986964765074089090371020410737732283
300019434413131898982911460768793479475637926076608714832586479309319 4
260650376503122078960597372119426458074333932294645621715299286987757 2
374421745243510593701522448697613048297775612559901751454759543095729
786727400721774104428762419527057513081889666990390251341804618791396
391751999610688039579457814086994355792939886140071141724989460512023 1
528627326923240980270344039357213519034584028877988233814226609893318
496674788926698874274514772695849546580773589496632043196842272939054
023420699365934655175946440193569680887573651356552737827558456003178
125785472579739016890446296702126248612178766264775483706533502859187
059393901778046471759424323624082047979583793498520455967990254051594
049454774417608395779736867376905855647918279488713678562976470361971
927727368758174220619342121583922147169397052507247831658368690921206
606029778144229145154061195058652651412881871106491879697943160479965 1
288474036540839996708323631467927213244936269857074070471305843482632
931884544051058661940375587325025731566527539290215236220741530144657
593072275088832670637058214884319615653104189017912554845787463405381
875056140442314611978451309705654536912682557944487804258829500769682 3
218986262381111072368744992142469150404040031332186682305915435954967 1
890135590314696913736224077614431031226486037647919392677174935407534
162571025588711228300980455394033370487328235883976509095216726564747 2
580205480906398927909594975654229061846067947625812914780970375574292
480898165417448550967270889203351426936069221576656346844171425141884
130073463421177091338849728156826975564830840913326336717247725008190 3
833257398187374366036429341681541608528746458725565350762115073088506 8
803456968232915354060692724241361263834962430252227348220766743282446
251953438168663298333351231892641537539026898020923069024691880866165
342597137031996465636551784185225207740037755013360935861416370449092
199891298081723596202953847731659451593254575127621826588269650230832
748779521264161760154839038458698458319371172093681990832889325916016 8
315237898417509554214565735424477030798689073885423655119403552999768 6

1512185036911858118061965525762964582474395494638849523052293904319208
3470040859590624775869267390038385675195963571883814773408191367110130
5078535558976019724131868873517693888960920970811996086393237611436761
070356756751954509856677260928307830333384947896302610290498277851677
3496566301792404581418889016861103714921870755368544212842300294361846
2997844709902389209087028258677599793290024068740412895878180015512 62
3850669835207610152581029222069185058987978076103175274405860231492711
1485381252502212065908659017820258780104224742644030508149340088935 53
6994215541242794024288330163556008454806114251973600079468367674392891
3680375452258525035643374923040611881347898649501791203952139272589351
8850322747972830455537783064856392215254818172332080667252766596431 62
0541805944807093733762738519177931869947302459081165317084647784897935
2443357203806146987009232700653873512378118935558807382761431387104773
2133065852429217695200986522155832270762404786747201853835783437702 23
5042508142457128437565714796893103634180893732997220191856775283873 36
0133944177263815622028490159604474228410691468157779660193578485360 75
6676916433461402954821501762780794026532754016988343543419531698259 72
5727032376723271043885021457551160781078490367273413756850547512833318
2816818068792348394235790283046532570909969893392931956859422151042 75
3161377858913302623839957249246256520923809821631002200993851783878 62
9128475464749973808460988491571783874044619813744839068734059128423 83
1399226835506173095377600773344155197113447780113636712930495399900198
3705760561472107745833441235752258798197320154370849321291768820404 50
7449491093051786970567117701141965616954874695699554579466490245988058
1820522678280554400630551716201091706454966577280912312827303711793448
8881927575250994256805720457156003088351254835453182167003120209888 17
5665602481564333985612103352180312220387245461764927719760756163989 99
2555884482471253975444199575287553381607523828907495794340847840981 90
5049954722349176780899897355542816911986602910505481900466341371555736
9930816878792785736669646282662826784498376781127049916168005880869983
5076429727402925188906394922183187369232560399158730451177448334267912
5168538532935334055740695466163939922312566237332891308244660515960 75
6818641377290495515788532889906154123437813616994804639083110947354161
9189442527956102391550363062024648582096751952056686309608898274241 60
2664868431018535792010934148995913294012970080979209338728524506836 77
0635227193756121070552995770056852165473956309340145995070906849439 99
5261099503701149114858356584035694439244018137587295066820507129554209
9185087650711181272383052550942709701808367332460479643916371196248167
1287816880866722863275435721997602795855021249960429342072378556610 33
5213428835403247208840753622747707672265703221614598530848070143271133
2327955896270335331133019138930987426335720748101442606041221949987395
2098204314094001173960150011637464937393337425009359679835495980816817
4942641161758900297445379024645100115732568115366055049218229071820849
0667306837347413540876864688036281053463660636396370508400603225944 42
3680684070109041479140807437243253754204529454923205488540944727773 30
8677289572844835199306240623336014894657010295372769319239800791374 24
6128988062094042510718216870035418271782469358852896936838712339508 18
0711265203231606942139435044164221180458659728470198747058770491745236
1406216647182684227650430987221302532920806244101356519019242976831 94
1842247953230488722276199998130593434354096340873414940098361137992901
0404902165198001696534510509320118652889500134985548157976486919975355
4001996239218303715570495661114074906989061468803162745650430929296856
4920493914266325600490954672462450603867027790659778255886429872457 95
1551827889549293791361864335494956074796062993943328989560710185007 41
2974027902759832985344536654737382544305064921875584905472536631374 53
7077658929988754531817075803390144697612612080121923648496013191453 75
8738420887032773631045444103175204216817020249242468543393848183239 72

01173367271437591403573249742190766283951872620948773642289035555507099
56806448138539121394944076998176571221767587769774137476930080385309 2
41470259267309724342514738979433308220709198444296349368273455599927 5
65430849214500589594985838897219490804800211031010774694575030279867 20
45602966829024330049019586565615233850660108608524705125925107236890 3
91442604480419106885691711560554676557754131337846734357281913557921 52
12524416342672879351457987262360684768794244924543295937593225680382 4
12430804044151703233035468059302554598084018141938839130991313780395 1
65866885640534425045976863068464703852930422812537128881240638371919 6
82513155064045865821220270334452515002455569718520449427126617557097 7
90765220163140992434562496582346327419996696591909630315077216229597 3
79413304490691235466289997678706396442754397053072010156786676514625 6
20966498520697707102833199253552221017907154255491066890989015714352 2
52320882493548326405825443322899338818143324607762021192763535560554 01
81246640118064490748656792493045753030540635899858103643050669178836 04
46337600725210593072101922922418953223829158909341282287505109801463 1
62395736714345765411805422274015650441113110505863376808693783303841 95
96945386133732892471602532229369731322493799729280059926755672479757 9
09534963414170020386634196145344182859054952805340999776308793433997 5
97891056860413390126065078612560823204380454544863133251066372391013 3
24302318546652650929391180543257416902759540719084176288677352999864 25
46058514480703245585088002374921985388998257635690469402036938827446 6
81840139984177397803802254291492591957492773178379574501072916189699 9
32883137541980767264918001306438990549637448406914582846426124204961 6
78749190028707996979188534126248108795055420743526441794719404034479 6
51091027244817919032055597758773842727381310581436032811962348249687 70
66808719029887234172895279364187064069484639801089564315352334229003 1
47981016684313694791961472060973085801361507055166513339144332448586 9
46901204924773255718230581885747169914636031877933013847597598611209 61
70716267577315729761334685704814097969154860012512420602987885535337 6
47846511231292899852004061054006583425034516346856303094050978983625 27
73934123544691012936261701989971395671039397745310096305490105448365 7
02167199187220346357563638244111617093788893854939355612500904793637 17
15422408061034381188603305755612486733268456069417527934409497025997 74
35014670199502710791447832109784571556218883274107109765306341681297 9
33459346742756707244134694314516216704733767358268531719605428171285 8
87083015931604884149219032436305805033072196601828090094043271791799 0
57699323544388105032406749186069157840628987344737670923422578224494 5
43482808126567717321258040238692893611255653082045065306634056149010 36
96865856206381088416211250724374687218924209263026533476485100648824 01
87531107752387990519147513017011555125936509502776638656047599326777 26
95534780632704930394893489795980911778925653744326543937422785062716 53
26171004913012764765858878130048084071184414269029062542006789764961 69
96620372407499901838392496230801679713342360699757087490626659373346 3
49331174723891567344412867677628500732867428934742984354169140694898 14
46418541344524728510222660007961380960752701040772759689266151674443 6
60665791711951892709120693115700607846131048600959027972951465467723 38
31975300392998202306775086147937831034092325166793058858094449717802 0
12406075320584269045332099732793580656207789144551244404825526930353 3
03513359014814445164701717409678054134220952991809060291260715683392 7
66168926744561155320928000933552341934762481168750783337505214486412 30
04693591272455168409493435643592020840086639728874526447641681222431 9
79005740376752041131459356908294863650288665138667187098401912652087 19
38214610496291771605611241326229847291819735019232646934760673591792 04
73460195021468502042227254990605003905271739830882393469613295460582 3
55961688596144385517732556825720040864066715726142874215865629365346 6
67650305399437264337771175524863334654686617471029474257074711452408 40

6935745933058106647910587257708703941215958349720801434732021667320029592177831146547941567632358090159344983934360311394701960236806436471
0155265483303322903249484887401748716255541784323459835831317368567411
9482164882832198303929378208900666864165635632999002589124253674659 87
4275784244531350568116333665037981361610334287691399779093956537587469
9178205295126606543587480249531054620790828692382531734870934885092 20
2989974921677075930466511581133383047832465845377999596422451105520528
2259855135799543314078046873828830918171688650474647342006016159445 81
7592764878317510061540571533408027770017339348691597254483584995703116
9089050234790041826961127743891011136824983651124352217329412770603813
0263418165235751483500779868261068935781083578681115816638025428639454
8824474315217144653188212265603371686438855279490837229672715058599 83
9020073704352045196213006682618638971124575397983167483580286609024375
3365970379553017428601709822852543466282260502978228192296797495070 68
4694701411147182712377179454395424754558231763707200209395248030550248
6152919425838074644561247566303293621119406438535126173363837578519909
3033778956350709984872647563288157718587782973537054845621840616651 63
8052116335535956157136554883040230839048499053464022753635053221312628
5798474887120879742391971298065157156225145357376229649699578516189 47
2586019304801887884140770642778982111550389340417299078428877913960319
0909475642774628234645049618555895718672708930505099175082590601623035
6085410026150659958294094188223171176685610343109409015195560359419762
9527151914465465701146273564760341664073355301078406612170688048776765
8296034459262386475855747734122855909945512619726150335698046742946 54
4652410747998946799784648927454814462927046102427724945172854272025 17
0751372587973508902883565123730751402162131170264048251331975042822098
9513845528136268841773267008825254317243579889892752698716039884633 30
7640274102072542860753914632056334190051780169548164179493173488781 22
4447251861194100883513137555490494181672864244172188026388165627539857
3336004110595994336004451093825257880276648144257909554842576325666768
6186591270514838980441597550202022308442316481714578201023087613689 40
0621715918636966475668011505893950691794861793881106913573911192911947
6457163842439850676760927015601387625473877555130821614917863311075676
9969326398363601998430563988679303503631101462125926182324329202305048
7397355510388061839630338392022445021877806341801390292508001654765 59
9060390880691771852440750963515195819308548534943637526931428347260 12
8832155695589347590375217333956986053558181334040468345871203940744 92
3635469708013539670296892056415327057617850743694104216200281385974 09
9445803948437171223780859161062547291289418501433733201139419237769927
2849879216795704857208482621178953745099590160573191451033015921950477
9986163997351363430181270766361962564218296135571474141968251977845 12
9239951809480276157790515052996245646768594108003196552477778443101 84
8753683776930481208594934751495753635190836645103834811783830402008724
9543294359801839909611614425208081024615483437721590074746546970789568
2559178102153564440601396893159844515933212019827378778074605279848 06
3188533935925532640568047587139273617127439049444206400176046596009 72
6741995011180194421994703076386808201891521069608033731147927545046918
0708663306830471771276993888434975203615083864030923677079665962407 46
6530320588557954353589859477754208465854466213117417321363819376111745
2671984537710736595659498165968875953527256553052258677787436196995 54
5270088885043127590941433023642951983092817046363671057700408235562 63
4578787478523448239984694378073980038821035519714677936743948439795 04
2261555530639372957759761213908282947761609069866159952443474072082 54
8727474163790541203204376326497675788394491159485261755081482364352014
4900684490375525495045287112775902440268289660239913812266687287169439
1424233569071672197485298549065028669385313900278006222810546594919 49
6576773408717385262225853195847657410136500168835483562369923544012 23

5969360060512297048480867065598283362546162498884058080568387476805924167214899254667697070427975947074439924019217135876892945577148244404837002827609384443667265579592053332863638211834362027746460871764560182369204997521426141119495091413659399395988849687325390545616898630962962774556931596271112913890687533714285816832655822915316734128890277343355493447886835534106128230021846623652602520308299055735996294121284036158487698284476721665060508430933235779163412598672524107411628555608874176483498207142090696390405828539182621622899826869597594938059048857536815235174514964661426965879562019976643810050615041800687076584704534771470059633072335779079437670642119611920582425444418641308896296689603339150013243279609922778353395891846625759931945266902421463659868461586505934071484008604030338552638224638158915811836335966437381856210405820132816569854031673556381630196805645873480396751605716449040168382782016031003260680326683960468558981291340311753680129125576890009703604992591452651397757729834685305855369363518247572333780440075047551435090756127219522846296067221062160746123771515371186885040037147862817884264613905805364750289469072392890947226362566212572056919773693290313934135875697822879124283350725027285956323478025040789612019789216413238743692991691397743472714978009964967297895391487270489581227501458990446238905869642949272303541293353238761892115645887644297136389781641322138439455803462655791314402914125011688519989228707998820333274588508787396201958428491699988096256663978461402160950597299728709612433045762531292681564329180373839481915146495291988536197668964987775347004098933337972715949051939180303124409381216360642720597499374300957961622047067461174085734109744287490240722240719200849118581815181242763385231140880919338699052473755179697915334836986077884734179237590002069645477898046544209616558245456575726010982927946212016035864590980012146110812974865267664937754855501638009363914403874704406807417307111491203955955647637863687252125866419965181552726826102491047161897279219963728814057729543718948300129206125582500880958648234350311584272504471441799240885831604436354263131199883815034474732739773265725829183742486825322133620191484736976267555076004784747507130263315279144246484583105426179273255959789950216364980568016721702398636422151384913678946966518959963698189528929209109158145580415830296387791786935412183004099868888870765056067578452348837144892995803139722692500263442393372937783612199894600460805192918157365071406052132436657117486518651095866553176699331817383034483252372392809606769052368514645582723843589209066695738354627801124291041420564745807139444790481665880981587834729983910310275228746947404696773821161510972471275609181821603213271154482879902209158099544671791023985775776007593706623699315285106178001622280013068950348282438059889742807809786337323753673875156399625002026889171560872056819803813215927133464986079783246988263250521724677323215850527677276908073951802063323920222893513074342659786059370251069263878950489395563219211666113551555981326905757540944016636894260092675520406533365539514595944303364729869725224613028739834973048301961869455565752979106778727754721134723081066651220266183702365900835311812752978241047417681200547328540882448388546683741423365059125994228687922948350772627145754704620061650940034891292603995543195783268320040354268718280682549652538315835325773079887414298463873930588432411167585453287548999719550230033835213264235652711070175079374880683078560332541460194332096770637493574153953300374788399099007025314629659804152645589779939487647541072485093192760329489791717413621378419810350684961640393871356109818785335064948225067534562645152529774032989275375616918174853755507337163704805113108209276849359945306955812100822853145418170553396237627676852364626589367737334280355878578128082111574306197915537124356435476888116318086833937758278931522464199549300169784479090007976647619878336146456619

1975754528302389984112801986210384988301577437087384108280801447372876
6681903237096742894197093402433644581613180747722821337753759924689494
4885688725904871418146023764695995080138660434705943517498600905231183
1220139459184889075304017368699612543946672139967231403034936228627011
0183021106675111156974413093694485088430863920946963800556700634047876
5610370824098048678842658505599647762752933451721794819545507384938113
3042385946444639016837234401990718808607747458465023324552057248971165
1503735461248395335503707166335469558335922089003314811093105035625241
5751554607393244446202438951629450718397676169870974697327731850083363
2859062863381325773471767970860082863657847710142436557087371372940057
5360685199619901423261535191218781832403826601040993227680387025182282
6899050139287494337547628268055926443806446358529156983797510240859994
0571555962016906118060638530479462781011636883711150185564208324098816
2569805452419611080501075913425742311627438861264992086892643935521215
0847906167359649534179203357299319229870094573119991169784226885366510
5393723073414833627765946108202750720135484799053771977521102080214881
3910728443483895833745239607913126446165738853182117046599366534312649
5903472419700891057207310514031003142001607836834277549263847812555572
6811479079790178690706587063474951441625253213465913541611593773542711
2748784426401032091386953545141751045683594010162267754683709086779917
6383299513414680468895693528680453620097557985880107544175928524296641
0275443941749831975845436916715453758318798583064671534276462601661170
7365201502412509413289171747243577279364230528420491538431367186886623
7867006886699026954982422348265355688667764379757582173536817241785526
1396212923528146510190330402029598086319943328122202989858917413312294
1254825530968687233116292184678213100262026568569686333898603114906825
1518406535826202849203691108013004510658289976889398622302002987302026
6682395983433721483435941141868009441024239480597129516215285958031825
8362458840738919247171307562713626974288333595200543374022971689775565
1438500239796312208322968868544151807687575048509919864160038519290064
9018781843282607380365794153750889224733309128902329783915701654709989
9025909633775625832771152197699012720654276736343144359633866983789906
9142731429877121028098135403899051819659025752871711017725535981091889
7180596906653462252559961087106029038506826103736595190365980945903387
5680234895812098378184566328475101226255811761539113972787869656636476
0387833095845869521297413602123039262307275831620171532709809176029947
0213889754474404764535418138440232395192710500836541126144987477629576
6461315292730408262464670170879217673162155902352103397158595470580024
2283827027971494018602228872477449515019204840639089778470639368376638
4247027691843714011326399534905539160928436499378627081492308485158569
1045365720342141118382724192599609844030715132883908461395367071412105
2722050610253405101940294074975957452717492953907938586063863227169975
8830913157754808342730845003458209437567851176238291813322850072395652
6732881809023821928341494144956554284260221379058861020041883391973317
8632547226069678634981468979548112924564919562757485899108511676602352
0108670357206241041911139896508056310177625446789940282116489206299309
9395041626919363285250565907122368264291345975000114381266244639619402
9226124931396646008217838602422263402909882607071413101340225182229251
8114507453249611798278098090904059866888739465434533741529283527320684
5203742286706180187577441930845756845900830486689521818505462058364000
7276520648231602447922945765035027161024023604827609189292591418654443
1079730615857216897581301459977941667168583567014562797481377628779912
0199707733760091548850548543734919107244488782685079767274247498877750
3716950996456850662105235981331559735770965590640499957013762197929921
4384231902193401513373371463885699756025752609691992041679698230878835
1338934097212741361796713331802161065533514784012271805000560589962254
4108742917710596386148887121653420274202194001089823491632143341096664

5523645641574425476162806149948622628197947120995332656928835757076874
4231482565476213966576158701886088308735206342138180550809538710626434
3109792183401239101558732344978992864043400856643324403552063429457083
3508674597822201907204349182098165274154755619205328716377066988391265
5389325883009078593309732527980300713903254611166790612622091484958642
4631374604742928512122584090588471531943843113310747680446329529101441
1788533608414724183078822879553889265428666448434674012601752783005323
3779504717394619894984126586178838997327667730925977236372511240936935
7153099344533436315957211000477806131956256649419026610029205275667024
9815648374796640972093861428742821806717729444668642296989806010450055
5271820474193533036594764842861974188173599121091811051783171735572336
2048767977349797951642582972286108934350157998396311335671442077751224
5221594458881235393183178984277679077619574751252027257634592410599926
6915418595094605377094715366442336816034537749447820380314799452485419
9024158225473078010510922138304388873009741595897624392851682724173540
0249533525649788361744765198146214873797373350201389963174984048031417
7473311253576810877282054402753015794992122482281883158599032176421808
5761179589830507631045793941516754013599164596088966112035636072409926
0713876870353530836023137161827587949437078802623545134999471005751616
6584083140181416096414848555695573048403239322052485420840917721499157
7966705053940949709130942603584424107356659675150594129765057268149531
1775654706723150313046360845483584572144624672088377626519460492307291
1085755171808704011926298599674373996670398429978562924491578367945605
0193823228919978420229143846192877103398117953279196400870648499992736
4161019298282836441987022831823536960133729526964003143205504271571656
6300347801719246420651854607568110387948042645886919236548593033626064
4027694822097406835423424397801948531719202606336030218984998773957051
1431924279415742837146691717756536221538380395561258833625325561989888
8138394131519059407836144156978797339022026664366760566126034177238527
7338171700746543287622673577991734420640145957598560581198520436099074
8786201063309505039894971353174758183494361183335852575639212464655851
4617733143009987470829349366305014653167457492149127422582208884946092
2094232114334628251716078318242748223680631197587626810722779638741191
4481207607961353984499878324587780855847079140358040322793321570138959
9365817735396784757753859198605907702571498519979291886207175540665044
4143674061959756902461075245136349660724935824938152862368659264139236
6327584459542351653026603370230664555840862306562445697110879197830061
0297648846110574242652954741764866252078704004909017904671035984964700
6034864761711029493672651497009872703284799059993478928185130602369007
4930957379371813869516821395468129591464986234149183262075502638768248
8950956748676320264693455175510292818249839119646790918239352418715552
5228632683189420876997759678736117498348588993008982463118544784224101
1310191145821330652805811241230053589649036369265243691936406940486516
0756328368948571924613377198958925336526525704820267206476980220983714
4151087480827271214552656540049463226137117556522557855785438620484397
2745128112469893039538513275572087385861363328451549809991216221760819
4229832953752884308497481526598950959603170767549866453741376304678326
6072883851651589828190598366244240984123976754338199564138877339025561
1910404340709254058733122719515004390733257007402291089271063985702642
2339450723016625621780326505250808879203903983023905630409308301813017
7261457073083950018428619529012573812442180643661159699702227693367937
7048967651600229489255184171690301299072120129650133350627007142276635
5497411119992198196646987095666400665324210039471451781291000017803245
4064536894501473949749005669062242571460680569254946226479467048866366
2893504625320978470128681090305962783791319601090907816037257598889099
1566804943193195890596973623783181042943725339610072872574632977674802
2262448251157855302750058601415419087537221131528876724434954889393712

6811823576507975737559186226095475879390068550537922635207130175199884
858141373912082390955291049480886320773452653449560697377315653885478
3575430682309858090330634518463435242119359009917725193273291229892982
399848033143071342088986768649183176648276455164850978318312757196668
5940965467399168666738031142877256054767215666764458975682178499580369
793880035091827535854837351023803509660322552556599141555444173691944
9621569243311265081247949877523397160098964043204516324156612432501455
0343166056753606443540198147107297747801155023230507765864292355729797
9550551397602321950701458779264414739212118715575931178810856734946743
677579086970048686007610485539674009396682669252994853769134670998340
6583106232213642074997103676648809063665818289088678365447656052399611
6874664350388545496579393366782999422123905754675789611320021463888751
427704284851614103790853626728543299282619009124004269300184230897419
472337188277076536459963443767507305972448909468437335025368601750831
720395152360017879073227288852436370333004444092781290593453686631414
701046593418834746892826299882363013060137669269882177988517212454145
7337848823038246719166595110517463243127903156087414886070815548311021
325401335686854055883431018870889387613937325023408807965938201480483
0316448112317620154024345025897217767005259876857529110799488761703346
8123201993231132192874341846612599870181746561179146118689268370252016
5299119898887494882924206169649654308944234634175306462620663204127052
479046522225947485262988218016651037739152095692571767605139151290790
833063089131384670767807136082989918994490539984327494024388971060176
275164865432435041746821740477205357907297881903006476217956560515937
853174699754367850429962280685938360583506521637181437581203594638980
1353857890087538637799944252751397164285764558538815095998654259961111
212635252183537375408938382994071476719479556565333810335609209165135
8796043175645214900210873745219407016607907421171463892092871847601609
0249231911042267151029060178956746423834095198359114240864264571107074
853007624980220673638377984459884147751507162293219203102605005515090
7697894319437834821122313171976968730832874683832939868019319165370266
382003482464988882800995308021917638041975946273043423705049816862663
146331381992449951350409336852132648622166261430456380155416702997567
018107991459837143013400320349765295216438577834202480497460481356556
2787670014116764532765709159469878574710951707756175897195470146914052
898762386344666075216918405152920370643416714344581014881245904108836
676936963016122140430307962334187927807074145543096121950988033073232
7122514307467437929490847000111815787217604725628436874440299990349072
3523364779561482607275430475073383579416952085411858141421163366331884
361393046086404438120305008737474074303519812587955651210154379618540
181768351639553142978892109793350644218922063827926017080859661513409
231014455095980500497093334182603462822266136524578624368933828748180
8083116632140886018962793337969179670238926003951088492322226248791469
9524694482213222071622818763375411744071764408256359777491004984411315
866456552169347946993853458952764802986158402264099994210004334206449
394164465158608227497279056804659105802319981404181666468971070381589
9178259905244379416476766531363703816495568807841719706669088818711189
296355409708944935083808672087408738589167828057846463873013356329005
608175565705186898351828853855818941876184643188554188353220558655149
196084013505109130429643867372670176920946256840482169559422438162836
3176054907299398382901877071378648219596279582737284384930210765170111
4120971271895136778113363452251194325640609290920398920303114286931102
996162897157416513531226509765663872541502188189457696063382654025201
746274843313786593668353589272889441372227122323730318997627121875635
903055240593344068040671658854991089223395103185228040031630777931393
887881242637399457661735057804548647097133656122691054526803233517094
6578223513263471197754156648001216476189153839445438270741357110988027

3825243581929452706387243028983887862373972699481019099564763398726779
974381882407864696372061345750204043865140481454084863722948089187495
333684538332918569261160013609052698074850778808097199220790549384649
129981160445105124820157681342303697584597931352507649917267189783592
462441355835396802043901129880820848792705993984520815145552771604555
509166391086146598101094364855299583415894050113221759189182274078858
450573707541719807935765713476422566400785520271235964984181478091852
475405178298598358719450900926456203221456793600320098036589140365924
802970597042389340141784940898340588942082813754108453271947659401578
491808798841278671288346973044453463300113407842446974676100521632523
469607461797235227518889113661084728250447333876988089978824961745714
265389593198919380945373562006977956600732920737598787739533401224262
824638117604665529549327760151654443398797796575964213036484953802973
629734054095365660271566620956242040189725410026903088730688596758323
634848608003136749337880469881081792434870555858612604433511134155068
472102803886307988424864795993442691070980705308289506513928987245609
474089911504991593266076126398135041864212683987924382810639019024427
673507646240245768175241297734377047211534086168041782949967650685806
512747529950655953249881866111872216992147209556065475521976145504910
990697568423675215339297355971225275715087665659664502719171782052938
851093694472103279129972997894959537217965414822046848471079713315292
422565810659649076885751212831515757008915688390775159233949705557155
439612034287580617518867039830867833408101348168394370339219341974243
163346877167554010287905951855469702441074836909988531592235768360501
858756785573637458577148410634013348975908777490583345539770579535213
590168266477382725085565578135488763598832002785770631642240468395161
657169656331177116454122497180862165255308450802635618913260435962920
964032384354637212951594753702934135578205609103465031482793614106566
034544208285371600231136681319091964102873049208500417437038337446281
464620942776963785580934275787598784183334039966019354202671488261281
948862553950438151533608881983528174947354252961305205889894745297898
192765362302146492716408632029235659299419175245477614408430602237931
856760648303943416218753627041474976139638429863915287083114593851766
485369224524791339701856796618981007020472212331804541923079943922150
899183397221294664854266918247805798787826538813387791747999298627164
543339304246091128474141007611054200897125853667283631486089863434645
934102417486756764886499932016760769139511745616303273744980446090780
064030467634944431558869897372150230602240876896280899677720082954009
728621969369799908562863781892068734312434251912571665860848853313223
426184326055836735173575594624744942409189135202074248917184402231826
670207364676861018624736484927580147358881296157116453077773099187906
029888628714930204679227525167103708071639439123743167928668219344462
247657260407054599859682878959481812296099664498418954355051269746222
228405582160178156384893241562942941023547244744065298275956508523080
398810417675310953945082956686670098059680397238783071088873099167083
990986667030216146571722478408522623333842572081681007339653460321498
432069726639309186514925480137010383870547849580569239080907147014680
319441188291677410010867607146367034609701658774793861986557251491603
126199719973803490164842267544912596739312397990074831055385068661830
482906443355681392530449017556754977224586553701311488545214557527650
340012894742742237558340321677426586029415028540595957341787349070980
159085826530220465780692136863441823833585505804406907890487694695230
168242268953030195038490457409477237858413080942448126386762545261790
718566784949159447575258904329859715562539168706640500338691147025275
877463230763947736622050212431711197669755407073331126759558114307664
508377661383937418821198728140243019592577233992497745653599173737048
345525690174683861816059068502523687172292558204547178143199185807494

9168211910106141017546675307620289154632134291872260156914532339244678
353609292392595631799247736426558854142993028945714297643673232226292
3602401555030564320283705186440270320700941330893074078971459341135466
306263658728571889770055691796392094089540494967577669166831282615198
053868579516388745693396126973669872220449857426520785733934500552182
495973648387278103946120544515637979612030291659476574699341543271014
0747457728926544229966008021914307516320121147122336288689110031419826
9762081161023720046209913211643260706919886802864097226678090238074035
935421449915746197968355714813677142010284368270041034431879942143613
8119770538705702515776750087453539287747201965450490621594472377056510
6196759999085694877759391491159420150509913677419640531912235392749755
102752262125932903159292020632274315631639883559894769491278028259845
083583679986203533520206854605592167865528357649815669532315858857238
729888822191559448037870908916485672990721373860536043712143961691038
5695176160284757070741220885574454803861554929996011109008952930561509
2834665028803983155291889086590281766493385503602113010042614046121856
2027290863585170570520775006033082951809061933503365733692688723114598
6400466223734847362980287798810214710192458549374877745311596289792540
5501780747491964778406746552790393195565813896692543928611681270286078
0164924717579476900407138384187102292173351898940764080897143188830892
216393659687537987014204003784913012750100361893552864648042380140726
687789499470242525139568329366720126727746887603228486942873013499735
5463449841082903990246143112485288482555246814876273994271498908989640
658846538277748820154989400559486508510846581978619330248608338007255
0353705752672616262712089574838570781071679039632140611479857589273165
206651387414183990141524080694271641531248414657507367162101437285661
5067280484820945901214115397057048462215390455053205451408649083481693
3675066285207085044761687047642470629251984218234056711931759773850712
138435661612005412914870910999681331855034567552502739480560945533332
426165004974273699236895955712032345816444506183980944636812010841892
621331466567215994708198176866591488326823185460165541728834534167044
930916637484656897676342312018983264383910341875841362419674579946492
0222197983459305656369275684935977767109310304141130731253956424863850
145550075794360426654494747022596898510266337438301815326070463610412
035069829100774024752336575842434925980678196106766125498936694745793
2038348011891804623993440204860547400539729198870648908353273846254259
781523770165393409066396161418136993626227242206373381984306775264803
8741771906134560708695128829421341889432614115598374198430965061807992
4824859955747397586597917835001625124791176820566112456878979546722894
4116120724622182150361118719603867594046340815340520931954899452801363
9239204558207050232815917711079086385994326625268337083516221862790696
3513461000189272878972239673342112248855253794962334805017456457141696
8863601005387174928821497469289625347403249065911079477469955016629027
1429846508839179574390119154423166333872790505489315733714008430333877
1179398455028810515225387855858852767867246546822526013941421263800251
5110525362020285088336811671179131453518274582690793621433828736367147
855025406183150742638171351310767393576500651872257966213558484525199
814004650496644293694462643253534227048108735843865153165747836934943
817561843938910192099339207935917302351336134333617409378894332436367
6621020575206404986003394762611773065979007173384350861190466728309191
9140548761824903540960361117175873842829531071297887413006781572900718
7202852534737368305268388208851900652888992067114141756148218048590301
6126993630220042457303654506308344452127181404811064626550218334918087
2813431700059389454647778071780075541159447956636875231302809685638497
664674164239794038097802400682239304397514877618551014680749244431304
936842402797966380697010721859444694667569526315883828526261340027805
651395416472679784720187392873431743195634271468612868703186802680513

0778331133364970514243458619433993760383134891953616522198571734006026
2681642333152627532561526998660446742821000163078713356756417605706l0
365397244034349964075523914459700042488278070090182478520476973060681
8272868950111230402025965464639168826534406245138943800868582630992637
073830478363038980860109948994125751256140153446384423708749095624413
019599875638910465209667545877660086590395215269307249475934637655249
995739813687046823835782221350227515627717439223995541345490143078065
888871451328133707614850257685232363829331474280596688096462099842247
620743942690027942917237589747893279856242472965908532159472053323694
904340279662663074027313164322304712428965781608109046022568044881972
4706799349489374391507550517355788273674663011336512806280676387389443
510734047785428449458103240215302688926709289273432162228866530807917
2552536648253192224860467190401188149796691897238390489921449906378342
247258297448757138716393766038353195822125838995005317567009552936485
0788840429000362324607985108094470411877669656985270022423654214840823
0742496591289909650888536308725432732151415989181628756781130705162568
510558151267135934483217802678350896047258005426171033289518836389103
244737167483205917873365096282974559694346240925565281665664281336902
593075874044002346731373767779248672610262584036880816938609418304354
2160512328994311377533910651173174257919038774427555774666030406620099
040630426051492029870431846013273895090998152703064336944690410044571
2022354511710113287564039593702423317102983934900820727390364959796732
4607011744165743432549961178069176467596474687979151557278151624730605
8334526364851289816778469808818991132100393955511186968360232676578194
6083927775887735609407559829177542808611454330139500455246551242910049
1137288596606867189535571189037333006490897568335165004948243750201336
8515728499636967464259149536037394115496098234431435109320221809709359
7803295497595988950811043501360621642003040542535251820091558762332175
442175880859419299401661600036343910153400940398613816141852965918958
2746862217600400754022405234914487411541445060350425636232969603659720
823649255942147652077137457479512200232533075772735440666725460638556
600200246857044600372754039232960874325328139244892759626369997460819
803076121586944368125434647600582345170986588687578964346022705480070
8379004133051417219265941576156879115019134029748585051714860817315609
7398981871178896399754385938514812712285659202786935286076096100145004
686282143308100288003423799080316038850406082976294182308278380860352
2724981023677059060464634773095240249025118717986424339190253045895732
039085850787195225501777037652162664218528198174050734002666372515280
9340520811671011269698677937225985693349519432693201259024230765182777
1352718844725327780205511448358644478230115471184418352293251149325726
9886174912260328402072777884330020182435128895262643485040180117669218
940030138462303925595731289815372438169530773158947855646025489012335
9844526030584211078366417704984380422727756181463614970822052978940468
419642105195952976344279449380087623752745873654043686032392568120396
8153978062031844117517340635496464494688643129005659923971039802605527
191344412176493157670125023282158682913399170943472186019906149947270
4193722324481136577736478433420225999696279855298823483581345198218142
567592434988631331576435549852201618747009448486245729014154559189488
870773043749586720792483838574340109825006289616607997109441836998747
844395676792923888624160244369027154652760022493934903690547167448296
577083073924210015283272337960935692399033882446560129800791917643031
4202194237399396437444250881398720311047330446839944062988196979371975
7735325419364999703329803095057301944905176813411652445359329905152911
986147095703537452655787424518568889601351304465467027075880994609033
018356953660132791718794449541015603436922864802222470447675869609032
2096842256361340563483682971743439491345035015456271211307069128196826
386733221318404444149770373845094446175483054536899360682058038898772

4741195238929242163746784562498542798503144932995331585543002766715402
6296265166958091460788101747143069917441998658473290401655356658576 26
3080502414955884775334898523646722389341636565324794364510059025225 86
3213646412584998467961618435523403523247211105212266360915736027130213
2944820897661410378070919365580262218178495712207585119042287800087459
2867736276332300969043780313708952520766671757271829986143936555118371
6692237254194667980821666681110395660439337503728075545148480681660436
7467894326404537115665863750531512081271327549205306822200052569298501
4308858791838338588827226166775683455460042038732166503756308540835 99
9973834420318792535151098838338539003290965874054873988529729683799 72
2936601292312307160205509733930936050345903955144350530779986167924 71
6144327074762450851301978973869927099332578952464554750676366826464 52
7152552254333880535483627391626239252966766458754894673447577273356 01
3838273729005393896656592230598571048482774398049720583821115538200989
2096613694689317719911147471703733748269810596270612913139960608821877
2148525578898249605715119740995507139928669201545658383431014260308085
8688493271922984158950926435718314092471047051845128758699884109287 35
9028743120393437627985164110324412262926311001109691495544503094533576
9214098033156765480642125772776756252536621018085063681829579287160 83
9823402147203536259820636455200852312805800326716866834481511046373704
8499734839907210272119035800884324222116433444508002259779528179717226
9973237438645179469844576480639489491833438525180428786932632752902 44
7890475937940428598452749922277972100023891121548938382391382872989931
7311947617390611504478279287691102376475502522571732194818147370630130
8841788981959816299954108339024441069270673759595699711953593093849611
0286574076506367694490893018558649870372897272343345722492789153260 92
2324770228772629642491769808030278236217239379885400503625715548875 36
1008901145686498282437678150512482820550492067614725271465218966300496
8857959976775225939740603051102898580396262188197128217051926322308951
7468158647724940066347625239985417319602616103692419571597760197169 49
0239932872743974658804365659364968801685286397751552247599976494185 95
0268040500640969843511307379711044119791800574646549307802152125298100
8731406046947356590646892418148391263600007362471055648198258938088 74
5764536277429937681358765419179735722961270008929684713696493683678 96
3525182303891310399263375859652579616496449908909552435508658902553 02
7859907755325901273060023553112413722883395464048657778331615768298615
1786509241374742372088701308805439522592788530239430921659564909840 77
0609594261296282479677881113353326295287479754098788355667879004291954
5157674414867840448236392233509566007275479391401697107231858244127 98
9233882002377940639757536572516250133516367264435915977475061192571301
6230090937345100474527618016380709677370094376805966714229413589600 82
4755383245974803932060796044905017692070585123672619845895683093796 80
6254340250957462165951887975505779654919550494928671233251337556738 71
6057356380028942990248851218801240568679236189247556048248749553282 63
8731464641642059885385147743343317259129731711974000426498722243810614
2110327499241363713375474324062966725181565791386437025620243039647904
8900504429852624465756623621882085409494236850573272737762283655293 86
4213194617852606260499906254796884745853044130593739472779307753507 81
9355762734410692155894072757362859694496638890921585132706101710614 97
9762053857085281209575276329498576677719475935215242167687786817343 70
5567423740243650963517997153302057143111464013586402829024515173261076
7169202252500633762431074161787476243110180290133180972231123824004466
5270255791343338648233847824083641509142630321466554736617596256169 66
5943312066598512767046145043556505676323192723803451402535421280961 85
3640658606595686500900542984050046093548530620626770476584564323035 55
7962139704012841450715513295891545516692865827838940339152992238823 32
9025388857260584924330742050480774965818966106091810585454197932480 20

3796556828039992614596920546380587713649031487744048091127428165482419
1745721110244974231615616924754790847307516632660981952379567646387678
825343150882208179566747714706801635105964756831889832497120460920855
699713375741446504693478302243271003842147687932214248571356564628340
103242412826327654208160894480701691549541907889908583899738707067015
416665338419583507169714519341920374457438205104077772973273608393241
637456285892241337653863674955049543056637708434508365177004646646381
532867444822629049601846860503688344077608448239700256776213235721377
269139239309592523794220566769837043926078903482673734754528332857659
9177610125695553501926205517993980215710312414311453023069858987010303

6002981455095784628320015135735925460273515967564416365301122647127864
0324482400773799691764665060238733966563567934039835656807221965404888
5119322488205427980912971100770045002277546120661716691559139809765659
8227169631737132380233081894643812813486645249599544573599602734037499
5319810341373545859961495498360917612628539530787384570759463293037144
8822519303817175115438350026708995826545263811037252548877439260135406
0252214549198169957987371645351325509905208796779944078225308077581699
9560271112775854486844027605293945142888002909538028485411012261577841
4915814077499984149629224019889130831785966691538822900994694745024788
4490257136735697263979283040328606345468198590148086774140892108904011
0576575031104192216149418743145878476136714773918305353143832266954538
3299223940456133606017821411886509292207929496640912160035905115388056
4921627054464191236518908206532775891997389222939012002682322223697733
6723300393821723674653052650743914068309474732126032088400989901480266
7801994826858553514806570539140057693454713673203875772451306975960600
5679539003726584611384511323064583372505805316793447259943055217500853
1778636339819472177438498394166462144855051887706616890278874741977755
0727859461678481964887923839242970123021952643848769171169294191367645
3989753022131894427468986445119523361135808699525657384995132272344858
9323113867978311951784387713506482307870482998034471550701418820531041
4266822948160081609502468235978893323946769501559475750223592602042477
2263849410031136704409745365861030801205930892752761072852639425752928
4362186377642535427818993064800665696367275161697181990722601937571168
9259479744761248762888217986501367475075006383234798839649774004884122
3575666865716142158311084736091393450002732005130798128157022256169065
5268330308366563814134700708194221664848221041593434919082040564085955
2240388003780734926165030023171799931482592911800377474465950156593998
1386238692869062652382061233623674596407209835077011082990790280690341
0917509635731456182319044477049548661871606922803035013735952241233166
9641834879908074808040868998221727551316195878096775216539898309620344
8940936838565394211961230810211034710517424164346551719207792771385295
0602675186424396926553672334478410068145595114903678283881757053538003
8946002769070563127023230141413066316801746797335097254146260959957888
1594107278065966542285301608309809482798087779954151330634185197787233
0301266392253999559413949621100419546078252067442508032881805033938921
8756524445169955413764778416716373075584797233865939263522401822608033
1692767084682690712884061919749117656286999690849707308233756477976874
8466753052691929850792803668182143767960730508738080830144642975982544
1700786439730496108341861969661959632201840359163563411843581859820514
1363191530912517440662404939092451358851907627068893662709905594646899
3766800692046828363046250164021027437917854480248512861821612512114570
0035734674069253679036890950259239891548171622541825245208060039060044
0615540589290773206873095800617499719203647120978841924466670920444977
4987482408865905266935889487752575164013543674237920145307220235357688
3454468120686595139327263559276996599573777441103790910715683586584656
2208586210713954935453912256732806295275190075494090489639438880642544
5570726221159363124394916459725649101842575408220047228888466345128030
4483190178400740116764773956154364713952355819997693590108417752197336
2030832625761659684119366145853311420753211952927669717042067051859842
4997628346041231639081227908900560239147276254723044656137389193482911
9845493060944629450961591153675525286261059127121220414468417749781863
0501112974003941119350818908357333290551144074304444675853303908198677
4585870646675310587332044486643819547370848098401901457110801511114446
6295074606523305173459452577257589307863700719576792849542202391372655
6825993183849635737174554050387357805408322354286682509834074246191722
1241065928405281116620092328296030172136384928510477358529839208709892
6316984358857422063744579956105414437052488223358026756746099254402277

7684009359318177750785767334532073118530837973695738202460474500960452
4055600641568355404686418106415591598692574489030347146086368684207714
1529519539968886399441629850126219826547899506312921479605647184999931
3392444952972883378335522530665608113911155759997907138289241837357409
0519324118083275321057583443407862876642948811335953007811514259578279
6409283781276316746885253232980285679247320453209385421015807147401800
9479461160486277678673437757511437592333049254994572062768423364394693
2701733610844401875653569316078803127015677432921109546037466986463058
9643299619579908391638851073583655397358685803947562940402286352096344
7217039450470385257108531336244754542001052596712178357874633359416594
2323562570393312801881979934876980850885387379015678885924959933804104
4507095668197806890979130475312701446911990817138057938235367271579787
4399564789154906407693819236783667232181905821363990349731439811967421
7404866069196506586883151348340187681346790426439557385900654837580711
5281812895107414409604501704396548535905382780434813583077244516003788
6097373743147217940264953077294295524732164285858641931339046225557311
4287679022533447878688563797709322070475438244713707210817280726216191
2203451676638569854214600293710661317844674349494603427459097077940255
7119887375313991238132600095632063682362858307898741532274462127591793
5463121492158563100688909580778060593728283740660451733814756940668966
8790744643728903240457174689316227991526076700874957946365529810800600
5632053593234614913221150818691711550065566655477454978755929060742276
1924901312867775801342108401628830872921226157765095221015080446637444
0329782265047958483949290880913783491105270189158666597815395224336302
0381943077972210074929529190141757752516992977147935001371899644889115
2064736296676121821839308489926024600418991546699738521967567293096433
4216988980634192953311166015202689067552639251081017259294741159705724
6702083623791445765730763105504694796613415062949874761664184570782388
5557437047474057201870953392723123250003365765441821501626602351718477
2672153312107509640158510189813774914265452998666920870889036949102300
4930463034175089835146799025697287651150445102675835608349627733345414
3953879619686112286271837770262649999543789756618638452242447394924921
5054851012216707555240510210387330028459361318458442786733823142617699
7356364270842120283188436738192834713195087173122191012031672114109399
5899922884674801741656760993787819687707634475970187870115363507042680
6203432221962481896791090562799268720631573443595078978529230696719511
0433305566783849538409612527795838910548796848486208679717493008452144
4359425346200112410842665667586897808277627684013469829419295802033057
4000474913978971059122642210407325578913140477467095216337310954671071
4788243474697322536208971843414016895152093293728957961799009745313222
8076318182899433189695689530472370399538905839657483550150819470100333
6494607541568093909482754499811810031151431124371620602850821167716052
9015030383998177874986196350048908052208969068279491550381572239746651
1442040712132800560653624460196857385732581380945079434740660360543591
1681038547455413901005210856826964174364592697573011123142761569164064
3829304144191258097001501476260450843029947397770443406025584831551833
7098621043718244490932449990941239696807273557499097475439290255798477
9709348219032808505910233185056595885693410369752178796616771042304944
2352351086300728128713214793278040206646142623007856140840325983489255
5712085118985382238513620972879195187746506418610105011000152392140198
8115501033319067153914966127363813534906201898801186062648881416943529
2751302012074448506939497156569637005281044364579654008558044162484255
7185448372086643338665752522858109482892172578391581914769136460326844
4762022558337884307066268201365625670604291660967399373963337255981755
4023690188353530079901593967249287745723100178133888506294267768452366
1064262085472070806053673762684766876846210436566255254577155820968488
9551256042709483869900453706023638867136791042491149199630147564672600

2794069393629208526804159391655694283101370172150024613412555388032120174802466199405716025981142053849733099095858647713112190057785168213
5465676925436958683955395922697911981510567862427873863559696351596525
7801008877751613948594765302893365917624022970657836985360711004953475
6757228407933874696396982052754885413863809128046556795786738024779624558074935723887491817201030089198899323795339275624929514306391754175652362056553753374784035475143499180169624212773057517531727140899284179971054379976646930483998576569703889161802688948286649839647382240305236838578791765498736162847160152275110555356422709303412906341214
0503747065387611044057631277677687955828396936068797492992473055757014
5071286487760372167136663996479516812181508956359322145080853486264524413804231937636533552748353332155834128888664778013962249460243584302230591757415527544778471665151580601596831434699386022411670339610331
4344414215237812127052900415296832835814274572054807634173997685403211
42787027099465821456696142049358600517832030749599849994536775963901544332983729598770215879840453042417236885395654311324912800166886143213359018145988153451156496930872268799815440163790362584744940276762231
4058383024632327835558970491228763755160993522863875948264709234548966040439552829693496327329619453926341254044358306491272796994144257715378660212159628384800807764860068442119512842811118606563381627587966
8504679093930302438194147134504446109962381417080458893859796343824476120094314750139145110290353458464233986653377503403288751178445621701
90700826875371234894254845267952905967289911416216871720725278954130366253131216168718400290849140108824741929033100395853328090305689816195958414640350088183835447766161764083433565762829160365278550533429201734442399991298215606563923309683123260611349847459047534817572479352
2899893500943495075396373482891154711017298440790711638488229884179218
54283174985756016443562226461225946402830864776638735945988424504709908678771675009139300382117519811184256499449961925019393804725337399459333773125252463064043429925100636277264404252212933536398388871255865028214839351953782912192325132955047942707747981757306909813981758364267491567563803402416350300899745884664455951052637730388753348734402177258548165703260033562049041773557909734759843947599584542976546367412107535150701385121261710170943881638681800325344560780113893154572
3258763168759141418393365682229624660091462055145978337911564647926663543627823302548582197820709974731091603511064700974874000731522287664739629127786218446835550020204307191420072846279018318639787025702772268782391036972445486411058889166911105922029444932943627035413309880526880087934617095630484602882766011907089407300282006643598669430991288
3866952379298666281788984272697048886044737676094202615377177917909677512787197471044080915599067919077234172080808599042860045454567514227713847378234110053118244306323887152844086268756605069723478477362196
20237658441103372159043811894698293130692861159856453139893139948999833404400924228379125175552174621891287605139468988472677187466504785270664362574831916908491537125880541454036326747869539649103724005746130220293199503101987750602880237975002552157499644642453349885915909369543958084528045004936639830563782254105626241683217301132374663650818
3215513904980193919962514820348523360352029798922437731111500916585701
0326003536444475177424698915893573470565875149762563268039695816969490397599461063976343230542272130876246685734670460622349378419919838013099392802365227419198605426424971179228205037053758742713666727148553
0946080779629080935838546546834984036355521684570343035006341023502853487766353047125068844087232667590565579334784591133212607890192869809
9359636775783128957269704288379935513039269512405891998449060463192776299056460394768756527761889878075082021154853642537919707547290711263
4428136059928119173570992152555519802760560371809051890207185773505552
3271391396250159427253930237186445017661783595005367424528353346296600

0400846807272853318083527248634331602064968738739216160955927770747209186383619128575571939484457227933909841306594059996512638479997333289827244713523630011731945879729854695574966414860678319364121215726453
4076580706689602531854014782487479728063120191667380722377639208723247542101321740219317052468831195661303656707030521912378617793925690762
7223847705052392706222283749423814306103440377982382108877414396313901510708203127545660795464337135345992806287196946972555924876234056085997602542338053560291986990956076137368277070442866704641224740569967492098598383612829365067744980245221678095700993792811010739323086789
3546477556514877507479466500875692695049132556126428060059883949951551625764082779816057275574439612018147497800451321782129786374375109974767337631313444066932216989790648141522459605796036374929385390580458098260355681952893952216695741564220430366437229914696760438644194213013675900169324226934913049246702707782481845523113461103453489273315060001230285383342303638247155025551368745632166936656044414642455569818231927411945082796887046941767029660195074502498516529806186805463813475251438433278991996092710858122008935766222569799359869922149925464717682101276519959597824700501422174754586194296039239459092882841814687748419136141898738281264835534324101696493465526295345563461708335109501680694022867505677634457147413217775167306207782187706492244447520828000983425570457784919191688417677178688630332126895491976457394075370098837140048702542926032963877928754377069560437339990100294852638150032628997285511301036985819326744885052228421918054554082277475276074653898905064374798169834717774907610376006282890619457639678129928802002759672944986154770652047321954189029670858378060569502688599152022861683177931813811133700846648282316429401940350166748929939240870575647942513199958612783309735265384335938416752475309684246977819186243437711155992528282731329513697878214074254516312686452327578082174391542146889435909773181565802205796404419421225370147991892788537903377743287340955117413783520191979152796500139386884855693747482161292716729572785638473863246938584052924674904022413438951883238010793146018342916216331965737001597942739004500063841651314517655908597002647003221302219852249741391577952987929096349728985117601811374469220942
5310313138344961355993181788354416471450387855471665976982467247974403116606061989122504156909044764662457128363820616674275647027759689746278418105147670135804259038575306203657293784016491669482713592856927354306769178867000492202732316264040702550279562093496216227338619486811060844935895601787085883133844172887638909315374072400072802532562764284026486565019686979744304259225849580474179227925340055252474495023408392656172390930942300609366303234802021086788680896591816847927368330143271469568445704936542127385236419762748941760376029752016153593894487622023573913546834272594628295090576514319420959551607261274135359833191841235784196421342887256687389708438311410465856003768822032463086565154107992964690465777065237950534596024614940206156054484306437872994525822626360919700634234569581210810188042948513682867398521325345198519868065279201617538965618411825224252968934634983238786265
7383224882146718221239216145216332527567001704289399052465482587785124125185612578868945553166549754643047535031903559023214381285817927533984012460823890717054605835960586771990218346528305718682775107625066537094529888302119627302931858892708475701485689985296650573384710386
20599638943209413359577964476992214153786551124648537943925407362192752468482382849973125718645765551508695824151349798157017437827336637993430650906064980929838630333539425021822566381273209743546622445887643499407355388635877067206336811113229422983654052688215612702459628857235482642183145461433191254583311812559791473648401291468622198673758189771951882327852080933278280528503438813801952845546505139324690269115602676843585443935076285667261266508394535898309320803700107893243 65

8291550801322381298871464809135644029247125244100245252544508023246615
7822063586871671105569328543801624683461967492375522775131051001267760
5764387991571994859706517602138914640631735022338464345839483543502 79
8190272879730320285084688401987594987037814617966864628754667039989 63
0424833422549049244670132939247258323623153119971239894462176588427193
3825466621610382140069902302774264438571417574587943978979594815804 97
2905977772621874827919154213901567104042498796038383987308071550425 30
3932011381726233669143418847662675503258634492672941635544061641605812
6006897850489024654095367384485080441994812315226437778358928010770 52
8723579813191764225440790262977522329943162440568228240489795858620 42
0959030167530770098412550414395173705772057555508175512601790181200 73
5133417723724762208120008604407951239514265989643403764245060829599 66
6156088903857106846402914127173765715134887944642689107694108953101190
9992999563093090503522277723326291470140178644514635311873837849554388
2500856927308783947452874920176886447311783104110199160063149881892999
0610152778168708421621381839557079184051198067597769599875313775772688
7891088645916544689831334742354792980519109215146830716323855351038 72
7187544676708295297490534595376525931925165945147933685063816797347 86
6368832707895439596677298327096680062790539599982945777316823832607 38
8018065410251461721628867883587066190936772979664222559336908245867 10
3212145301576140656384883204620465511573100331062717763663272535510511
4011372947974242341799659537348942142140023658440811338831976175255058
9009245453137756058842247628652387606272469903021267047078094512414 71
6294955702704018998666632017984230055070084407533279625699917718765 42
6525703312549513970864944719145272944883050946018415295562514740409 52
5798009901463383797769021293940853102488561567350606338634923684489 50
7528233401007520258283062071137190594267815521410921860570542096103071
3293725553682257947355874625677765164533109298228760283792259302513 18
5165813377060520921086575617430123342890846992234973515116314217452542
6713978924805002517223209082124574110776116353591686046523764118520831
0455600513909589498730970708723111425470231216733203810854809201787391
4879344888372685456892148778303900165477417622812605807283554153313 69
0079313963000637697020076253505072612334415101114280709368194022369899
9130824742465401270194011322299993204833287467135538349457963583689928
8623290439722584493817107725905803949716259506636916042428812825483 86
9715966530554742543545597343320165017471694261408641380380466595322 38
8060995968930493981398914417781080440177680412631187307038032840781365
1523786595055100874035838497378172321001662305272199478799074360574 23
1409928334586615303026591088028489438826271928605926885462526118115065
5431439186047386383201495201419924016510173976740922604325484294565 92
5858177689977165202674986419890749336425882430300822991408842303703 34
9200032109476423574937082515388359612855402857151199968412130951329760
1060622384467853304303605283324594771517521109132184692968901359920399
0675174666377175408931626352691592231667585283815133095733518294423 40
1948575999288757158961137352500733529944686451772778107293555066200111
6627864068458347421220153546184274562778139563100350380090185222039 97
2627590546827269914375360065865512634531653422399403325698761990327 00
1829322904538021646980531553098829533761896730953445713037712859925 45
8180227261374655690582259578692098980461167400939173233575445142418155
9427904164840501217527511162224841376487939528948768911062083467875763
2368819950650817234936818500492013953969311504508406318331697956500115
1633008378271107497728604641519331149777186200581721183571765889164635
5701844887330656741216711045991852850612219680110732254829518774076669
9796023038472007253327600594678695267905143195257354771411115730628379
4871723879901011073719703379511138790244228576611951347093824055168672
9869870945885528098965550905005839479776816362135995896454669367741167
9523655933019625431714598281637637734830415853528871062820092867345 13

1786705790558624228776977038033586718966440076045210507780109026374014363278004628628932431216984895696926812699655700961162978104880833322640115844498657886919891551164987759500820116547107949547616272535974431406989501434791552148701805244068880531824450548615105575082458334830601530515271410340134615871762049327376822811793638223772636769508996060057645760743490838086724953303401193647364221640318773501742628383091816033713053081947005481456663342292943943791296136117974299795978982220183820433937515139008187956757808498819671169957798148004686111102029985597696284193886876123274515246277330804465733695463654938404008197776097066391323765425391868682035668542766193268439028859199678814724835023195058877475641591064189912406912530941631256195410954353088146423434083316097049504493098116735398312937355393411873200886708671067629280266231313666098383643075615682433710032476128660874213918935675213059506263362049826465500820665018774633318404810965372693993549925084609322236389181879005872492386107832157797902600355622266439172544446062893294594542958310015673005507543724742621184651637120770245996827747589021270774608232810877746564376220508922117628625949233373223067991761502464359913563816206074085843974251331593898633831027241143850753208053897338011591250879562340729139453038627070681780146819477240289396172216441758486302045164887958376109298506760537167764010412278781795500182331972605746176118837794684547320398918381170197786622080801810164834714314032925450314249522008211143307446640136242253192598750915751217391324329653494012095392865347084631588215049551680144287064948483156384372726304816947957920355668445778638297228895353441185206100695450417704454744925970866988636099344700619938864727344992791272223165852836232925364825934210735524995285484423127322046747107806424366995842385286374322732442018283439734000322418590192380305900587222928961055149938830614135006493691047390212915439774945360510806487208013119049022311070723077062428339195289372209114877839087904495963152229896827082205304896560163959455860755352222215957383495960928649204136611204987681652094163269125894048452822290360702772755091042347607151026084703720499533073566165201608031588356387962243120890070941921734504778787740940714687067922594259052275181809492822953318214890404208439333772858902536650842632772581439486019593764875492447115208596616658830859553361607170585204247977505790595212049489913462737333935179735374909554018050208624252947155610087991541470696535457299922407093258038425538974677635148089518769883646358942549428422073120364510050271607803983361317000227633573220580504720999012877768935337598574166458520076392168780485736753929495033840982293979706583142555539282959192296980687772279663972939077790821785173247610873556418967084941823230292691324944913403757697788000085212068994885195011870424308197047767765647705166600738206498848571710483227234571192591806527116704896922909858075153627517095505284290392243650048248807448131857436465669844521805366646754837987356791642201329619035170864147973371577541061516174240444957995803155611157910308731347209903530189499946582192992196477105688228298614101420194639054232858443817124083633226562432512383859477635673012067644108501475398144634285931049496869363826400464162596469514903196111048544775919170658439270676024003114521271764708333200094175688738759477706324099809206846305347743324194522002176300046622820238082778041977949338939188985224408550686669098726150999343275594219513614894603275485400282474638185574303867224848145712041289402200141526884770962461222114999228876439191910899400076450042673636033595644644270818978527417707745133958409576044621143276559892571212464070497606068894752177888846753657731308884831704130847083028117792594667012087718412865941990187787509632002811023755143635612304865546153298828299904617451774858147760123133434173138771090557709367065736550203175790043067229303144502419919774280967622124251992863274025837040075200

9728174354804106393450637326750684346881838874833235411216634188042412

1367352913626017121554410849303321644230075969711058854695869571172632
0379851371929401448711950153715879163321253830793896944127468922739861
0118372085142869319715028646909873284817207387381520159116379451230101
0196666203644541295629190355481051912534387131600152412478550452245548
0417085800974416436084037596380188386074895352662695035328164809681 67
9448801761593992935630643145711148351667475654627759421672537822961337
9520048290422881659995670507607348704290859084996849095294910463268 51
7636522463170134879989376887798420929485129627852301598830153361268 34
2991776614639254947705193020500310556054936776339163283953895578869 97
7697143135446101324961890191705701201820667021165776654146051368534345
1173302843741097526751835575924718515188909168989486576041645332124170
2808114846759077301327254794609415509728678967187961801220443350296879
6219644048327886379960409838825362938230395839698373949610171235821 84
2177439742703646911258107515945266355464675143678868797822902295599477
1576430671265259718556151103574766104209641784124768301584033979360112
1187811200823174503714075700409271083743540108919934594983756706127409
7176992139541109521012508398136549562045150243668431133989738587361130
6512474524232154257150917098311414008602648905393707127744124406690768
3167085424057300361178690524323205442682356865003270303065015077480473
8700240267292414480020515306773270191114548987396349292489206289712904
7830449268538002831487535810599705614838069273730096866109888637890 29
5573247377321839296823726596409999947667955760530718216186939459927 78
1644525369696581224500935645899443219172791686763985578925399696609 88
2487227058690249200178490271214863539553280594682884699335785668968 52
9914380341052833693838980810654163125074949460944740888646908365216 57
1068529029379011400101710418758204392619824337261561113568584173076286
5206310031274971446997819103881992609016646179754069102972565847469 04
5071925244946583352764174639951788616905673265931633412458545178258 08
2449007188501785142887176672083115995559292672621178256119044595069348
9617572283250711475204412767765750508689367098033666867867986680958545
1635645045670009828213046712442375802553358494967834550276310756161 85
6761102420062290862217868011243459156477566136273107961732523468140907
0011050097945863457244190266200577367179046123274420853797609726268687
7009464227258685007163645957236063816338474943499752065431904882687 58
2535051569107427134586841794569558271770980275281686202031319544359 74
9164686549228763080466621431318534173986503522645190258054517242379 31
9713354798944313018430240118980856828428763561151135925450517590066090
2931753419723703731662676310455267705728410826619539539676802350046 76
3923223819889539040992691678591566892197646205371386957697999908884 13
1768915113743462702375576135602359532129295133933068804106622580955975
3015227590711430726120998040611204959544702529022458298103260460366610
7907846145624771807212209453782243796089208478369881533998578438358 47
6233111145529449931635895654517074349410086456375682365245225528902797
1719998672996381621378347132538829807661287146255347835297146301393 79
7884322985295845439519676803864770811999621581708094439895803825070711
3582707983347809856610300809248363340106643785171705008672856057256 65
8249006303816659250276035940142072432533503290715340643720991049554 41
7219296172851893187876675409135877109975306839422832961708480658343 49
7111814009227825302615934813947551736035584089426644749330958461998620
6812924842999006904953095601991673592700342277058077772579429891924 83
5075000262535753826874832363422767248087114413930325764451626363014157
7372991358552647618310615475055054350039788791534532770215960445663 57
0306770661001920179321401714796971673846973333970705605859892283092 53
1295264942795361836760792879940177086017608475303934791124788612396945
3298233627503274176462432178205058631210032808102535309052281121335769
0673482789377192908366864035028279947062486247688670440208595385347 24
1370469282593722752895964155974991677578726870096143793390912193869911

3630197318971094560373016111097666244244001817806505557246233985925686
5538611682612704334070095180088689713989492131948076545616095446512264
3149669349697436169839616874112409269250879164951012251867524836356160
5712348638468927964566676498484647671650465612669908654854037052810 50
2823254158231964824582861497900418034575969586571657893599120269240 47
5446862562656707144162771143207057262320457058642548648538642871832592
3588272100501781925910321862102525429061064196493219738482292467214 50
8802767736310025106146589875281845672592050079006099263317935029302 63
3914975478998055915983874072282012111603184744607313092642236057201406
8318740741436847356693028138596844963678163554669045752531854826599116
1791886475069922132683880788802178150798752627095916528280767673143 68
7407626055402771583328466679056225244150316045686489418112599997950353
0707283995418800406218376904052860463782206835537443655485694778361 50
6263598993634787027909030997462772184241100176482159012705671182087668
7822757646769942854113054242846979677129365563719081124347524991889410
4423899887655814909816313382834439867883056142206994865643705634568 16
9510209714342381265370529023114891741626975984689067549381513688231255
3178553493746115050458035667819443184768513482917267953046515495980756
4116899823793686265452254476823193821655598816897565449898472233608040
2362152126378985700273204797098350733847558808852656004601113636641069
5357973449086862143285777692977138838668754917368355359148530578245 71
9109983029831395137570525256209580954017897695413946151720261764966 07
9521063305486458118903323277535560804209288079548131044308314254117564
6937964493700880517884390646505986995299345622884978136790056842469 06
6898234803767228391414146393834419705052555274566152430703116893995864
0952184680068901136191300908934268278288375705639519533012518018235004
9293106972725805703196643197756434141864919570951944115202257960157942
1743329987124953984816432158840168231801567682205889033443405769062 38
3726206054194708302698868088319400151779250677571751745937223847177 22
0508209307041593117362202000388130607888400911177396641888367333204465
2964644593441976859642812624451256257788632315383190956542867923083 45
1240276168883596525102882925470174588508778546743233541314358139890 05
2342270388006077143178342526680299665251595805267396825662975785411273
2459999634827193710570217727679088300584907363364013164799368378780 94
2754761608277906353980263547708948992177734451897291008461649056912 64
4584004920708308526064556605541887941017689160277283372571529263391 24
8090560002823379201775264068935118044977919973237802038054845153464214
4112157409261171753177525342523126565278956547994952499966134186685611
3717265753576161246756393636346585290219883593583139219249139341864 24
5413593442816603840579430340585830595161258412086641797040450055709 01
5103142797901457995856719745613645353724475732597176241622166560981 54
7765107924332845973035022141801910437784872406174681283719961462839 16
6425348030966724024117848379051186988338391790267930764956491327966578
1977169564574759333133134262607748971367197005879051641105756086803903
9268658263487063454055157631398616763810774144512259412855075449421 59
5294857398986305684715535148771193322794310386006628760697072692238839
2110104220541823141878387002847488883890566750633122209205148078706136
1084283744060089044614667973715826272029111684229324748247891789685877
7805977609418186443163400288502645364455135506712134011886907855574994
1020501202058436935943833843142118798496695796671231829694191171815804
9435257952406018375850997934371130880264021542881644344306720286303061
2449853715671809096783674127520201113454134998391711172535385170214243
0673210003144137288710554407895824702376490475232030970596062076120 27
4233173017656903200367749269422733032275776275170079415069130235233 82
2952293804237429919553110013757008735740489604930149100131051482856386
9984292941736475578552941533379493920244023171942716029023127159436 93
6461304778015704697510260615433560235322727132552378164940552536518 89

4649839034517885744396354358013434976027147384385511984781089286682294
577257535978429545434990952690776186980501260973242575667396516641860
9433503841496183873703509380703801016953663046160924072943622113373553
722563179924520868182716706419610045069000178351726815392178658474812
4069882994394469284753921204769670400891751698004473501340113780055210
5630498825434932067996417341838113208226066190871983360217148256562393
710727708004426030257864375469141406467379988133306274980434048844433
937285851420929071406931327851505346968127345232046363566630091702633
5976323886142443801882404910085101582522932565567279300996617151675711
037022790900577243226451934853958153367620180430790663469385952282763
4852807373926695415340681286594346995691180472437660893831562192438656
4103131340589115080721932867391688323814944776071992081035475388423453
896732654849684408063510671575237120307503288768536916612388601773535
404009108803958927512100254971669370797871866429220140145588245623424
1446703132303501281032442016321630576537713870990527259684940878298118
615258884925272186032895221824026282983232700817634556129971457746583
785472429674618246643849029786530077631593791964425478394882826806550
176331623401014632709472597201882333538813353025456539046348310517300
849704261537367640620330137906478738737121464525553365835582825312986
908539600263668907255056827141000417352289848217175999402680746491418
8870306381471153296467895593180865122302663699720471131747863490527766
9414273422723279580870002598280525801378538783200311808721509846232270
743162776152941280404273173876699769554819153808427735709328137376056
1766937072880612119558068900815993982648764512003321785648698432090637
6025629999288897307612477412283832696161107516489152282506445462683064
172271803383431737658197124639514478783200093513333186552223389556602
516470810190022446747793987501087746162698894095028131074856975128637
090065771914143770296754856231438325159503852517313664426550285981057
6418370704824060732078711770552954530969818351972929411541825195835308
3363474955997898763199425104174380877385642307717332540519763611239063
521989491743905255002477559239394461077761413186765509240689222302864
4317156237562055325359475888341884110318326056616085707801241213297274
9166000048992747414021583437012481574191298877094711693311104113046464
5731987871069570113548766016847239555580887290897174691220369251189724
6805917112574573943911456518061060805637865308957847735391188780952243
969780018458236443954482446565562789229023722984608325547054940682218
788034731789918341605402685996748721800813207788553382430527889525289
709770802608507881752684419747475030089442427002773032472938196957991
276667626902535976229524623326878831389484003936817044687218510139571
3247675408223230437822817504981212218492381106072004410173724029200225
719476280314994515478334470303346453163731315274916269277287196580757
976562490296241213427394749494996058045828871922218243736016280861644
682942178448664330819416549098050350619393537344184449884818559504965
0263222645086225208709839417951613729261563166641163790862599661958483
2695382064061026825170404948988385791924216865098291704758395293260119
4431057299970094882000646282506414298088578461198438509317434993315875
4056846184430872481690382849694454914912112838991744269803554425667205
9237594015085287584120562381867054311890166818097178919022122935188742
790921955155180888689031344770845777714549283578452961724874657333204
3166606413022240780940992408614861966164617915731781241135208581516991
824554105441256762164334410701735120323683692247023947522319864680946
6576700844147762711278182037067394773027252712992031143845135201994634
708981058146681732870787756102442048074753084204104430163487263326788
345044502448423109177551673670760528410517521452293493248028426483884
8469002099445286264641842034722165709568643477981110366220426052840320
3412153418624039613679265397630572391767808239419738793739699311857904
544687873150027991647682588517407844000561270342803131241594006256008

0603168967960775267805585158444773757320409868661508956832617959871193
4719108242562218826890023341053971891760363056471342188593599166100040
4311956899866854709529630760786863475180887668213990046769273709484748
6632625785263229965264902904755726556426281710673612277932681885116213
8242414638514198006184825602021620796477460122499966967228685245060028
5138006176482634185967083763616017717878758478721135242571274834527649
2317626462574367092266211307733555205683386054307054158740244929003575
6111655557169985793131000681933285380018287774723250914115819850576954
5095128707200576522663427177149957535199423758520108327557255910134119
8306611780920840327015963024197359149660681090192953878864962912091547
9131840927623462313114441025278015853644351302631195924384614550783343
6871321090511487271230958757797122207183607136023614162793363027620066
1513014317558424364472527128448286083347674941120679990018473193190469
6130141786043225526710083095029661516123391400723248127406943374848113
1945857018441948519546090713962540695926556536231923829498572212861126
4509463919495411072692219061756817721293282395098163294236973124724084
3462067641516583724295223693017432684138741020941322315904311230900855
9178089809863981147242343125977273072587496545079884608503649403556360
6421360246367250297582588214239709069638947515852196010056708757611743
4222006881840186782896407971342119879894242005426232263910916080832822
1720623832181566009563766131150703525394313704384764067125707365986370
4705747299557705633292492870667671578426397484164818987464420627326629
1809186345695140821112621118307784231880550483902301823855961986897258
6637538368548518808900275672391487967574758714477044963905966647638884
0555139832085110518086946733442146964388936519874292945007963579336776
3065835479134409437498487491781105259529349460886960396179237563635270
5682866323356938754782849604914955943558112337629627949110896272845630
6695903129237389498739064645482345265301124597093691663681984294019757
0396110501809396370767769574613416736594918684071597994097749212951447
5364355705104049071822680477534689219219223966559889264013833854256649
4287750824045655818033979875280750093213251659556264896843264720955084
5726942676196203246524253611380812855410809861388993231752761000593682
7481891930572687927052706681650947384411241352252246216405896697737766
2669472230604792593765890405451089087271966929602615646056922347083007
7659724942225173449004958810325871173498512933407482889628228684514065
8705958220885463566222379692684577270800624286247083910001271322746669
3291077595784116055523253942755096006076083705334480806961357479866100
3456942905048742886541585205718247493430292664502012901522850857613774
5521097273911088254049019546790225373255943701093302223343533679247915
5486508905610315092010532977003311490993319144158254039376710385615125
8970841315151528321798116250944078384463599269824851477998262383671542
2818506966671626620176160970567094861125093594209257672502737040835833
8931609750567830354428400003970020286423333532380030836727576947167066
3207271563288145135402665452805370561633756575655615604568397358211272
3349302665713737615780888148416954606951892450897761458277305644711560
3672340137375123911334222135099520103561776430770908044730482689991779
7646876003448036444148641346346899950784555102030298886333848328118107
2699200088982857193684138915398111676352370135996047767943273521946249
4183398303417727528719732165352397478366615988300018701354800725499967
7948156412225073198207773749493693405159261512147252409133124328535222
6609509917886242062147076181444365168205906693702697284844303506025521
9140497755126145044657256971231595797642958217968313207204976676286557
0471311714659716899414141941558552792132916553410803586453942360439763
4616953352898463390144370977103171885263352978600986693086698435263393
4184369703188574390628654710685190800238247922659706695796912922827779
7760081119896191705187657704715480407623420146901474701230072367200637
4794146524884880021869725445463705686004723267422019698082214227784472

1393055099639306665883512057342095362327068335190537432350964241692802434924637529131968240070383892099468207970820508553026506084172906467894329248904226662371493914871852045333605092819272200266783545090067219293448357187400486452584361950094552025533853015019360827545508148367762943173466687018398966327368706671738897838170585143555616626575305893492837995688371566190511746934019853587525067274615771754279297665411243066168857921466304826537623629178636344787320604811685644513319633775974521089142064262107733716871629057910904737837639993403176101329586566017868615084132025994391846880266009194120701567367052752104460254246476622255379685622112998222213661949692780512346135893880093787006445888955300930967808022056712229117324496219466633608501509594916809119443188318875572728807260492048422572695023477727362566817426430792407273243055492388314054863945929521673461205934733108122670744358544306390513548612458469235277295559595081633912403448808461557483165110280565969126047382200962429878618959522873019383292859627993498447285095834161821543866108691365440642590891158969812989744271470860637344088950811207925632434391216048670980372692982232485582499570894311086376548403737521383697754037253509308684024083186592189475434254656819933192028697364168763807805594272649094054318608688358706239930380932489377606395880881692788217232840100800778744685528493009535616813369878218813198796091570780060658751204136810551501389914072160545407320984244571124078690275295563717649969227320973453390327493842246971775604291219637940043929139399369638343123810572712316016546238186080341693779232360806484166851670088458007079905399019138986928867886850125467916825295729795090778140077583729195952592307789852900953749693144648856042018307248366816453488890061641848721314017619792067384253885282960239842855401308933923814117570120808301554188871910117122035439604125881368880489293940966294766794056226564819392253637168630106007982286989053718470719552486361442452983986054972266738139927123232697913526781947508154247515825957071821517477933308380538542252593586879001120176971506948468723239775696021905302772913441798953328457172256959513939845008081855050284617312093463323897674396686784116298253664412222350542063236389978613011604606427642524721199538797765254709899138757333709587544460688181033307915923351694002680509969009201681369502875893937714949331121572415902123622515497269878580423624412748789986559314593826975693143055498179506531441866832732881951302751995672175382370571522522917889973898390630173991729947859647328824514805731576623972746812720692835468599720491582006549321426373785365377765776310542564915637728001898109944412679472769211509560728023628284880601982030177055736035503431347690741276028424070278562450186760493680921796666305062857919256903216092155038298157384365049568333881991420375632076289437684602476610394352022944810101404116840963522222446526698404296402530017006407037233171935220761783135003574256845231020154486184741129462404963288983640551545380230006576243147668415333980526779819872375955284634559435087597530812254078311528564591382669854061989075985920268537279230084147530346162184574848815554875180280750087011486020566300511079526262181650999704624609382003056246103553110403422874336687869698965895714605263601339474029550277428860048235899761603260749857047122184558667132271410069788469581712627149938589828585921462536869196078653561335684500757664674333108632471158007102508635704220042755102796922229828867950516039032784227388738111830329773296824160426832369253343439480561513027747565564224353863128341393926559729662026384969453375872939469025962873887401488070946338065979969831651119290880251192560285817304991084121641799684325236402041202666033906135644140131389322120287306294453261319831333565412520582119529293214940536488230033713781306993375262675257342720547182598519343971228475497423228254040766261730855917977487126298870022667410474706114686980287027351481988

9330690780405185216982872231913175583775553832930641934332767058711857
2766871456496475004679237066771990706913870008711630394429748229895181
5094107419158382849830008905156337499709234458126841189055720390138093
744926726325991473345522166651405838474159317937747013883109292072972
5748072689274863625450102261803654579949694183630518520334858306138 86
0891537475768145068904830504743231041756725444567867754056535324624 42
6384501125401588113376287922791445769993245490207100571938902433231581
8067744447266723176645607682348386279213909238724304151108883374048260
2075644767577685231345785784346498458293362407464801415979464521435 09
2855444146566236726007057107442947148089930546252461505395466729457 45
4775223098859383492273211814012181993728972747836391302422295422832265
8127299397886975817429336440054623339798479236619185224022625456201 01
2629622742562381753005177632863755395427686041957675848786829356580 16
4847516468108506725307386935018654431860678211748070671023860613289732
5712447823979443239268514685587071759326786933587685471603448961677611
7163412996673364505897921107546018301236333606911449641883879341218421
9493537874996652379751539176305915964610347152121465642747239185396 50
2131632591123081652835029486819565713588747677239629019169319916776864
5873058755288747597090159188858413402314944535163715820461193929538650
0630901968781148725200246325005859550973265669759408809248852766267444
2466726398494549409633358854494438550708277866043263766955889909423 39
2133453243745869236955358408441578541048678823088765914992585877613 49
3789393381723956612673264586058860998331302388177066929334834048048 94
4814411828434656375280816656029472988769848951911289727995059763032773
0517769376782997599259573447528148628394441893629920990024135806002 42
3326855203253436464935897752706903435988090388776483528114172898522061
5766577189745996931269049942745958577489007150177102800505102185087 46
3337480281826723866376110593672121511789100664460382809245724443141738
5808314417365876863724975750172418050556481564588826944241362569737 92
9225594590205061321039231722794686286895619967419234007390131687938 18
0418212831728509935919804705998908531525506061112902960745527654160555
4323462610167088128515203185163523305468450163097876868862516095539 21
8201938430432208578808474078482365115168524579205376362858300472488949
9062322027715010389354247920672721803903231808545493523002157032240 48
3035751683461419504518377046131294502206404923254337208233095668957 89
8208001861335005068753785517389822960864579261346012293364278941293 47
2373772411834710567199474988132556630241748551125446135307313825080177
5959002057552568829353541033294058247633459548911914800263059411228562
9020991982970892267520245118222001125571579240733650574612758838238123
9480241104044907188979390179213491779857502875171121244970710366288905
2674505062509392601996539954670766856145659300467217310496756990455 62
4866338937724735088968724553086783819397974149839080870071248444061 48
4882489613102697330738591249879037418706260010514215839040887612370 36
5371352029294878765054888518285342824841003839855366231337645767092 37
0447705443448028249088623220965866449859194336311920583162054531014457
8482233739950955681727341450850356502805930648292718529747212853238 81
7532400077625654889901114846834623218046070717582378163621157379393336
5635143612655788243001838705978682745348622410331270982486944422546 32
0518242977330631937828805247362772790102365751583877704457363802324 31
0105913302522397460325442284253047639249936874122594125253442745719 14
3579042619855980323554107555171796022257310079403792963224177855361 77
8050880494963158738321286755542970688659515555216828508491818467151197
6087907235697860364620410919720649300412315018883777045831139762918700
9238052681820978751665089521199378270494551399204447989433788484231222
4876272598929978954825746643485755792646037586224230854016062202312 39
5837939679061860820207384862333850063860371679539464128279817191131196
1478216700083080895078544581326695481816638625695092523164821917822 13

4624141759133543797902834142377835388892059566846197981052319282576652938328809119668761048185889645442440220542748969112069333534552351730
7201395279545216123690563455727025608582660648538391808817916070760661386419533907534631042316314346145514954683921525457176523017627907134670298964119348104686248731091290588286930561548550109865716994317948
320400204615028922428325398720403509193836454205680657981934923777973
992361643392328441222912416131023681238412309400859555943921238902610
148002411843673257218566928685211711743895773556713694403655341882663032196737122047784613967242423934382065575710146521083904110580254990574309270936597181213253729453276129255716033811599327295120079560078112
053314636112722208931150147192517953524282097046383536281323733050395799214257143099602033906880057835187398188931411813030607371891553698731169760498551140763775109513049911398393241826775067861293093343419446004710929787141898483801103110274188437832920482839062201145924541976522126891453178721214513312677987845560445615959524975452985753522215468171489841451113842508141055013085489623424362849791041944000953541984782940988043650418337571950530816933625465486685067659486021084403208883697917857456235888145994833927128325817566478148930763018318845031751877025433815121721747380864741836917805118542713928305925515203696
1544265579274334095174087902928468948476751281828993693696380052096625809630952244784114162334706388675154201504131753538500081328771628081047001883468965555544325765680376567350202672652996826688446781066574956350999859617889432443075158310549771763453238063905820477318116208907400124014920080192386954492021367930242580246465176983105671485019785695873997555678750296617328670794908275661321638302579365272711723576493719772988183876501600469601980762607172973387195864987099099687247174947611141014782590188011824536102152204220498197618163530033988599978726056037579759868030733147522475640075715187922016448589055409022
0069215710067763592498572399552763201444121684915435778005526595484999851247978090199909088142554531420111741169391548331482057382804145436271804646866262913735823496648287522089699583629003659621294068548508879007970609715361504930307097144793566401490311205530808240950244384198758241647086058648990739406875441311017445035194648723317674626024900661157888610971626885032390425642166579301971423307771445355387862843
2514336021250189909452614454005268521377177876674943223919259355906514401227995323657387859633667188679821005112248481754029247501366950050475967084418012637345880106622530400185066981810971904908813022918728763660112598163407302581325662620787942939377308834058169822940480343932468067552000853043214053837036811967449736426643299033781535255022524682542776448272604906490826977213886983755924420723772857806701948407548250245903136671777876794582809712007470914103345397923040702124704789597241630631679390426246365331538246802784629998492955829706777036736178091274486510961319478375542147347260977852214220697744173339302375889154517446218414658881740633219251066399862636936880015612905397748917869227522718660000064868860694384334169568976191047931550407379069948054142393140342772120564176101918465198316227552484709378875008888303178635730728291876730356327135387492718627847836880270457848570870734728184365507652351170625675594045614751081746288865138894890196
169187358664401789113965033124828628212773234149566257038143667039496496422017426965254125031386671549257792425824718393040622119315529395247295659610883491077311846506610853782237227650723300729864336816764066
3482712659661133551940546215024279598826033934377785136896658920777477
0380912306198797675448538884934886151790229895133551513178169447938984480551016044753872934602081056423999956531329438181181794916820664342298614174888862468891091040157838357890464703385062422545091526178581
7209601549590419019808172498633323653239962035299833581288184440031231668441282092157103650031779327671655485926788764291194438852182338965

0944951082992926077565435181399883335003165944187490157382515153491173
0252921091190759492242574830715970710339463947729017711117954838753245
4308219195710971163136558511133616779926745002254567461727026192658228
096930167652635367978562181504406855242502063277431207892459280730831
609544932281990578760422714125469899220372255809419313290739795298469
074966884973028286127683424450940254197334278386371332162982718868028
7704885903981654266513122174665068839034388054066287613241514736498011
322568352453964459177880877465457020953889057559869620433725788582887
664304014860288134785667775223167700852815670313517086993687228395979
776142704304433875367404610340962659814007959537338037660820668071019
2988098346461125352172626474614809062450843560918326623328614765717887

7533676639449245622950923406638335836132514639323912202114104758373638
153882739120159065947488481804948983636563622348542146894400775250800
2307778637642480862819102818203471183174373034933442617797543695377194
8128215642985465056109643559380311477664303551338888294851698137863875
1307499107404631767287595323655332912659476404873562844117507971390474
005513323938961955512856978598020477697600525206068054835205471581242
9473628012190883115120816936817092279617805040894557835991309347632280
8015149969889135696881361110514023419878417059507765640482463118885901
4808337761115523768193830635714319409642574226714354981847395407794813
508778895488544130013317461251000430733254010753142425362432677798010
605783400730462256735948868856191266923560123298435577265000064743197
514702226705282803889500570021520539080570268516881790966535977581263
6888591476941979748297001132585765878572669679968003208967718995220502
9203490718021401691020056286547729600869263802729111469401471195506772
843968772487327158127480428597810302450513289974410757541535707520610
3691029094313706923000275848953212511978468846423010680449037328919226
0583773886130912107117705877528703187465304552555815403887856524173249
5736977488760767011950492894183245918218070770062249502878998405996609
728435314033200749819370748032083424556361863165997415001581892543723
5841475658435711934943348597563546491917525117456083081918043863357646
8307192414107500409488685010605996185014204586165368969551147587396066
060761951716262525023678143505929992743236542178715953380317592362788
987829491326901896017961588736995835363153030503048325861920935222145
9420820741303977987383790906406212477970343951141630488008217868194136
392839249637892044245671039999528975670486179028806273423845473978447
2819355128116073381263279174219928320972189396961112814976972284264370
2754075034764079013453331331324564963028811571355381128154995238826309
0680098257040325222482141895457311947105049339274555935132042065621536
892949366468640905631095853659861276550296528504908502547745982156692
9512737113321745590753157180290994325883405386994816409967232531224608
3210899317524899234438119482066431676943205728014253352052621878287214
890835065610874192721644374574088327016759943094565014599538832556482
4040661128333322934694473822981475820213179753550555457762429632551222
563613964468549978940344397493681610165919412356501732770121225749665
2664631173071157348366699751314182591158461432810857875813421737613298
3820767519555975541957172396642226764547465200211986278228782024036452
5990263546177059646470411832300096579549024871371179156318995621081675
4283526888091179891832700151008943093350226550988041726814890881229128
7082952109766415444761833098113691278977477122980202133212746589852634
671926624555388319277144999140834101059524872569030654767321855578141
0028384420588904146821096690543375552065329134232041114944410077245985
5641528901216225842635255114707859555321360988093289506964483761877632
5259427108701314679076750276325987325766791190434282627051475245364942
3116904215703592269758532102311719445897478681723215611444092844987448
122559723161679444150344586844820617812142689172348256874778766278361
6836774324940877324494898869106311260038047886581813424621072084554473
6421518472876874593713829842803509208275211768993845949109624624375453
6774918274654184673474592704974484254733962575419899408081139888096178
8701145201432449909586952926214021933973003160651735918939332358754137
954654082138809127473065435451735664490932758490061726388976458421845
913459045197700840345225999096188791933984028895432356279060824936894
1546323611677529403826834623555194286330995651263696800115648880489294
626619364652318434098834586027305854133387446270545353835020397571542
522128525212821830130299332661790412226923870614682842645748068445855
5758248668872135025417309371260417969124276481319974611402653413800502
024718139556939770266513648400947926201458975913818166904817723165938
0555052706907683977461845530991260231230083999798410760478293851415988

7872479842239091437645430731876545189095326502310947742636863639679565
5102799543304550196299510289841429099115580018885576177703373467445467
8487614755250966994450659033739301500313160838320599729844570358016495
3993575687340656022199212181567045592086580305446081036536888051972130
5776033697791282130976053685806300795151760564762996410624739834969
5899949168518709749894440934598359352326346812880259885425319651316359
5894431454200681572435605398018596809437149428655669441490034911155697
9734615304236866068945047000453891921643594562912220420454155483397818
3611551289833126210250769674369298551683203785418677422376337169514555
3084726091429391925640068094877398787536390431328452109577870245721
68036765425369755669337691689372159682642757537449497418005416994427085
677468627943345741278193459750892923701449925344551435339662061684616
2869463188341163816873263566096684426618168508783583022017268272795159
4919629889465471415030066994178790856944502732408037778427150341385
3735560505077429615383765820055942220959407277510193188046442455891294
859364538378440501595920916918099209322085122672924749205144015172216
109792122102691572302365693498551243092306603059365779850296871735291
33449972416296473482567376407878330294277507365219596517539511732842538
48099934666697011854131164051894952655495008143931482664881444646402
0940783235393423612349538986248150164626287251406844154032324103038129
212028434275834077158714583810420168862545619529592250289375037943829
26040209740029765913066860659527553275106987944541433996555161949869
20940659152382011727678666162834438312481666252038836576254126699845464
566305626956300524145350816449079591479909647782002448130287670724944
687100703971599113759347014971086244076651521471989330630186021305048
086070345183800627956418712285362423280665412324259297091097700292972
1219947444262285433086841273379116269847520854823004156905721012202655
469803567154815773525190469140430937889334079783576638924079458310538
093398617146133213150026795797258189622905766151199162409991932632150599
8246815961203508619616218514095538350773709738165512965135202631895
2939243562395145390317544223633130657390191841231458942990560684292537
59897791824573698694733042393692337352111541335847620381814269245862206
816051705773722333299611929888870521300396966800044633671809692370885
305036087584320402755756772967005007093445629219875590098517416117101
049895879708446952195784811694719989150710844962635254670316057917742116
9382207722093235260057182342362393439411167924584091526061686413002559
14305681111177970827773615183230788938566750909280970836933132742700
410401902946144372591081348354917074104732302975622169328016927704919
3289319141114908869724389042049221875825979970675643926559694021381142
6712898167295742804076468583369870354233990641206190892587349011664057
030824007649122612850101872935100246046182225683153238261980699821183840
107194822899896073720109075703401473266785003056258389980498071984977
34231901917472465983722720742108557695432505903407033405048224226143
0876280888342016729941844956162886958921347234185767972108198054618158
39733317831479781392885064825825088189657616971791871415017060915450039
966398970448413092125469123200475844245375100418446477104934773844
1125798496196654994341689026437129512680562302820852708780439998811778
77526438418231405761652466193118860690405132423239531733139514493709568
694609307469314164276161660931859705889566352596023775307483043131652
54572812065791236728498218575347455538754768260270022662474815467105
3178253911427371720745827165096276400991584750433634318265463544026404
059732843711650722540326513665539498189050993479379819858069782186550
2181327039315360049815369763298650553658774363415217958775612451858034
830994833708860254890915258282377983668348739557098706627632980572519
2187914536028557177376713782996157796051868521774624727977445894561254
974374283190481535080953603345176201862224601260462488022681448903020
8699540534068141543851849396599038459111745869040957358146683360303

3456446280634305244412220994971113470241456023969311815207755289287487
8936396189283729487007933111713325796976022839831774557754586129931105
1810723969487657942820375588446207770717323413389041519555404647557763
2702765338010792659045019913999111486319557132221245993272985911849735
0132241737752767249833216157371180056909299700801812447186896657877268
0054555115368197971988268480789452275424334870367231884210352035048530
8724115445938475496586200922220756979932033803693719701186206867854194
9525556332466091158655042170617676506664877202306733521287122957286462
8593292686770613076925551413724934001927652248539432700595619641090700
3916208440328327989866193987592464676893911495031828083479399860466583
7250695021325692175649023887656152401852170122116212746858948178985028
6474477872880522352356822852035937224412799366379674282448396437806800
8494923017209468877774251866079593245371729080261399410969767654663400
9431271434368806589206992388966339923778147478935028094373660275900360
4624161300918734985959634280478473695673504965124278435885422229450330
8001132620039715846114551960415420912023544705338201478038741000722524
8623183888193780192165821037441670975857353741134083939552285787470682
1842943745044891824751438878123345558634507762627021771657630862420910
7470500401708664012755923070392599025709615495474257433275765180189680
8338285495571322884859164029072281974743908432916254992336031309377250
9116244716487414226815761994432461605729560600777557271214775550282195
7088598761030861652699743456773684934533075310785509520368342153820260
8676367990480875512997682554833269000521950313002848256936888101150090
0708334010090541605439705010448801241231425172792669780942466246160890
5311361541680530976880079062255312749586495569879991888536255300611324
5833548285750636948822557373040371925279780093240196575453942601949740
9977794696391673674187369879878250594371175061368451255835800714655979
9183227867154283537193419549062224893595622487235001596551595820360270
8287417452051357454840974327538257555219568073477789127242952528547530
7741631054371227392203054066316539460792954280119497228598688626209597
0577136576745769464229858567404085499316146892335485678633144181922120
2136886299706540317111527979213893436282996378841327782939509892054955
6847867473011837384550561314781570541630118146051812583181526609932668
5656447494864272361110063990201531934128825983210736949495291608627029
7793904223636251591408247034324703681924639827518952691022795031493370
3089983779927924543941160471591197331541232099717813372288860153630328
0053212834939228219427985955455416679258510853206403209848850627815660
1621488128466767270416201689843688069485991007452575301982376453842050
6047226797984563260150554934161892553326356677175294303411190187870568
2235547120159829502893609563368361185608376927023150693340265942304195
6204596724407701136473169496910613049728321764084695335392064815005835
0182558510308549034880383374818319442188130958477422037695226471444170
2459939593411907054416363079721417685593828641120947165620194101307656
9395469755996400829760053541886617882311102017271557302255059529033501
3740258692854277197466984463603029814118345183219329346621191049720611
9736836295670334194277916762383415463921665589720671002110390859686683
9052817371965278139213450154756878629131833284334547580722012475467480
7682898189234688032497121578622185846523818179160338762205445026105350
2773016917736647808824173908844525891385240418917053930136056205025320
2890909131465997522304654649626487270505042798563552499956894354846560
2905335283890524074768282346944251242205243214604969115159950274511921
1568291361987775744299750819945714978774047543664667121836718639985930
8647758480497379574310313556106922648893323794188621034303009967129570
5625060330359032217667494155356337239116889032366927392379605559478222
3183502575769569048499578355341992708004537102909673080487193192187340
9050957832790929334097901123050953551778787974257302591266151473309719
5021283664439457963959427214348479182656385965253201950438972415926940

683925242421860380728712661664237383521768393446568942250005575813151
840308505972561946962356965072584850934813782928372217068228979426416
542578445420092847486454285138283727783813351358194082795357922839889
7399113773593148731564341268557738938282797440373940385808905475853764
692026568181661000376224592307825369028319760597426613455826289520007
471751986613934845228586067098922913986007376721642745021841899068751
282105164071420660638958780283243197758108844372613835546296124606128
103381311012814748306492500156551239064926376056315572415059444647578
971934930991026680957081484238104884185792550051367684291351141251757
9390222625874008845364163387127757530258196237227159074255547573401193
6308352925466276945714811338665484639021230369169058049540678417310559
4659185983035030658313990683169764838761011995193662536138889762266165
0846673375947846630420393844658903846488347282284523795317069941161364
108194469699672444074692839236413056793392301529191083607535780895440
722657842315084058834195478235687997366218421868049687643075313951636
703662637544391351854293973863930350473224166952865438439549227104700
1209217380103835760953115694497464875956857723939594612549508301794218
645124976069095855328481413039828332195744156994123083932663795175897
7091254917797311845939926153452213996141098349106184057736741482444413
3572465291503100508044625750253745275459855153929486042330214582807131
173753191394089351712155180430170462205544797376696674789317309627148
1780432052415373985016954090511688306812531486809043952323243760231622
525043883668986857066165306618190456852747466558716177265851650734155
0659451756136678425907159518526492326611989419927697833028837779411117
5014474104229080890236608339194065211139323726761359788538923428288900
897730547336312680332517109129839261484970005426861602994296096384886
444060049102945503966529170234236346606504222296021098785880069442156
985770536698448410868673105069630296090619342316066387489900188289495
1256155911024044628205315937709684265648034603378173148140538450449907
592035509064459099090914452597256714953028272645215273966122182604134
614750102864922445726576575452903240547143706012344312177520657776455
2719001153953342505418075391219150598379852615733705162295441197030788
874317399891457948253499871589694378773437376751615663954647624352081
865315975103666897077758328386505752358050171402323620418208538777467
9830295084423383311037458065364190794474970628477065476794829621886692
590682176006731391606658160785832842513862468330626033667954679124922
3032388929568772894761215153639603094062765311976690109113804874054937
787515860827573236354566858067490627165972159902992186708613896895137
3706831731568009195548277920465055777750668885211866929765211039077863
1844336959067235202839999643239638768673203613791646686795031121791267
912049422686319695226494152603183846016537045092592578800424405944349
467622855508545255660206942268773218946333902767153582022254703312234
798566827028252459880123468395377635517468912253678812381891995463784
4127033241873737633256130422332711844450749742422378266197046104011122
6532758895572384985057636480494092480401111627708715552798840790361257
278835912414460810333685676978349582569733383995616923989000850293535
3429996574069637795021408519030064495477747354841168405510287761108641
985672662267872287859393358397028788359545126358807626541463405148082
9780026991158114186054762951288199430838665320484267405555510253322746
1342219931036194777204952433882117850322504622922142456955550033137758
4285710265052016884487127931856374126072774114178698939715422672763228
658486169677581873952946709294345253733506500569601346073180257767909
915513450348415839846752650573742397471474812540093578195354597345847
076500744709732549393103595244087802427666984630842644463867363801628
651193925985133419563039265595711671123044979923211736068489759175826
316223902262248984622865793572796249103764038231040804819749428592702
463212739006905074988773173218854689364243894209649285664424617526423

2707272793308155715588664841631953161411736909081320190273895284251549
9672243034890237632805437291613982272529908369088924973885229959237775
4501267808873261195461636209004901045657272381218607340291854477995352
8995921194551880521382956261774080412733037942090367807531125676008042
6049507406190564878080502343735589161553899274656330762008009969129 07
6100632053732312693727962007390543343746221025899572139788919097031 75
5019735593786924046361116027206338338409032239894189167224940658460386
8835991272521420089279274309866163507957283790514385513872952711298366
7896161918139486407368579422616671178599051403823472914009009792249130
2499787040038054145640642906637903922523044921716095890520281781615 99
0117043582891340913588943930495096599605113324294482509836510749851489
0151282305847215258025185011999672909230195341591046634975148097657585
4195444193866030102393289408190947927848078304524045296572175086034 72
2585941757724710712442707798690720995580682225197899864793298473283 07
7934323740885248180241259936076280749955223104632199106829980811820415
7702024037867235236304158690964281330364662533949494024268686257659 18
3352224135410200488785056997471685240672865751943425706257347366754 73
6503125572083747217077731732426112803077590654692395022906758282061276
7349847106351976446644271672093846156072556820379137520949039538816 86
2720308421927493301196890650218554242991742579222620450885193664289287
7228775513009477364630006424109929900045932466773531374440548668487 58
7771578864754288251325710249958355230509904068164634131457314484939 38
6983313477742735215011666976795032349208702667063334267712152648808795
3659299373518992420672251194807313265923343577207964529777754867438424
7689261606817339169281246359135494609645011156588572925382446911719755
7285107865529845427871658302341211115530007466352555048245234541048573
1877910034762330588407257833498442549880584587627134845326920402256 83
8316423222370976454714050912364134406361959220500003871490019578335 98
0781008598886055972848479116532070874593435630802187162111489589626800
8973308214206067063769193099058122371610501633813599391835931871303 04
4926180189710892820426100316149965985859667959009433747212333443895 17
8821392131689613734560088472118340553704173908865502215538977424805978
9541723435365861490158428369474900604308895256061113875543858496272691
5091086239755480590136238040358262600530735745124871077414263477512 50
9773977309390725282336321002648028822972706410952010528838078676946 20
3715639576047661145005808047717642728780013131277413244302723408851298
9685603831524657474367982370460127907578060892422712832226440307990 06
1532314102079712380053382053051219117387093019838536790817347001559734
7513283321602546122502724867125834953157390056206935329540235971715 39
4692464427438802759614864941292475277337413495071487803353778663631185
6230615348675776706325490186829580038258788485176455630870877721920 83
1838898622536779155140403649128193327234646410410420881109312609839618
4018558463702354359467248574915309080485941831260967299406674844194 40
0842598321754803345986174002004313785082861832997568177657103119631581
8659950490672379791787367219075156406534377644763062170576698567087 49
2270750280876724620422535389447414241343631101664366396998808785733504
5346724540669218104268811566954384513391960569769130745213394121929508
7691112175255550250227078914717380068542365030323737486778702558389059
8936305021008716646978571180516617315670294795858844262719841035509462
1510005467265326668617442935116210475673902419773096614724220870452411
1707433388517866626222838975950520312887201895235448217394782194243 99
7589998350060780412387921930656793257248728701976858924652325066961147
3973008800477104433865437226884395682500885716481309468446127095654 31
3955754758050793514267563138193621702422973187848122776831895740704 84
6233538362165958684330857962853761603136764747847256586609266766292 57
6087452731246222355044158659706369989276817043499411681279792821296922
6927665070866724480088023309789282035593082888597853534119785021182140

0468425054674025497714173333668952304916831444376297734827205059961844
2796013824382640900540500505438995622032576940311410729669385541238618
4534165135716337686204154882263119603753953515796511561579168752008167
4536224127084386082271549504444160687673507152786736164990684079102055
0438446012308262194961869244003083142930447840925631186320777512643059
4199594917717064130890686777463854391779381975761644681110663893235836
1840915953211635978809063329517326102817101486669486439611310171755365
4033227890444701001976312123410764636362458309773268932593277419195711
4992449855964697617304672915269924740555769815934966307737547040710400
3479749755177108493121353924293299736757220293459757588025764039177566
9051215528023145210293130499653339373023200920505409685661504058680344
1637934252197386129365897185693312537414578482782700860598921654039566
0817318742975871919106932757121799520873208269818635984600672764338766
4820681561136791228409737944035561387140597390368679930474236923503106
5342146664191636140197023934232575269429902746933964408159301579187955
1544290533462614104915531568845012558555000913322061112701018443500695
2174617306595986416881093816304249760877061545783954493791871917977822
1405022579049672212207781602380149238129400854632371404052972776933522
1421226846185978211744358524205910970289419846246899952324223981655590
4667713228763619601838487431946537298122963352740628643961041759162477
1820635419743568571300716754368106285383585873611414883279233104600613
4451413086470002471956472167985528236769001963621404356498533319768888
0648886200204617790255802270949683423461083492572475354452133926887366
9393128985048595882232814751038118880946045143978036923529233651090034
1393458467850412291741350494370619605866619482665643182166566296456066
3733475093289553432517497273791362242708239356455824432730660077315544
7130178084016931960752234418399227001189768898484463505526607269164237
8379008047941617684334383228458537684138118251167756383889258394020120
6135674469196707575278047069344581827691577956860232495884116028959837
8405115255979783881841029014784762345089670289667288889647657977823069
9798819270883513493304458981708646817971112838182002044197499117721541
0342051654270270319998466349146952076159865068488522031632873225903811
5064835501000845177843754507436145059221942402418726282490356341265266
4311926550304063202575366053150918626942304009333102482986091924700441
1577693505738700428590486697364230705586127356402054048267764388090322
5802788508769099480925732901733117165305467839238783985992084494944282
3545511110755671417941567061971198641995640898197469650383598560001537
7631978659426847065320729130183465878244925078198783011235042612991308
0412937786711714417436494170413095998427749615238523119521635415716204
1855426172577328975427489642524558369008052069719897834053279524962833
2641569341561399857286730987422621402885181286001908460323175013330788
0748312361641782613805117793371447041481211899591909802237467877728128
9045303579959340056720430564404493547802696346463971915660009263686422
1734741176193906414540231793906317382851890365239862900709983098625224
8923437122606098581030409576388510924389509763364947748584167476644144
1210442699677685198498165067537953954532870805499052982680916273410277
2402610841956946273759163057030693604930495517602916771452567323503366
7130957078176961089025569013133837451158173426087208091976896237615824
7232799696762659491769689035000181087114738574349836409909279336945471
8156290345287008933177864626001848458350275093946565743519796624693966
2789671332753001033621670580280602032717455317735493275712812897223011
6943175659529582131377364076503258241209583942276617489875728184847633
0287518607461981595309145177675376142287815383246915820396855647131877
0682486414694355434186424089865340226529793504253105307455647445859877
7651882708589209421996518670330660554024323585305741249889718839646588
2694981414032729680400985674094472202944414410268192913411094218741513
2828733107982329251450661078279210121801031119704277690769430354497528

3057095089336353333318510969023890698062935716343038815074851498982790171065936441270747611298518681777313704723445403745600286219167913221
3657827070240795099679141803348219625586266951974361124884659465827287
6564498977159444421182349275517498968274483846421554452254335777101571
1153126469088386801039213792718885796109842454401760358927360092579861
9743410246093628989695597260191902173807009755802375380835506211199233
1474090884681435199033503297762255410262247665024469857171353572652882
1856861123930221223530219051627735697412863498354083903277354810508071
1638965572944766845792174112094484019965561435530689830861208494869864
5171066737076918157254460466820282052648523358699249990805955192782881
4586941368229897692946966657523038260343104885807605511708300919710119
8492536480728361569767818774221507110373995369276615245244965350910034
5288959777029742778854153397858810660715689492621308277949265494362107
3456967878550687385561133352065110009516722384444353315866717983535953
5764511966809574527400042434015440049062666137962957470652740757837146
0940023326556772078370794501025269804793497599536312147248881206599950
4473245405295694916113543765127592357126014280388914399713206284195468
1968858841752929226688644262143406338432354490358718369905053470947584
4958153940545298839146518631815093973623321405450969089453531162350231
6264542428788803218861917253625798092179692510697663155348667212890255
3534276632117995418894408023111712410789106391179138011169084156147104
3264120324352019466878197773271630704885109519004363450847138672677153
7892816556212509319933084617355227009185624196261048152846404552681817
6983236033294487179905087448562440525846670570782029673843869936935465
4364564447230044536227375266531452992196223098811764568067671397854379
1658473209504694430438488370771865018432569270115171349496173698078242
6940804064500922506823933795683717612153905708238585482910045715628540
5230944770923367992115848871886152442294590478039610523547752945184329
1821776470401267419025562578477103968755033652996221448817935264058678
1333262159209134904418941231255215399597795265706825746240764954866113
9248146700657227719602495734508058408702213078799454350725560360218895
1099248370331300766185308525391274076920389698099676917560701484757577
9142527138022094159387748849404964683120257215335558064888819994902449
1248744387026964819045617856715182153214214586889657263425577957562652
7006292978459645061748964253000210922479818088894625167573273500296771
4705032799875798996291279287466075781964794847523920352226455940631262
8324841753975481745701065709260225931723208740932749140097978186970260
1437421478631793853130815571167180161841988500770608288114464967535146
2171955213852392511041984108164140482204424941782795380173574309636944
3649506351874820396050910708920984431416784064461910936771361505772143
0047516429278462760612587932649555864471865902984818220160210049977198
3618037782118959565168922539341826350103713632115778121460237093669106
3219118839169527053631999425358449086023980831429872436326258410691536
6179150117100345827398845023001900255774774312143342156091021425630047
2929521680512822156479879131483612303346110277520338297969847648751075
3086209628464767863531202306860509871808751282265505281989169994450545
8252874274597063402296033568538869497993828280147109986008705956848412
1519647334347663376274351356005241363537190114791202992225315331886602
5153770683310154889099953699017173694298447066677048279322448234182065
6742587914678111518974774907255848915546647004332922203989506494527707
5532932299426267433298828142825568965733266786575619337195939080664291
9147503111328446751487396357728793429897564133604265814305092134813679
8528882925725159524636866705264718983961963598492113415695319863804558
1484790717809078695292727918404522943010294283671108395063484250638208
5558653923276545286227266488341850748741393854930741763027955503102908
1367706943028970120253177018494182091497923829631656022298361980348204
0579523193813266546097213588393044852166287

2143525751137236845059292982495611474226829218305794265334692259325226
372031701919998447675715410489691608200556092938804385615393938861080
003889314155142519880728134675709393315430052569037837144515997302344
291450569986414675950303181271527278942502383466726331733374558809943
5443950036775670310919094071611411540557340884834283353599319214437106
006859366026469934657200936031623444263821514244283917159614658131742
473170515632534823793147494492006979548016468218988433275915280709539
8821268398936423181065489044804892768489218547106769788613503335244981
1386163739573102680251642313394115498106267049750201361285327167945064
1310008468510052112136399583903140226191080728990981630702063541311154
226660786954871773820214105474014024032631964563930096218551712914326
524427459441441827560214455153440454002874324957770584494080984033027
258180963179652491735070149484668415725465928994947623637005980489039
6576313824027694236662622690151478947116904980254949025258782220685372
604573303597309077583539317030888708542349531223031802292879599064050
1773733442130627431431286152209051808992390909028791205122311868460241
332786097500246750791712605774045752925643648232591599931664450989019
1461480286002548234387196903373987053600376311002385030885515627394262
3157390714593247386985029721347782260711680996006044074990934185340057
217199340913082088234123050761235269621245455084222401498616621573160
299790401496699491727462378267301789409424959606884377389474315405894
732714701696198582509128215714053085784661918613228061036503420039013
0814037928612843022537881128448946883053710330312357004346231659076876
3089808395415916852054588094762371192788990746785753669928142352470441
171665252891003605377559735588435425423746517694185144707314525476876
928997005954613496803973823293623899801986205650562460668131022520368
054832484334969568965310038523754667587856799400946425372666150546757
091298762361926700835987626785550302863066879939226509937739884608390
6682082066230124612997303780115748296449826052470590020138856244146334
105814533631328256053205200592926480830313212035078776629584645441891
695373424281390351629291422504839036261444255735810748683489251853965
6531498196305571241999503513238219511869672381514583393490828597559919
6697217045343043273161935718967626863978978868443886119041809441858258
6957960263456303755247758311154311476203593869850737767074276510824819
289768101338596997861434244300067684394207595549574076093250167823992
9600457403577583331065860411555508146908508483995958616766251290531530
3224394011724448874034522407180535221879714738531321688962602853125348
7585855672513707818686352116963311057203172237060467811950861142666656
026580629084848817231556597264624249137466762446143719528456935221561
844002089813015954860029902518858507357307152932312318131849917893637
3414539913411022035565410510107724359860556317482778472401379834746309
724538260700785102526381660274367109349768677960974264539232419633798
9768248442209801913305485964528681424629087353705341164347696964729667
5258300786930930798498427116879044083381863267759733803252682422433296
8073950641806715656027142682112303123429485516536532152694576106468247
0070767932911101196016546877992087415062186924352558605660814350070546
365728251289908986529882762656823007437703610580622266454799657003762
714425715772581268682546629468723995640650972832407761438918770424976
762342214513091793687746062916851839024680313643989741696135882918597
3655389064577513081193455198291814912845765152299640726298338964187393
802463224707363927685951291328962522675690312898982088924713495701429
446868226555957527745822828429972809777383212732530514169924655225066
6146559135759865547489426015712380877942847279114372236711153038274775
334142424071794886020283405775938586047439950943326511364877543242147
2663136485905777194353727858104371833790095179817963113508959960557056
842175321440798955923184808524878083675500683459483934247832856563524
764189493364922492977088581624231502049139804359044981004314932330105

9449024747184763989316316844434740475056811723746439216134318381268547
0940210927957187993693138600003846851436845821166800218282012999174809
263989098956653940582958886002827448026999169801064240492426581075921
2724690630992456074216611694183897204028455317073315231511142056785094
9657561203900768315674762721070457356617187840296262487211591769263270
635913876784655361999859831823045145540096974268503775012008321332069
588601973051218708541843880610883814334713432566689792627702443419921
8076863100164857338404082407585399136557908117839085420629330681229472
933559716393679462033539152709063720694673423381513834269471410243982
2438830866768989624415715064474790566932331808524642956292310160051118
640956880068052259396549137978135636662786584825404606873151675168565
8713053052115870559273837534786890808148447224684033527700001191254671
2330388861562966960158721813302472824787916219784911643328606722244635
2883105320858360458051478498520944223549847131411318817352440769169838
170078031706833636151053133551533095846623655392600802125833620966795
554446296223486922443190847463919351749601595928620445379912792443954
761912799230415844328912730521691240813192340886616809185433824240294
544610170882751608810427472192492094539469702686028526307940310706909
9130922043115964504298191085799442609001524514242833415815488227675820
036415251050279035800480534280923023699820894145946331693593899070015
5598350644690822444986197170443076286932014459515648487770125948501151
4053979796339301004384053190679074364712995847183321388711090998235667
221263805486838741894010107540013788101839315914880874786587879500151
5539644076162577508186358217931011726144046668884818219456044051379248
831971545712438419343896724755144423665893647185182260718836387507045
9294519811236411780972307434095521941405244642200902221666865483560810
185144317155508745203070668135820388435215498794496039494729606547080
639824562739470639744064051378929533572858668999008599086906703943434
870800817607140504325690320088153694716707609996780837875260810732992
479498173332139531838778328235916737012583124289064735474215088782551
4984141423501301672675082179111002557972517427600739373192142103926032
9708107698190589880389161813825799144434322105291569057878847458211103
8266054989466937643057282009457407529253361163657509360063673498502843
8872658171072599410784930308130117586486115832906605732742706030699969
4824005860864033250510745707713620352068864946234411905631680698924069
541256556398194247188892203522432260972317548885317282667739103757237
101067393376638089815158426760468520362036724078914901879273556180766
175587818153830714572203881772971875938956629614975056785345081345976
592828371823671924314009741054372978445101625754395876245790382089029
349315014810483645135388892803043860369016426589231622072189666519355
916274979550480092555159519046186067918808187226970297962202088800248
7787177912581021178942507276131979543109624664019772097232261002686374
5530018619088598256565626527936608540782281152515511826170482175695615
416278513963778247995239435931246975243690592186779426383330733739209
231890347396557573966490982052618777270846169558736145592952198126893
316443382397314238472615945308852540887188657764022385105108797310172
2522845299769476173758249952632471411817301602018331119181122281350885
6982100481816114616760485187369995611471710489695145284969675812583453
612978034773231329653596522390633574214202049904797794971403687215328
070643579877121283723586718612328481014289386688570376207234844796759
2914421953864220121082077988765511025031152937169329199651538878042516
256025746324085042288449977623894692696315286572937413430169360076035
3293697064178277877377930650105697394561162192403366764030907835414551
383164348894499792375578158750144552064869347130864983300738980880568
9434606520734875952488738145285633118869663717726065392901299624512136
216182124975855109246086067032927819860265252326322826483572273239183
8349258202127593894057153041127362818836102715025364815499370099624982

612448826291798672824976494874375237721882327023286078786741446467607
5600182094890673465740757676455255636422430212091679637261321178552432
544516726617845496108737903746066329417692646345850239275544630030638
6677951156431097661700950080536746629214903192289315461344795220517567
305078224066541216430977472513044952288499254238165437964069910930372
6768644369877159674558387881782369993907291362951135658592126247060512
379920709844530680675102192359762580382091795994036229322416000214494
8306949888479840257115758866426014882617247760922755278249318006124546
804432703694942805199693247405676562139868967945410457780679381898678
7438960315493080875448508708413969377697387704317742865816964018711318
755551398374341494804367385069109968928340845548658831507829804444292
178135196816520654596288592489947217333292060737007254838521659865898
8907709883546595044585146811251957872729831356143487873935778901650631
0758644069444839738465088854412407993571718927238760433926754142118240
462413909054293870612823904674491829046176385817767365973869331068507
3570068839226144004967522441094393867947431047301757352214306870791138
992751983374317080328301799688937442731252158213563170635121945802432
0861852112521563609484108627492827688256250168628994059815893041995881
6428678871076201109560759741287230522131712605071600536828028137772342
999917730050094327364174874089319317228940480334599855226410892982215
4491181471363488518083295243711560960510757651097870387631281243959587
830946173490398347583369466057915452205895914405691865609642765085245
895705877482881204132612392858948735235603381043140003572891237856274
325025046365007438900955727406369494461883652866605437261524541722058
2983085096593648284195869616911572593241982735832458538314401670681614
8734750861264875198978077618791749682700117124818918466138987978076114
957261378239841534622457347391337669061778806054634749248021501000162
4112121713945435621200002729273788090686389119833516081162870910443237
307015978376805284281909521539008995468145604809347727238999210771270
8831199940831181902204147888292396454286509798811164285982169556628812
9031070650000932023736562567548443741799311021817623100802014046166684
899134498942412244970191755576492854239923972482065041525370392288105
8863411919720344394148701657599845533847868765677734770917667146803823
673134016398284078802053495468329590014417804615539401292235930446998
544589414974439097524012233423549654251547589721418489379143502778941
4016885281649814395529829554011283072905955477612250008820025122725613
693737437692659490087374604434475687479171702479007356271678183376663
649010405890049089190374645620178677383153699102840008228759819748535
24725020143724210479284879675997055577863311114044746980788275213095399
0808031170918739221378473632263320076649516350510825897887220534451471
5051636392345586235874774466224273621281109257958287611916625415368465
731854067726266281807464561236527057026139992916165305519804652650305
5454849917940375541108398913905394966914995624130865765744020383965166
3557873061789061420797246175671478853580693617001984457984350911655102
002273651984534847982496446187446258304767464826173612333863217678883
125049127792009266884842381818548089727394461806922746549046732109474
9474591173096314265599310511814464984916465734889299095623605691807453
7823430166274316235950034507637186799869307186295069833110875567687675
2095740314348590022881123782362422610194674169308424929581882290971159
753012490415058393440528022350651030862184459727403529392769896469538
546962372842851718870062273433716976454998828682355302327643503763520
442330312191859473589456042668354496126899092401308998337870135124523
948795384596903934247060924693398335944514283381668768390601454197079
2247310862821685927654723364212180787384299729325758725227419692110088
8994834956422769640231142753912447443241958951046868251384157117226630
817803408346944469160547679329388942043396620864727227134058503469476
9837848111659256157715352284042764824972916255731478640882004014719734

5096547770301284755681410163286181373244098590685626637160588907071996765696936955777186970008347826798465723983128062485664119583559466864633682410147066349690545555892651629622100768416618973454423248558753157654115752350824419774405089409900945155868296661067096709024218856726351302207694616474196101248350048832439909968585541868766773096136362855749905316728342790555208749417006678209583055699624947773343363507138316650091609944586030701991206362094726162816281543050557973001978755133788352283359301917015024377492382939563793589629549538010617350700506211537941161369245401779331106731368079062915857711534352906341740273374652512188369391593552057152548039141014116076073493255128653224200668287083493294702711238230448191080636701705555168166051617085257753897094270729668693022600648965741466207261504708613737237246453254378255759009256753842261930842019301417055445797375197530047041686118589733242224553893793995888972573965585786621204211377058501004153632473380634849308781705566061533411288607376743432071404068751768453010249189447882289246709247645453578114727268341198125157937479385901365363192228537725907459494891650089063531037329346048208127547665544803346897509941733772273008008835138661216396087695080332774463275202112383366389075701736586883407143249573763761318902317957201193318346840757130035560035891019144267179484864097507034891571557880121672194813174243874698484019368355064257538885953635406457845952580263489405368485245661207135202821836091210728244860357098485986214991107205603824591948598298235436647477244318744362593852443193498859769508476998303011442779166402353624406948893643366651912063300227069643142891417815651576241366067940864427739315087645327820000514311441693845021360245385952735824128082284051480072499505950421581980220321191170380602272622853152778225079828160184848044638845423818778217104534761659376260729708884217699804406003609507163059379235337276032567908429663771490318446980759242293061592887578809375455664416098881032273324326116095521520558655728808412282000087549230838283980249303701852920622387709877042781012562268286458258207489374506573468058957357127024469933040752354544863848261179497749065229880663969154916194567573417174146656667761558913022851724937498914231544042036008376023193268910997554626585144244130691699988162808907485969048306877241500910924822607221195366278356268888066691714551472040654698672446134183927546666394924222757872605386194266203793909264926951308081431676592825048764721048635839380560930913730692084838813775627306414915510911084412526884282244779976582804516708878961001559623254578416946031392298780545287215559674980408504622708262598609921560665677605919647866196535011861033873012068186269889831755538563493334962036254588905835397049964181414344002208060299886141346858423913934015356423247214253014285912056576385693562776247087717263782078595318143314668428861440577879484394185441455390118963375663753705902427878782986981491497904899821810205290687974249099428432273239292737922935894937563460447117413461811876377556755317135332869446788663368525299779133888406252053557672745226875909425026988026230290295919800718727154390507570920489474278808112161753705708177786065723273944368967597196132409349773380717748506768066110002497094831775850489613168171047157601328115997979669711796489374936580182829314688532667068635647384591938163006141247385388455900458292731183045319492375073949535971393532734157355851621085639294721898095939341482083584956933469183118947980144332181463352839107766288844960868696378265107375503636164492166918087904910333994848244220747450873791935474569615644102072323320090426503949670459479467217232231410461977817923227968911516033338708596999475128428050100075079366668644883362672503775902521102625881334848928731366640495934702802062967005570773406220297557733498918427780848503294924150006562102268729921694084302378690711214874594089050476760915559737701406543115136419939101532216931977506053626463245621

9378601040851025972253251730926509659234796949922483311768116594806088
000826189237040594980770400173967458218924295489507168771331001039785
1533534531471068595709445060537335919536586171963149700601821601511678
164458777993723274548437021671969832403521589516853551392478205591282
7961534916630151458051788841148097186706984272264732539627856885621860
1357551480258411912578616981540276091270507419511403965637928982882852
2740860145039535211265389538838677939951729586292709478412739115243311
2925946400072613464924997268181094515144033606300528712881176345574744
0049685242334339885902991306423665017309231172549322356936462708264736
5396147019361465648808236638568712743118146280242967084161021875899860
9649692350312982446820228624101581183380869587321577601822378961801576
7799892633527484089573104084610685377186963984413185846115041482873050
2311806695986341793389531746981770668663525117787844575853111495225289
2091504281574922455591384711330427158913553411142349566732404385307357
246228684692228408379373448470602916936013993040950654596190030818380
2527282563082209372697527529895207663388958110039346705019550272152540
707842220315869001599513082638484197487776849916923922196537231665447
574407641010099650617126279590178098819258884779270810165459373325352
8412802007575104825911652513757834010089518476852491018622117355534863
696984157401995560286512422361874058340908447687897154212595303559132
7072076061508973819799481185638356745062572946951343691678918263066507
9524311558263643719976037744462018791016135424477006273647656549196267
6164446807721909229290808662281129598849247811486715342571553676031195
2454756156523696770385370476886604698021385248030561176382068757506758
136412862878013776514061907267002330978458776691822833391651290787076
0866937517116891741627690809551757279698052016821027162621360697060416
0915617887053054072097976849302663763896866273605011398898836733591351
3960315474288974713854169693929318308680021232896329599381271653722118
529514501671084320746942049020976670074228274667222156833863413023286
0911046024015612304984559140952392104609756543648344461508550374997059
553366602213462604839960122732736419106949439922465245700052391362273
333832849727557393356495943155230901233230563434152351056962822867788
2109308461215686611444387076095828406715187534980897143310274396702320
7286830105305585474061120710903593522245318973774892872122393887443165
4802090390081081088526692277246193143825290972586311246157795502759822
070616687080487695005424198755620466992746639886393484868401422335287
2821444039547084220917454765827104543973721716716000608536862066597343
051524283327289391251077992281717140591722360207385278926420803737929
2786435578021158357573583590602073781354710814495049045918321175530154
501983683585986992326799363224360435624602028470500658345386692633431
4789829914678538149164332937337706472856119777547178021057206562416780
620492496050681014505544400083691585386399196405583027286332121027159
254780491989067089066871512194349441699015818121629691645296566728882
261734646998743806066636501254919352995156342670614836862978791948285
8285181278413770269402216755806828356762152712510027225321755011753916
761857082441000569786355201545717750960983903500128251287302913885175
974609715463747851581629121900284214937284094101651557061686206462220
7366895549393145435182266250177371479799689206120653252754184139144761
139221521346140692864193558216544796702536944885444171239433349986029
802709850271418159541678025432450545151692226883222768070584168571088
248940081080598243638806930494014003605405882514727455882582328529765
5543660060976141881745439506835189943064407677097341582749754334607411
032688819736325102959868912713918327323940654677652057012685602158373
8546587562512867371973052008354520571151156379671524228543756123193671
7685670090063735425030945510191851196229951403259743792093543742091184
3155116834985132549158654381928399557383125945367248250671147389629672
990878885848882599701074227252504035481804962852257052082363485122693

831562806728367147435055983927973260668429507263513827510419746889767
672591369017306512365731719532431012869561072580528336315890095826698
4173539638487201652004906490640354985449237229427418378411033080777386
940393450466333220017422240536339407527505982935749108698818541052273
1299102223339766125332469073008027004902589119786609546141221334121389
196263882666178655614634421081326330771760786638063634243190918325419
4322747324115237704877561380927960483576499695368748511308807062476127
3257503766591078316587857685506619883979458302690860270196411220225736
605864073929143877225989074073598764473315527068466191670819909421086
085140332806017878514301499679947363423662222918206903244530152501557
857601522884736715182349449265482885717976992631635275384557655764406
775448906682489966134559521800978142208672688630564291540138296534685
734899671972420171760414562999130251414447524884878859521922268437236
4532964338807885110699339769612778269162546309732353545146226413765213
929750680992477659734726126909397872213928074558564709998158942966851
556270403366058762305340310983459322900126983226920502201581434302808
0002236580154632882552904706825073630063078118956871980940767158512610
3344019382962718808600861169707239670394318126130974247111717901985743
012399075403547165062880512649200956055134533362029263066498091540875
8176340212996001619491110349375157655887524827214237679726425642697736
819889088217226992655530498724790479810006504684342655193059548646351
596583419325601995394272542463731715151763524395140380742442385772476
565961524567466993162860282648550406859122463407696639769427013669388
291856076758200866943833756314593294171455199666977282218147062090620
349763171208646603060567561493310916735968692629980336515985213008880
2404618168331860877929665002779221347601161748135200060259895150218963
2641538513117752107146410707257793497182252726790059933701865961579327
8006617691118316761471579646487410695224537611456887923115088630362384
0717691959989003565807547270107199166447759227730658896111939427586024
6657291646477829595177925217284078607443295113156581166361862904473631
5551565582337341020541097055398105511858777484725531770169456197732740
007627466291601557814989384991548006700158802872713964778855533405015
2578884671964802052467242449395518643725584409996006306300289818578112
735319400344482753400429606559508922535186015542228917642946353097283
905715525192200671822520448345695728302485815877783543719512685965426
7081696079823466167925926073561893989559028954229820069011350119992783
3705761754071258348058278068123894285619311111413250493316426052802330
398141690067988980373760320995164384890586993696068307101231796152669
245304649237463228462799082423347983303740344501786448039881275592259
020465366084691021379484236888145262969686621356647670201426725320564
4350313117144413771351467367169726545226546510614403820274351610225460
1111621957755376909012981481368832862481603668992773908339405147143384
8747692011642619481923964494632004463847468847911151704484391938676530
3110082423870498152452040557396205818316248694503295350919858056458989
087442568312292543450747373415195274236476418028199548731737721290125
242144675404294585540242390647170225700446424875936387663670677479620
244276809437785482576651284377690093142098666071018702933859331043773
285303437168895184802547799127333139633667250697624004443999842871548
273540021362280036387835780861930328130999490596589188937507538344269
255703320890375832462846794994772016161849244806707260664239432321923
2071760037252313600260079381178885240250457731492535024973994254405139
9099724277891851189238955567249088332253210798862708156400032252780315
109766866228334677738349417461225894542098000029093296907437726013869
091027914062598515250597766818440107816706693400075149348285405556143
0475539110533143757464229486209744679084475876468363178927730859885111
3550957947449542186298667749669615947444409273113200669786113808590545
317626494590167819697149861399492269722338452705143809389513504644375

5122548611170891396680893667779730994384880861933190910435786072084967
3073825937923963599328475100407272793862627167044754075719202503934l9
1972545189483117279024614049668955179079986910253764890964845981670901
7139351206782839579961226311973314913377818343384193185236753866290190
046334332853283434182492107191609276730801323536947264848927644297987
0681125654628061172604607332191763047412150640302017893205795687605102
7752505304361222709604675845312738661652142419408683408375891400951141
3392954577009473174811688536409418352861099710341672355817860282349820
2031499867940174041719140283936210519480604819018245180081701371042l9
745921279840402426896300533553685494164008639217745676953445865088328
6298216584601645078000035989852129012395900704202660744988785062717 60
7762225506063907453194771889250990581009367298919540995766335386583 78
0980447935377991877121429774619764094727212140235326551777236163419 66
0743763915386601945017769140062406841273162958608063506762937751252 93
4367596073427199675135201580087373954838973439901238256568290785911442
5882852136616920140299004131462136806323526508654112180847499875844111
8362909790891983411875376649604809362648932910439059772563295581388776
7446954618157978704191597558335000377286724607351853508854954642029 30
9715856369497857640483741505558099188402093433335128195514555185733 34
8881649167694427782405554336977311920143722541541927450597601379841443
7359942028760525557189378041148926125798303618380107711005004239239264
4156922779005702794740136494229184793369253543248404878023177744518 41
7795835582575476184254957539587854945834308480441737087984926741952 89
3230314895899160068542287957892948159000687353733333338638139084209 94
8725511726171087294408886844785081163455852692141540299672098869371588
6232220331485581742682635950689362344813422473786939460923256600754 72
1256741410342184901311896396765473291674247189934243302802909269850752
2949079709443009238672877439362551113136287615919738324134916722682612
2826312779381175080740895894397190025426412664947980176442016454158813
1760189726596246144139131920678503524638306577640165229732047089201146
9171337228786303703845313419426441424966498447440486177385135293731 08
0998594728151117365071913988126930748269061403928642276627849432955882
8593837214847507077835511989622491195588237045064582005610170205324844
4902150229456176556185921457439900955482294137515441361329150430469 14
1799412246093381651362627902827884213812207758942403884062294331727 98
9259418366829367925960422418459417706530195486439481703355241028747 04
4731171507034775083432373331163258767276368346858444866562539187239 4608
2732471350044895708680315032503867640173531507940034557285503700184 56
0276996150615682914161170610461617408248462670335189152551882482127260
0725957656788991256787020149786679084710663107487646730989091471979 87
9259859062573364973498235031260983098734686162739358057907354908246 83
0497284097732381167082491516373468087051052191917620541698826254760544
5817711179937767786965421699257855772042634424430420744954897033904345
0720611900769736351740195265632213928258312052824003746695459092804525
9687984608140870719534254761388363353511911214414314850552012358138062
6492313538338767580918892379758551573203658831762424116916752381458859
2075164035236684372679175906370539219798112659770811394735167196299997
0520901709075898569163890664270423570074450277512010490394814832945 74
4380974626035105789819540763987060787581774072491184506978842994138342
0608124283901488148725998541814802929492278783243561055491564109174 88
7706706782011985910958909838688395117183801349148254992749142698552595
1776536126242157266244889609614829797030842021051602796714785615940 64
6136382477589020110251992342153210060175230257421223754210749591872867
5189552155329945322689425188409422826757744222275528207615607277103 94
7182566802471066067738312063031466284744338620474325956850568928716 26
5329083278784399650716724220613829453291660046380872563059524153288 12
0937009922989600698139627968627956763519874182401856293198492262333 64

3189930901704881995258827338807953265885144939381241154327320589164578
6422945268411751880818405095690469138134430778489021148797121162839773
443054846149807935624354967141294733326664224830500436445454702749172
320783995650868018761732703319065657954753952069292520153070643504713
068812890320538545563987992101095667298287304794661005431635846234487
4415554071338143234413117884241960190370286869624227624650240042081371
350464015993472053275567950353390671272161779060302162399780418576334
8100544838870317307162552564799599998693531968130101562970978711673069
6494027491665726749434320813231461388692553349492941183163877889903259
4010934111572742980133181457828168791351424395578734205915614587736898
8080791707114551154762661682081777574724842787971298154823852036895916
524054373052466728731303019258295249876393209857312091610561357220176
3927169959868610886760613384364961695186548486046168484824074383811807
417342224483947893998278014734222305786541021772926482091409485035013
224151559999016307147814852705161443225825478014344010953366023936264
249313852294054753641683646704157430055837298470401814557100296962346
985059977885573699802182230354923831879762989415697721236384408891789
275277528471447762189205742545315103747997770686236242189906303096282
2117732197082303477454550602385859114038989691666220778768326012396174
1999762365506363266016990661168908868774133378091951614977054921417118
1911014954347869382062098082787895731327899060020863391127847153684304
381498150970304770886881635974192534134122191396287457810993424832714
1091782763176542096312507136692636588213575119987540115790280285078066
983338418338266739455368319656571703194629336410927266727424499274732
2913800983574450913407993085683604846778665354210586680052115426486749
7239537936421566535872081855412598194547427516118416936625563241935915
8569508890535314121833662399878022115042456600150236469108159974192025
4437873610226712941228298888053367943950329404804961677110728788103161
467730371502183528902414648175430954905944887541042501680406999981967
1937982082773346485581585910776178828497505468567913990401138456243604
035744024619123769440220076042143357338726039253724664089664914714654
730072195292737417679613565233067804268200024230741218667486694628058
7887873829952327805010706610138540288011913855730911380572755893681940
309380718863793758215444351626559912030878482052393749351895597158155
182804814807831310535096823567161235509631615286658578590195287177546
425064129849451057303533243348909799720945729170095878408322140440501
4741143817095657712526715779817097676384786420648761367939457844238586
0356496644631401310486670561346276901749283229004327112081922956415894
8152826558422192618902530513815911803423108851491226653917944817433904
3227005068742888199670619606885006733283536146804985960814028791196311
2748254664043703847828840079815791344523210166867374112129449681345101
2237984294021947946916648150312431873969119602156712114227943068201040
876756809373898205468421478560142776882018807171741412749367467817513
2277109046730015309467773069223290953495694491601169046818182723477816
197512572785153556986162922029188474530269830156638749177021947605094
1748668411972766044408548329750498907825806153902003010352180271792099
508178391212339700700278329061937133682183369615408265203927161518022
7915286407683150329974060928048310506255157226287131327681824780116915
4937862483224017238370727160886419294211817185646748118569400870529961
131410594582938703305286297918826493247420179551244232947629034883495
2722928308040122263722761102752038001209375208856240645311250372640153
996437123370790374395120320285350254748277980930302021966325093290944
881905745102985217283069962242195471016519393297693706545763334324332
564331363912210835291355577008126505397931646814945134120751218835054
739685955538780919473746566279031868161713641615215540774535438041479
8454584063447474508568028086232412696939931122964056032731092793849169
187933359614853517001814969826164800344027822813985879014862852128674

6175384850348068386520168074767440211476655696438739675796644295886409
577559154192615071966537341081706497482220419135035223932036927792390
736955880577997552601903081435508492475981857797980298126412519269808
3107565746594693511285627975905780034193234760013696114472901311372932
651887731467214107412752210105151558657134939127688557300645655666359
352535450945737896883580027707210807546851979021567766355960858995244
927220497752998154586253592955688586552190862034885742944354883401766
168305532660245835994454330952973620564282947453966410175938780787579
0401431956726445025653896405200714870685370656271174667615719181064228
046438268678064178170171014557998785949298102867487747167901743550399
3169683528592116481487861286289116375992768471088743661617762393098294
9823406413782807112174123783422241440699848632882392406563774389808463
1704339814190170417704585646785993494113767101851048288345847591129859
9113261806311665209771093260254577766404781139798120273962790521780796
5659334830319638637263605481726175440262684357264514741114361974748853
281352543231321040655374753560914051335764484512650315994993984759123
386762589988628267424214106563170282684202742775354785278498062554779
6730956213501075135701081437671209736106569338981128770064395086822635
2419579899875244531513268435771252695511656842606249795300564134236794
032686943202212771552845229455906013166300233297861842729369705425640
8957224731479608422799606431211557228988841340690157060791698553970627
069498692261315505954581624066542762653609898824692284240221705109208
845226419380040506472351410654462939736295006268706918574350346890787
025266889903105903073320209977070195562670800784214175004024877643693
827049667540691448956340009298523549912969960465402832129951288171829
317338025893433608886395618814530549363321022467023712349079740681256
872488335280182087968683767489328659515635001584373454271486153424971
252261517808647183501990499321781991553538737856234550871431390503843
286965138769032905340152384282439639132568672927224870847796968092736
560421516904023007501736619499358544714404152214106474972421615230372
4661255301796533454354088980086901630718915880845552219843115742231294
519670375862605877626333668485075275284790344250165376491633179283207
357204363149629332621719841204149693900215789875840550688363131897828
0327068182062011470970782464776027629635132451352251922427860447660178
455463586895641834408259553254334088710161510703674682452922046780848
531852956030260393369987912529602307327858469371627037491448388916337
50052621697332332152400708758090405646289779180098482534272120241812725
6555150503057004181198951860921678780927093724148047112032092752163821
969300536677508468358938654452815223534755755907638023785215194601827
2456823639549056812593274728954569893447114180981315364959748515410685
460978633032486429877701863553136745081107676386047334640295768821528
898135664493094931043589036451413175524147809925350591481309531471226
234135406460905980393007295409692136945644985787813148498347106185885
802583353800866348220745875475776920674100675717787021480249068099354
034049780869747523182136878867192069420344186215299004686685357497787
101475284582152153509827098635277035756293849313931604238871689907398
2395618988722188420611902770942990322757366871860797707077215592326418
136016971727774070288413457177320625302988161726406498017801926964155
0387293286248745115669440090146910371466589528076907506309916580190402
824912396345679839269565571594761366943873933300683738308181230942044
1592959517187192492679792971295029491581185269446544888160644890910857
473849722526625613598337391783194959915065439983793983509005174338788
17182955161844732570694229375365255515347117857618497747797331677160714
994214526381704752272729557050017337440135602978121687188613072957200
868270472815099449365576135300683820300724872389186045558234056763187
626236258904340796023955291440818688735039163729934716281576586285346
5444767189779664009434202490164341084863053640849409128877119965069804

5788071379779515912042538025709198604559673886019016344148290099729713922827786387126308017669213704934976904380819565618801297909146507544068453180516940496248454952518633632422222614586995009297904562688659703930983969560235643889686329923323765908114248603580354516978206769488924866383306879176594263820092637789031658270502911378572975097400493867535805163232169847363385841973520487633945539464273928852497451674899046514594738849778743657589470771779435627074325722855361014929296756502658510060032181461536129285910693432148786863743429770205982545109580541744556250811648819563443233555509154070228734506176634898004928111484860336673588052242980276245065806416616460933096583227741201687004618647087354607594600235537343636685846300082989115932174654321735117553157555101863096588560274473288174361764536559262461764387774037997688608018414576447643035712983995556915655942311745306594836250206036438221735440965535395090457436938651043129342716658105214647736285604104271523729397812487106059859320178075773843670656311350685930588860836202347780649879758531784016729059787657028138758026032333379883203038968539991452029129125226423489661976339718268106023709597596629809185348190125040315899625204717076766399868353153196608687529125423115375034755005153674068684699567677330577510792350490345778778263396473876429056401644333168224565090395700668568009825182733058190424322611289485184918822142539686131003371372243018683955964417346708417832040075715124168083755413148247924004524308125367729689704440679643179742681593592031358215146396789238533146916848019237856136657063609422132962567182221408537658070683461685834963756556481521327880020825169618079848404748675428648124718923245727848809951784920023813214950559768609780439227213656679143255838729396288555753189851339047123780845594071844832836115336157802570583643859337129234780510580916071579237173588327126164560656794503480990799720508422730547419077811064940216016666629509459324696808278858738268960848774456118379844865730454320536892684034914234508815351016785757066687495637606663072936364979840910528400845462332617818149797614121818728612686534607116650955135477832306274118114820717164665265427099148478807776892823457954861106715049473647399736480665299537367799934023532749648010344600085639769736337322294714697302776409407753962883901258246629396938987701586208937991855169330846381599653959133926292450056440676097423169030780271559700744418327838639200591504192666472875278979549277034150826391547896926883308166047956420911237931251245238262891323911425925924887235313534140371673379930617119964803740766444036108277815093719892667899588375052554760929420018430744438964934968142535424422875482634672599399787959797254722441172876007712608840939504811921596748873955586267106549030213240224770792652497769449552051080564104822068021729276356152237738510636020972031378948389087608773044443391070371387133163749092821549212966094355995765425050659702392398001339719254398835335819326042355334640709072858048652141533903522297060471220130494123455357789547124863000470556288945504460862226648523847310733172230385641865311802179351207883678931632431925806448500511452822769747028812975567230419389696691151684034252191266686056130038452053893369112100812050252410879522034623660139062940958680638104861567034918952889959443421807536331295702241260765662837857763105841332497008021096395134916086420519405513798037382651472598999021247513597282764870480302409576924624369255111392235317869482928421855572437473618265779560035189015876875981442665762658258377735379880116858111611885458719903282377257659747925555015170352252043295945668950459779859313354603058046287121050992002653919990220328029855134990558952962035081185191162393317684154510610655162478821980694146953140216385429484650993057590184254772587685764147409170800507658641633769358146607818722445058379424375762870854540335011053709267102160168897425190172664771091187734019658761319238244016778669447316

3643323591053046392692548647340576221166484269938330305048174397311935
0053676164505084476304732563764216661398181721671531112891024558516207
3197007003112540505208238290893128757564218754167861569179700970093805
0142984666852120015915113272059232133736245100927185727349413528948123
2311599234615896909789674454130627626872563304682335313715965130004061
5332005626421384322314827035473586350919884465338356840048416846538 35
1475298726685210475900910516731592462648535707081943035235987550492 97
7333075317220355734702365170793159327874445498164459324739383779436 52
7800310927753543734929701120308885081138511036298562059488346961563623
2082831084250287376136412846726450367957498216344694599244023203866 36
0957965273125048912012359996284808751700271355908821282445921236597 26
3623626193171749930602780067270385204438694420239626594307173387544 84
3964935739401654469425438918315939596750099329847553183201970958681114
7403411464307749078732347323831843169775800695104759625347803929053122
7897202831710307704415204096202753606616877509538749135648654899352 85
1081375466230230104416440607874337993886594343197397276280988725535 96
4218368862525286842920940766935310174676061436150402241061006575183 85
7818459430973816665274228223595232656315600436346060661799295434268 12
7824698023110783192217548828248443489421559050962496809551681614178408
1058068173009002631527217960747234579744753439008266238408070488767 66
2012566975422632476841443602996127063203642476725566239584136334669 63
4201833963782542254474306328053514644920802840116935071719251343449175
9163446481547381600589645676084057980165902557489767118772253952700017
8383461807683357425061963779397290718664165775655492239895116050443618
1020594168505418765847159029625940307677186938605462437938952917738 29
7414846392692211185354790599095097299760747387296264727605210459511282
7435631270960595023755731806195452598765319888191583707806094607301 04
6153140796722525757786092730919024691929884517398716315076857663518 64
9379762973806603165031986181720651187867335919765239567443188879533652
2908865200801404998114956576645013571486997392219460316658901192022613
7063954921500008096808049365156179044413993654732119422707627168066232
6799317221812574576091524551670509765492798757928496616737619368534 35
4686042600792782105050293510602699110772925833223313894239808716540504
6314658617867219949974969729059791579184648037035187388643820270609 80
4934004556786093076538261926526318112021863859251656925865948327448316
4346145940369617235805971795888290583815236978853316823013314522929 99
1540592302274050550374062853590045076657859645738065216002631591774 2888
1248018307666463770771998546947143246041543087106778821876907079694 13
1367846057701838283928309479160915776228351293308159945269760684026 59
4233928858711054408683063663858102047363209449653498877627578626990535
3915532791188119263351069193127339766674091486139745614525452756883805
1822852660871349632838841836848480136264582895400730650791560741028 89
0834546596253808696255262637115923594826384545608725836860376198170672
6337448128763726829988777229445404077067899401643812500275542016983 02
3069545116299831343107188990986254101600293552441548625913761597478709
1851534025688881301989218844566111649106326888324234483096288804965797
4271034082237366738282557725076771530518606164830633559801934071098 97
1630988408746725910445988875959605303292488993638521193949096828371086
4571352345601580438642971035384668305968987968083587349785762678556 58
8838364951627235452070877953346765867204916172087981314914169891375 66
4645456974216663388028870931159655290890968583246620942368725955209587
6586763964525810627609539552914917651817376729189876677984251192168075
5258160046926728928376965028649208798782224421071404646730748519743 71
3976053074322345155253212123587085161628521453800836861246295154803 94
5332968377364248629645702435818923168622649949921863498324681214946 73
7511994819504507449659704327176040133835522236081534000479598193685223
0925881457545979566969475623894957247325248486607065428825628767359 28

8397614196190591329083994691638410053218891869432565720667765232382473164380797696044457296944650283430616652216987080261757570512416411109207357726203970411688859403761058433130293144482906595568429648729637716132195073219971641441702565468946101270308245972384182836040311660348915371607623286396661656185600094671554915197467308423255867674109733402984616967564210763223153678979988580683198922830859763375092946490387910743707740084634936236240083008495007355816496691675977786580811182304770742469643604732793518203847198896117035900830045568512528050955106676996023738782353766372782267740520510615320189983806114919859528750026629455422735260581489488099794079523817886224433013323645543257410388370423239809214161496327553956636176867524381765566251013374304648082075528515649116718283454130472387959848889991562759190821521959453589439873919878854478785588393019531703471240250072072868196663188915409237562982477373635896293037302748649251369197889067635824615369075723811889000386834089303979375199306538172287366775385114171618214640630053993407936721095094123328350571426528319496746948502122505862740454811093958740537288809665227994913135041148573758189949152273413520402201771742697561032405390025938558957849154940687591085109004456698779029635899957858043995947222843355440391384551575459051012236770949004290725163272506438911414940314392933816049214114829869615126075681193004885160428925653343730686239962181200837591143173089441989980293377230506522502709849720595963536060693015540542358093562221999017615513369475682897390100935189886891023056203345606747815955637373724315051310463884368461660222105807660550163384439513392753905047198111267789378425274293071714287376055437904153578146194855984706040401016336531189306836965939759500845851332728473088004848774039317183964923212125759155986396831005033440560527898876611472430892073906771713344899959049955652866870431389745563864195065256263382007256053250254497912589372866069366527475695458554937936549466905956264822166011090722271664336271478599464599992674904954961512642308529764040436950307838875676652232278535937556772170054417615227578900688492224647258100685483167616870537047140293293794295759712945613452455275456568249439714331385804950973720607539412574156291011023260518521610876296113466237967436112342517799340059601494432947964164600310883776688705920048862018019633769761450582921768913766854755419381160747064364618355095042783676384472746207161381971191770444487975137788922899588473820082965070462231272806210512699103944589360789044290661289121648867329327712450595576499953164568888853937404965765716880913039242348569376445019991202878400273546363108028048839039864462866315940784010291779687774189828622227028532919145503554952435667446119533668970392803076336134227848130080590245232298645365347593792470097712372514855978962233505503714082373885598999635725768152824985732302910209663365529809751869164292807619274983229652194481696043715488475908552723586440480201758142575400529343879461964319673490293470269618697328305602126628583594142914176432704388399714037984862965074407226526416346342898291915406945822384005322871978130120342846511500021415969387560598958467433788321510445817334910293140849261962544301069475586326736133960131549360027028822653755016913194817216772727748879790713086459125176896227023434826717374447625403604436123834266368529097934730262217743440936100473438325947055617962424701479577599383961282821867040465947367134674003802886890673435056065419629154398232331916634157727577726255667127287567764740358782518632401429351230992652418610536526239068980576795900937826721251220551113158347823925141718932666848696741049338628805893314125836487308559685236487095735227355156417316000570435683375128586486798777626878911970174198926297503739016966811455310563963891334919478491126002887272022436295541133021032888312521790386091534116785776233880138563643471230253133127583492149626816843461805655064376864844321691600993

9793588697132634594804765801673028762362637540464177371171233375552907
6168457609841203148149067126544788130874966926524950728376339582483 12
7955424169984449141560908212342014466356115143987869283676440381999960
7361303565876406833411029087823685230451771621814804943262467842034037
5691218100204857133468386031640918904933187028256511334225965139518362
8517923265340031625303117768583043905855303143470009499540428993106200
6909384298598494625764243642747550200929598219970537138567540242399 58
2249361468818357839052925627662578147628254905215311884516726792585106
2996411218904742903268982903001953919556490734818124668433899387652291
2442311981457466200937808079651108208092025003722176564662265462851678
0697561651229846904028763819653602313563613649766389022197923617233 88
5491819809573522970142320454913947600203098311826513470831957908274217
7973229110014981104209291997270793913105416884305647668068288143263931
2292484752803515563282795273265608341088161697961023963066523100437 02
6823091533999011018517840853479666457696399564386232590725663075603947
0551358975851270259376353252345454607115787656777517132314071984930870
7274172599038347990837752226623850161890001369665331022529573865193 69
0993625896333791041177586051878192070877765609994109805155176052433838
1498578844158021483003773807294222057611422187341912017380974191603908
9694570812869196186877182344133397780597593991704085257402459527953 58
9551683671046122414148488235070420989494640533461029814818149838496 28
7485469500407432484301004237023770269359497780909390095551642812541 68
3795122263408103402400601731856228367117879128635057651221052346487547
0892286547579799198663491343367457317808000101592280324580415606204 05
8814973369054688383056831118856426927446668256282605693182711497110790
8022216742737252056085239809705192876172818294917079681084956342092 21
5680052226576590502708101059646896004191594139713443207974875200619 70
3621436531076819492314665746833301942561772580296562871057463566793 61
9642933509041759154760564372284823152054488326426763087111474606360347
3283432300941904208674812321963355980892981390137432172319029440338 02
1383503784665824784928237160284570901850939986308768974636121392228 74
4643728222306898144271080876739847451986859735656832475850237902290 43
8743386565016354309204949751394651712042399638048515240438271400499 87
3660922159516794366552097162467190287849723430687941462209330654035 15
1465333534381762121409749952908133436688742196085463005629418718571 98
9796549038922609940064581345769898902937525260315947935205172873837 16
6700721547961956375740701285592607563335804361178569570327151086097332
6600211008827123199163759340997123032026138109889964222097317552741425
5363413061597294843720485673053633453566183219602569723677437664041 98
5539084586654773133442430617212600862976052967207859322562292355846 26
2846333189292831983610002592187113703997150557749320487597831976713628
6320184428233653934716363794571277158840984176877770551144694652404220
8853820282498929639508467046570193475974601082109002237981389393889 17
3661995870235322219629414991396048429927934116586704877857111337265349
2856653689288750896260840586049730811807796500601006810979623045595480
1189768566196762423893127565241655983194566147167582205720515073318743
8649959207729217154115270702515737429327406030388997018176392492844496
1449892119960087414559201197110619178135600831179394370021856788080126
1181157994641471730354790676703916264480369152300163809750954986478577
1530193320758707672807382416272997985657219816684445193115121472153946
2606241547478844925314745222342898144439356689652081728352018491044 68
5012363534665944391017712860590789232036981778144140657657953141693 42
7566274427564792495722561771122441508205905726084814714045923953079597
0604271724592752165506005137153967772426318259343164959994084881348 96
2944398019280504469903074332958696420234779944060855529802601687627 45
9481652470013204750956993158251056595655451124681216741044189201497129
1705911320464869299521893607872571989543326870276421120797111258063437

1790702853656868188130649315290358649123136625719028116080449925331730
9331886197389137211839634887920380921481773975151215550607142123784782
495146494932858500089951732313341794491957195493738102251620433558509
6404429995065494821817491829820980285016135764697993067913222478498 51
2958741989762340204826428706202051130484543207456436305468298589979035
884055646100674589972300286489589524145330379221860767572196030001998
4053461042369673948465981989033226447136417782885831861564108998106 33
3256695880149087548911855294447548777070332542816540487011452902591 62
5351980123874140104360363092052813996081857821750591992044407167990 15
3384458640154205422766039495098525317146476566588668145884224627681 54
7177489770602016193969477385529779517920639342593819635523803884248 39
5810392756705640051774584154536477920170734268207895378424193187181125
1340019135490752230188536642456151886403026504152062258752697464483 05
9606000866480846739758746940310044305071100803285756185260033706833217
8341006973073703640321298250395459156645162518016358548892501886490 41
7671308623474164512000978052671659140945866695297194326626136275546 66
2763974798831324207660024708256555168634654157322730379846334974354 17
6053391180554958485171003065047146570917400082202203334208427162102550
6998295166962322792052067901249991059790172386421758536906421361877 23
7109133881499560018522736296536092063731683978473714984116231404795457
1631028508309649294656142890777360309568914137573724220084319536767 37
2075167234021174327264670777570720566446538170861043049130199330474798
5963516488796461944929528905825730979040950627720666835694427988054 96
1983751273274650760182121520533492208085191762661708361357233342510 06
9683104178207971860650279732577611571650724027365119908613767038988665
0327557743894227581566173076972183643680194219584768114175757657802259
4122936937628548376150113712094447772678839072637650618932744947410926
4058693198959058559969600972046356710955864259422250713422810831610 78
7854562083865526862249687755895674284009651707897439983645219402878 96
9929676885522509924548113167981196095844999451283017439565864554253492
4673319276992922114986442884274282189623437770714914385776080580848564
2730371713537642453067937869457905752335076438815218106566079270751 57
2528839918515710526005618833910853622127568842615368679981807360170 87
5673642170133324263530619346354543601726038855255677458062131463820 54
8899779437994865925280732477127701533566724305128745511130522707692262
1510652614798139613012054825955398498290382216585400027871828179452 75
9345759816062682566935359109197025317587895850786425123816902286844 08
8555046233861768093743871255003062767791144604271750236904826053496822
0034680627979397528237235197310708566623247325548156691201846615653 93
4486047540357405735326497356594491899073616081176313352491857472402949
1422191055346694230286637390630837957952652291658230260997650740918 73
3400133052343101030377785078752063516583462778448353683665590270558 34
9479612983505612394339024757396930505229513081104670913249882048315378
9422613223556634309811418309866847681028257155028682748383397571925873
4740115366467168262937015526822442127711052390917969319239127737977176
8801542246883496201400997322757593293917724086463489283646444353876181
1383414398882353435306237178360377270922206790149131574946123524864 98
0368060944848857198938411919684715248368996081472224187543173353337423
6949008176264368931636788534545428571396360327509922895712580324146 30
5634287293186997117594565836310361683515735192411529174585686548397470
9206998158899997133603670512517832216587046941565206271294188303672 86
1697327759547489832700933761709103805515938607797518316479113151091832
8012752515936515048860793988485860993081193493801277896709108478408470
9431548945577055045503618218115460265023335986626211907545728433334065
4655923652677967900972402255903766627701571787453010678368459746242411
9414609270255181653574496408037076359218204807031707800495030515279 19
8046841480292623759144109388211758454223002587105098974340538019608096

7060017294461315943539319021552498639177030603251093959660382062356444
1379417884276524064389978721528985487390825419481126849740034138058770
2933160023497523314378325068346832390294862961289177107044987706230858
4555830072538581936999562749473165520895617944627647768827751115761470
4990194822843238680273470746738628147526753337201210107164668619616006
3377135213782113885721215547739721693304401947166534830268285098055310
0367604179853359108399121356009460421182548283826080594511633337459993
3098540090956755312822504067646007341266354406248261660563576912527998
1301615925942686486995004724775332770649993846444113929558969146522042
9908122439062860004650357381269521702256392168217733673202091586750450
0478898168703646096151846004855741439881726097384472127464419545019833
5593231768829557830645802089829527631549073550054654111113719476304362
6173297859028465131916146665516766350641193345758667137818109841564659
2962365769083627160722338147885085506388631774907872349191987679896746
3625454712604409541681977992207104276402515484331964773905581049610001
6470598951578529439919179851978060893956786471973638900985242234000544
2237631164031518642793802179526568429978142883832138959824393958877015
5799078394489206709170655203496769986054155902105765147715787378675137
1254730446603349942396378779627117683623689624459677644019969786930278
9570435167443150980228986501287745403934073972426716050025587854988889
4099384209100168173874898358456289352751707911705490005436219621706429
4043278062798737866767302228520183704159213524224275962837503729973495
9143125112923968531901297535611629672308486174323176389298817540247039
1522806254684791030979628293430421339402288412931047594043460835668343
2324956136475425798625445544988963516713644459379357350070277317673488
4517488709966825081043899155677099848874017882990749484423316788301806
0597371518899642950324199139880647782140200104111777478968839555108074
2111648042275079877931031511511084338317728872525585366801323192752339
6907869301592580852419159088376804536260897508342110444191172855632146
4612372029116740614660357396431901332673511383180868544275306115682200
6420507762762431630907633957468027315291779908101253549436125914719887
5238666399374852539797888793077692813208745702729612199390812546255462
5410900834305204038710838385722642176756302904930176929511528857908547
8954134272967908455152662497710743422153765699549216931190035675588797
1969593608944405602798532282974592300572929022501918690499605151963466
5873845766286165583709262295490525587150988780191535985441716721357307
0006350974023066450699943850586630458169557668141518863751672958285519
4702568148675216121345853932624252174469525507007692700832805350536951
6383702482620563452119086436094550878637455568841651474777446606868027
3209052745681753951571320375462170698262614847590710692505568871840363
0005305138681095753887480633463299948769553743481082454131098108373690
7075104526381461571373620350563741206115436983956431136731850971749634
3405832290723583401618290608716587101601304215919171390236458970590273
4815681072289867195302579683764563989718769225175933155867973340773733
0432167556539107557542389161607021227173759207005630713684374782121352
8898979866821776283257253334518323039274761865403919208796565258928608
1930704035739642080989321089432200851994167611717527353978882026618744
5622820220531528314278483033868602799651751797558198833310256254382304
1601894233917038633783579210320377866821806189086326486741966200834537
7267213803004835349669601066224138642725292530005372917737061162348654
3873603335731512271393004752577030921799026910568336986814700700466807
1319009006387690689420354186765107497339382475859863862891901184985160
5676272063568183641257922449828028996536186177766867781410290398847347
6271790234863835367198841815377642843579068363587905670058581213427848
6017342992731149852582942638130658497932171960271888398888136721030252
9373730687284284252676818495032793295747070453752303208640889188204692
025781143747067742104393146452786589638 07

0408530744824078053943147968235436205409865242544613096095689729925 32
0004693722765192645252347104386806162844150263272906125719272577676 31
4022420185623514890590306131224408194389634712598106722230807362487 40
3882344642804839175997118906930494868693118815733589463337313783064630
7582206036072722165120394083173607712722910894553099727713041310614 15
6773024875503030331197459367823569692069290086840655178435506990979613
0120859134208252365383197216400257843865315526851804559506527621829 78
0729270016262380753984531787493214571767442842240498063048733634559 55
7141921655599069316011685456804757856944582581465254105690942130415186
0787424364050507570011697845159928514363633141919856220392836363769807
3696424802317505295501373358979603598744425903636907172462752084031 21
2380308926131880232071030140461195590396734783221472762103942851915451
5034699239286860608789482720401315517854889242118587503260120766227587
9486610780619943166946023124667003664069456988033789419169279093056 38
0077125569611138551110682307186263508781301659159665719956166392695240
1328193712268673839971023130237186061442402816750002785237013297428 00
5731412337710767305263002918854321849520377262517251966548985863027 52
0198580555286556701741242478139844114794561403613372359291002402880016
9542825276370017260558174084453430805114569010709200685375107498005622
9956793937036094216558524012682608620139896639979818266838146426887 62
9454986869869560183587213324687051751956171604085036070219265934907 27
0251099475725221910842445595207830851434274897958314090611381368732186
5624780519973309894011004757071818985229378443814143454127508270984979
1964579292080235503643635350960125171771680565549982788366872030579 53
3233548922735814390956051222929425451105961566598998015880640054229431
8769492707622211102847618082615964466027043097290549291809577577590269
6247824342719684252106673708953912879269571039131701552419895665937 96
2888409428690519523491907549396833743385108678868311297484077425614288
8024202545647075085740339539876746447064724122440508415745987731692 74
2806579384510808293347136974573171707801215046556077308798757870502 44
2018251306625132845793796693426746591767544732128729799255322939565 41
5828683586256392962270161695814361047964633701681690383700255736494 40
1395819022902590430291793301413198519600605393959301511803485506302148
6381739005927865937796283974600501660024561924250559351652393899385 78
5832922591711647601833158673958922691798677199264267707228044516574554
5012821713074850073677934454702487148837188476688243781859855683230 03
9182925072221247233954381450812495920572738582163867174121455444072 00
0774625667799993033885814383952246841860609946505511749493126247475454
1149008992988802447511714394147171562048431661614834901904600119092962
5568516287760436851209221765372520306632610279260457121123463843089769
1005760760382050626948945183133681297570084946503627830445034242988 55
8033635619845445054185239483989082514808667971595308723718732952461 75
2619649890592054696908404522519746654776340655367050839612952694377 98
2971982255074008724675796073755929885119227004014089922309976925072908
2437252930253655458496293343701951694483160099816953821753975089393 18
3088183490256194526897726401106041349080453131450107139376971054634766
5429387332788496507788911570443389987596862067766941170235325721969700
6335598012767963217354057017373873456002788461555755391888881901579 37
8055441731521247110485252795976660872618979299145615755209797040480867
5605446942831227454025633219115710445542963152252304360826363084422103
3568337100347482864619734312032202472443932293380297883927316609665 73
4196648139711732905763186077594191418982874783291136684330253529252496
4792110196464906521782428021658444801194148375608706264682217052788555
8666093973084921172488988070552950041388669076368399430081887793480377
5541180454695193374369307401500438691562902746936145881457045663729762
7949440616093119931117418045204492835456146997128768235017514453738928
3837680072041680696395364925057869308093258643237958397918508366785 26

8709394339609878348151314236645262541524927558779906532561633208127 18
6353644050491018131486487972806483608496665024892073569753621719047 57
2055407926966384435426213099435243251883097135308234078731415494809 66
5748791962070429813217624378108179660000362780596168645858331102483433
1251029352663857765397147351005221181616567263513538413677555892138833
5613754616690150611753776496372976412757297961854600653058815433746646
3750246766187368286013593899796610488703732129989880771893034558284 24
7986325865083297164788136878369340431586994415840560731051700807409 06
2423229834214836459375406668988799024529677503806308864246235400067 92
0501694025766842267333776234700738508610419471106994358045344557048916
8572684254649000937125624761059366963889973127846586244379914413995 15
6946681083926325223181911728640074558763410456288575125505680815252293
9279259781486174754526947763804476995955050607030405723074802347057 42
3446724103122965349505065170116543132428521975922325039634918024654316
3466129180222569771408902123393287886041739410135263115203691114539200
3875410900121740080037076406806582462780508755720410542581570457315 47
9309584722082919046179453753955470558955349046238100816637319455023 58
4810199222719291201617752024446686059009664014265572476843653318670 35
2206558014589136521421488427956558662705933887491878639391231094985 61
2126299412921957055098215904145913861125266562187945691785864140841846
6291812312771701856076429841403475924859795364139295700295399600044 76
5241741180636090891070329935760123567450289489667243683113234827356381
3700784818092204544487869713639440714068381085375023790679254919907 43
5453911187544169787977445880706127946791026105972678506875496861910266
4289872660415540003559370620961468777480211955901297443475619036901503
2298765074421165940749484642116358360774214267964398310275681555461210
5716791531072217779302545732287453729298919495464444302147434944339 91
5261997646175605004468761414451971378481762117897724143554673546702425
0734783642218978843024064895284631438816343507529653333478207439874 47
8442439483437862158000529594120169584499759566219531459463851706574 49
4064454137708838532274753954622674721781641078597150626394829117437331
6912308779475584016245243467316076527923038336108403393227859230437 06
9614233618515120201630037106473392360159409348761413931578014737552 09
9930571439690936141780868692008127299950126894063381545942618042524 87
0705529369512012093385006182670089611255740262928428939779819953658533
4676890135251331654478486211389757939533763847704378960005437463152679
2261265540350013294479593320389050440369123410089565126418333271896351
1651306511767120225793729061014842352467437854740469612582211063998326
0451581254754677929322160100396891835166867336830393136298532998872 87
7313365140099200771811594958529964781866067889568730412979681933386864
0365429982502489760838987278799683224799486129062153811952781175065350
0768127034638069985321345239607040850382203113837312467354408540035498
0559889762848218255029841751924213819952951835534403125784310766698 19
8236289049859569939761472019504074153418288497163679555729981157692899
0294536517544152653286097253112470609774310064281021572319914392872471
8284093996741383269759137019206039345242446281820941620536688358917 45
8615199461028929758611633262539363485791650895497475561088704308265783
3533954872060436193138168742118417529818004502462401321388921541354063
1633023821615654645339912191886658802828303673099471289780816548788 97
2062587681901474865764326474554358647966050544193140078330581576657 53
9339176601496901725110135193032764125437908172466899998107870743298828
6063210542872923068461896542162578575560161255234030058019732943125 55
3442148865206998097004301429834507905380923445824367943874916281483 40
1529428782991908462113223908762350246378918770122675476308791945324149
1141091253487734704529022285676973757021670272351520368322814498653030
1933624735824640022653017817862306131826734757455627191831385937038 69
4232224060783415856173750148103203795100191326222685916207583999928414

2583607550237036751437347250061084565212317820690269323271707170180715
7500766710702438300882134956211420966662792576294753536561223119630348
7297992396129561001441176843099144359806556684733183771111489825166860
528824315829668157736742930175053096196635158767553864128836864640168
032901020983641453901361820123106000007757966076771445323744903666453

8901016498159777247290540226707862683387773011170094318514035776219454
816762064375319687841485184258934481405295839963849702539597621263597
8594566911063706013322795334191053037954042597830413766751674976878746
529964917834233642700074547548194947135986680691566664585329149030823
205989028120587812681576743093072101761358226318999288797323093201014
9232126373267151796495548968924776611843154567161757493938401616522907
844089423150876687054665275793238805549126661693777598953925561080406
9381182248000513508093720466860200390550091411653944819959417321871903
409718825590726295842837197700858179418507010239247599882896135737787
5643588549634256114678078334051871095131257599993180519092190226656156
950392826194790160170231224330575443126065446462500868662274804386674
4194420153942603811557827540000404020712181901315746401093427335748336
101469403685451256443203470752844838931754561764631572209287810279912
029021892238282470350546338309419447797469130882924572050292206249855
5235510565416430457629886417680620174113480892342272883474543201198072
660689569258822932702454477534721765528390806174300254282815982876747
135983139248677545318468446083804815081566354194625658132963595505948
290763301068156449665178803283777234426495734762093975759557930638671
00477743934006498340550723621811198948448212717277785138995684904476270
086131269781577572295464760335927355634301851525659582920138209150226
200880031749728538998215039065355933128282835302291042484991010409600
808129227371345158145829596251438171754663416763065800124676193027393
9749682827160964943723113557562907810196124240298111767982618671404839
5466852385580727594056093297312405555373044799293256493279811483183320
2137311156232404092544419362171293573215519555826930703620869391030956
2625792884944657181752916336105084401385563679207115718885798851349629
804275613855008281669530390869896208029030355380062556321403668177908
1802116484387794827851293781711519531292060253499397876175464080018854
9112650947737794033808138516582177365474212231932820826980804014905348
395503964389278202924723734827169643746781354156230792934930724033675
169925218892240566961469968147387885186031428976353797624324269819101
596656181862939220488095891535233677225687364384668169767417735744924
027732442718521724582490379444028830673844564001853656074654175605371
0825468179256936469644180207220767950152974675083841352311356162549952
917635141688384581887938427692077003633081667441340571715043076445505
5708620196218750902138849321558849314636118516681921933331068710415721
9222584513623221990026708300222348732157579711911396826803848840402814
5926959232839596418866267961493051598203711862831094501976913355793881
5895114153272504224953588864505295251885697664767754064198964612563278
225970170233375585208862221826002853592814463086109070674171612612300
225306229432694397803268357300881624868449638061833812906317206669825
3927339740049475856958735139345476951134818732264175263119057768859219
802373209352298817249598232180205141646542331746026771047957385695174
672602807096815250437335898205504740080301330175581522716953096751972
016120092056623087754287106964586347137428066751678319373513256522148
3833173672308119816534223980262474376558947675692163436877669156494799
894490895333548260863798232539491667268994167499834770469902146408996
837582495058290814533142200622637026588908567589263050621772504590274
990999327919762378666652919186395587687935663877764742766951607896083
931623525292783250364155846780246181598805142926914406989652471948193
396323136854634186509092841382717252169538362006323009210996206249425
0608111814867512981608654863784916838914202440746125373499118074444680
0456578072347621011306844607797942213204417518481616010190843118577837
3692302853393992756111160625500938380159311511135907852162560485386914
323812245904299772946964322273715189525802973366045356007075343804126
6967058679143693280921830411392517937860772590433010536938605645312282
5753943173722335852211681543044363584974277208363422787961783015362502

8018585784844259719867132834248512769481082148289899874543172209779240
36083261987325361585956014193841365176258823231664971366187149882091

5228966648242984559934255755917775857582423523389737474844633400047259
3135729262448398487770176548131880669706150228893096106568820300579 28

7859421619027654612437100731415331339560670120992357055893555586437332
2466239368273381376660988561386081756085525751881822982365620593039848
8026846892564831572720381963427502449053813871227283653813817411890381
8629370668796552740183516011067772154427487631866938516652689190966932
4124145765251754771386167907074687690502863083641493189655956235427862
2455158759933740486888805936350947640464042266902373943469381319809452
5398305963795278500402818801715189687315831068254147354750483209376687
7988786820162497720796546229659986970928634442711878404326348465824167
2441603790048629063352273962632643689695218637458554773792770810832099
9800656037854978617928168238018443737773965967582913220601255392869706
6131183075749736498210147313999513780119583630465784586218819441497849
3700984027560068549802633573502769035013349159994106340615470787332906
6037072311612403418705507883790008981769470259740812636634023320523475
9494628647720279625211368644837784212775470890607510255301454648072545
9627611374316793083227144449518251553202530688993058531948318061909762
8180166772303612166067813695171764875979064176720782749004474566711439
0302618481170988221888916649639386851319346911259894986247734192221039
2931856537346282447189895787586796112815110996593701003783460366990836
6054995393142099942349260195172005600349859404096353991054727739469799
9041357870226320692025454984165726774279463961297439136852179485034066
1807728509874281227690114136816402846752887542766483471728545123898591
5716062110621038611504145324978791301213806889378088785741135694023601
0861172747490768634586796259736100199117029869639675360563303585985059
0240448570523144308227985585804210667606978466858561399205325248703555
5458537010107735008864951963541191453995475570655262775843576574584612
5841563107474953677019045088460451789610356300964498325679803052637110
0903483368327380092585578396397697887574550409776166609902795429188589
9308917950986812311563053892116814233795813108294191301853876649838432
6660489096880186078698996946395195235541223544449510914904279326593166
8916538452464761210297732380494910269720631973144576872230188864547233
1035203360880327345189251460428378272357373813799044513964614587724157
7800991829452769114892564495544578208112585497462991227232646490397507
9642306002619452609812386038941728525697644742742928937816441022597822
7808080938118848982866564507504699035503682364045702878619264007846083
1062566896721051510787599806260533102100122358089908786452552773927455
4483894942460977309768103288181048377558490535754369854782487209796233
9602856463370367224447256026531392813243226027749446017801180064353804
6561772418288441537932797330316564262549644575247852251514033329218022
9943636689200450280879301458362655927453036932085819923685824058244922
8679704700489293410367432496807871678052871557152697953873176161393566
1325930030985187458526074604280714530295334442483635278630915145811167
7033843498109034713808687989512890927047103603336771077814083484462466
8606147254988365476714350789716501445276993860022792288731246161188868
6514548757124587583194866819607135129780973428900934829960916137217188
4080568891284832030737804399029801197767445952608724501787884827582203
1416079664684533840137300363393522391326174642283971469201272934108033
2240148629789074135636204355195830151240608782357990545993705598339966
3964272542888444321935083739604441268034988549867801424120139847994699
4742672513457504328416115283189343362578255557624860446989208108295158
1213080747248488317379714406575523709296204687229229750573904325529355
8481198026632909340398949735809290273565026520968628278766926541661877
9365146499963351891859198281123717705808512908891479895022969802277536
9781832643658030659460809240080176890723258414412971928242472038004866
5907624832984326661253026851033499026576578579963305728578158044815066
5341472910340118651075275759146213859575557984653317465242124797035629
6576484971699687784598414328136415062658803237353726720510020391872088
6548894049163339238448057175638872509301231379069730344640283694891455

321874796890368908009191076964875226793196883973083136328551644284854
543895511923516267055241661011619193956232121540447458844931776033264 5
864833269999532761311560819867303179877709688547320697361110696873523 0
086661325732823554513288927073584038158089593409540047766863373882209
899947758887252513928947102576115811305813730792569508911106036337471 4
300481807454470712358569670187616304402485928102941244816533043001976
781251848873242914654653747653084078562990904537378476391634106971349
483164149431772592573598987741410425852565064699225753338667022937999
299024833844979636165826017703760240428543525146892938266773788401005
040778149801065156552974765023025304818482902235166349070894498768111 9
612151065080708845289402983031913436947886071972309108790654545592904
426962102412650896208002377548637921900582213754179945136773755029344
213947834384540882496830055969807227427147523461863844963300372011058 4
884442628228471835669510578364180709087118119763413467923048279991929 4
233444343374526571185195827581724295569753655476535585715371587886731 5
582373179120358194336859024611689549358454843810218209805645667115227 8
111152866314879791224104671503454122635917402310507267578156516907949 7
535456954661023435063517892628200738767157841844853233126474816964104
500932952639391072551402638097234507421452663467912487992195042495063
983505756316700242220978888450142354933264477085420732956420064799904
567282882730897363424016355981512716558570876026319347603574797113673 2
284425449546141241031441121365329590731844662678111062740199008005740 8
513360217113291910191481723858110359763233621594459068606885817458272 1
066360783247211055398822853111623083077224932071876031428355497239999 0
954386747911904120640958163503069215365395255939829108364440577894768 6
559064269590785558892780148115312960528297396378305223965687979329134 1
582956231550105619750057478825843506838948027201316800544924176554134
155367229678186722629752193572967621597457292998278457699958185701247
041065275523470931676021088746201894983099905626803547323919174388035
285239451968559022629912340556236681684202614065946016614268981636489
632267056714545276155208403199775521811222283069464028275458309078800 9
525538267001174808944008582442234484090144393099507604587499296092919 4
486787284244655294260355040153663048572784575067890334206375485651802
605864654535049231546366067214955979231996128389256606862453821966213
790956141809481962680234837370486445390985796041171310701243314722770 6
943816242616077917473589306040322161173190236290108124146346823909101 4
7478453481204736939378034508669020117851092269189072113908427362640084
022560952795366222687803631074992951896334937247807842462077385456462
974698567818779464133277559594959198587419166844783018668875825985063
358095304730592627958788266281356695741856635183662967796335366162569
000658834528478932612307942533321209343130986170013940224515939863015
330027588574482615552011632165583054011090247991317443186094788894424 7
191765658573938336152938916463157877752069260989922377842721076226754
713629677265283382604580315488184291834579056205585231384674868809874
757418299514360895275711489696984659133055157182490172640634694738316 2
248457029568821347832186005021975794932795753714019469198710339192150
346011748954935005764831184800383210704551000319729946062669081703284 6
523263802422485817403542298510813693111624820378156824026705402650609 2
762957413003945906744527919799664729933275003238785344552182030969527
725411833131949298374542996743450834945692079455833089572194166974255 4
468253386465610665141619474027323306891805548871442397014824881413024
333221160282289288031591327546040639314475650451024707847827003100830 6
239833790350592085387823674384874690715910716613835270975585158434913
210350122255865928574296051076914689252902235938279127110071779878737 8
979020601040537927126554260278572353850665444666703866631450870991655
715371206920784426287258032345585653143785432590390181683860053275496
579257260690379957598881347306888807474475471119322401485057132580064 5

2814851064945062178797173665367581241855617818186509256591508967858833
8537346006935149766940200854142411958615773819902618019957555810622548
3616404106207630901758560745738847326450713338575654604173253371130280
1378940793857936433995336278092312108397002330283646942338620299103311
3769745072519281930448106053614889812723727553453645151798438699737577
2972344796175412263854325015231780839725572687850225687121681353425399
0283478101919154203432425934609133113642510731939943370384323886137588
0568271561648549365380237850903934833622482273182074099684532966420066
6268037268782026486705782985119284503022158150530356417568937754210631
3879430081690861925874286987546755092349447396156707592501916836911293
0377480495519909703982336382636489135058430399648195723621157407725768
2336990702374463935429270205346044803831023144481145913795384749239157
2943127807412044060803097587296697310718198441066933408260496984151577
7165929551948655816486757794233936898827759003578942127616047047342116
7218792048876942331963840544994751115932547961762393849853824019647708
1852094864855924228773249668730030102462610446676908525456097605252766
7542609722175804231532157673532907534815364111375640334493764477315701
0744177623582318651700354720537594043178245991335983391817819096329899
8151391257543191389833725440528150815457031022896802995772275083312116
5977042219982689658324694122451128329498987297002528869278200885612715
9949775135621524144621201185726015252469722909151404640753192199281734
2803276185996457025802115601746209063589075186175753000042491967200921
4856764015969761597040573694259035682705762172698082612584580596167066
1886633284026338564828642610385930749007326146476834590415787979304999
8205059043213002388639330297873873619627553321859580126622163258466400
7754647657936338085449649570965549194681612051155694391080796813539384
6059750067179506310256122479527199604657086253843127219194520031050933
1912369479545856122379295846744832208038385192663153238284507062223555
4163557520160484585957877279643566407928977315177892543246016374195166
5332485486621259981179724635762805617849167583923257722366843923139046
3625063640230283172300137855383978440596035683326842799266546160672110
9596063883424295043002336365108733945914246608246878679142241097259955
5121353439193233952088570015903804469826631106954585363846429954740680
4067960963340089659647612335011815471822156520259380056259062150272901
2224260404147261584034278162605459873385724563714777921604748274433441
1129673123767611986297866986308024179500473099054868078683929009975257
8360568423252734512493884646426117437845901765446954096515947087299765
0711276266611757869601903289742862638348064602583518365195914728710254
1609034171076266775815046516946254495799382899617866660985727357260688
5506695869037572305499557209062621713947039685039523631294487087415244
7642250606521669707955283041281086860497392295365924315417259939327077
4860795667414593870684123275004166908602576148758879876235936734754622
9304596834705781824339237473999249931821377630383752990385151049213866
2685594862282898029098604098401166507322289995322405622348477842690882
7773333002520957071638789137572836111316150828240586774806128378099765
8812245009750709847914399252401416224053285985178406026775338192282677
8495278866724568933375945160731956862168560635120350246309928374185077
8076042047738430532548387635924125575316364522931635117865222823289644
4831910269247416363399928053530936659261798644249549488461748132899566
8137313948309594995811247355548837387112521903370051546804023677832615
4424065669062240436357919958919161873198530482800619742223209883669366
4708401812321417476276732239473306004051726285935485411882461399122545
9936046289697141341652030935025735593612611451396476466490210627544573
7497714471550805888268603135966157597888808251340841751240842314218877
5957026396166667684217885015116650295955978618415960547920178554811646
5418583113141209127828459690444808181998063143890380522074970999644592
6804268473445415578103344932059501563201963053976214180739908627084800

6430321780024760901439771564231200722635434932737991573155185911006524
7277485199710198477976655689449196716486168670790375717066483562808003
2596486767340458420568650181937024269525364816955814590909365907807688
6812438639934256553533046505678506554865557128211838173965998363357678
0308871040572972063848194704823330793522090608439862801838670895297794
9455903398039750568234493536783744414698853888045281008136062558329511
9311211934751776284520665192222527386696926300256656057137987467747226
3219110395446393846121845585775692692112744696565407157141418197949229
6144640390215239365217131970168237910162539056307962867690370366999887
2010105519727588390490266619397164834811497423911738704227142950498039
1844092035353505646482647090883162717270439141214238422921600927129912
3600670102952490482688952858136084943203538041356964515930924338277730
1069829074003637819107214220109190692418721602775558045932649015215505
9414233531352862778826912685057008770944176708211117803391613231077884
5476958923562860626769063681154808619448865059856349824207852248210273
5571711682860437427930019053242147326980760359336634855924681912023947
1480921233284186050062585379108555395006935143257214182173424169658828
9168710477383110597050998134940969399553351724534645472530194525002197
0423672563394199259591390300437260389765339723331018927319980366786996
6546139807538001500749940589639656960444463410488891018772540175813664
8299270189893187435147571951190164326245651420062310747654521955306220
9409076226563967703182232859593609028162523062797685291067138807712774
6419025705602446123783078902648548600649008785877722458281102434493870
6614774453567937320714533408083249610368600316487116045576385296400092
8899056590388078720153816868605784536026239537615843658764131568954220
1845166804253112509061280575860518512612612637270196042362190166991290
7552891484255000203166394336803204057114116042375798035856595631247499
4695698495135867617171614861342118764921998574023604525815531400876092
9919647446288133829073216882269131573555149018421727816778521303836660
3763561290076854453156388109058718069408177819078957451433595938390035
1399592322158154787478672620334227303779525481013433488701126988252706
9457297044292547385863958940316252418176801033883738925978285637951133
4907225664398213604080607695122990547942207745586977993303444390441999
9735760797502802035252928636562271663753010434815414543327065339165009
9594673587113493338216698948567055738078220021731209391530078265261286
8451424290726599905709582548604303545232999965155578146176895285778805
3665489485926317291170026203829798016084121593188188696290282871579787
1793688490402576691969478911970166423079447116300479691660296336654116
5671412926658386416765584258346626506690416995107981990415638970961665
7836067803458038588754904398366811079462592280948439890034735745765722
1278020507663612424745302728327791975368709460269211026412850520464771
5113195909759784752009540677372174118439959013507272930599636253552751
8365125842604722808130501701636458298879529638747352394422898404127742
3076692657538919129379270227358715890678007404859216483963090839234003
9884009512873222983061853071494441245528974454318958561187400018095275
2096285137117256845726219543878785925627372240011892859210973591774453
0909913760185710513365526899609798279669130166471364566970732370814884
6534938788898100994832982220454610020172043612751203153811658299101511
8694304911447593744151199214827769884667239091980921508515824456105200
8871854606987301372553634632995644554638726445232695578243816895531108
9653134069842041218638500690537990290112965560297304964605482196018497
7149958716016018632187928577655514826098688914664178674355486398857767
2164079809930784644700415892529812120080775469404448690228534770939950
8682132340733873815211764044476048345552930529995893020716502131845576
0851637824162907159794086617952632265090870625000097852945988034121108
2557760720141887727490710128389363243734475532766109946298202924784457
2795959958669060460001018255384867456565827575071585872968677167511148

7265212206589305147029816991145935759706240523820427201676090897193644
0310471427018901122919727832816021135597563255486999922433885045198582
8262910381822612265599259159708291978623319316688106297525410684117108
6259870307144086083889081617340183945217867616910217840007057215115331
818346398109048550598419080653798403931967652618254901449628263813136
8683019053727762902214082282532050315758144911052149693400800591718428
8674742328188920822109870751009609422271796061186875231086513054879407
3032475585515857271295685166711502658575372152497020735665542874804818
8381689438092947193924970783426911981621047130830957027914404488752944
652228809164269322120891437353263434701894141865498758085443897837542
7611160482194498573399194641634510588275964150749708686870653330876746
855170863672200413355069089822703363808724832477362384276712729982790
0047237503365691359648505894871179717735895375235172704532988089768706
0371716893813114926117990763868175722778250303799481053099714133210679
1117693908249785759501734734327486335668431549974255543428798138728885
8840828665550630311692303426240065192461820851294051384109438338309943
3732356118408341561095254744542667874415394527438085478157481718055429
2301725770825421551455231168981598415763033104102486785934451395633720
5688588906905711908399969799521334483952287592283977865693169705450275
524986037593813800658952570565487153992594249997173171679762518307807
1800651730515295633826327932127180626959480634164969102111602364643235
8904772434776651725043701882621158437644226666204751278252351887021789
8027267280277118227731521030358726420824528988433168315791666499256821
6114499034246695153246391357047807685268989984893205253372101246744855
9451168698251650863150655902335060894613325964758574047430716451021988
964666857650930833004568187275724168076705921604355468100929255939564
895332950279715672189202732570815062770907173871031323842496009919676
6657262124887134992056972358693324073811177055732346090215798472234521
382771579580347220540258966441539053412137447005089033871538349390783
6511458079202721014790629798992357303403249969762406078897321843108824
4930826619080262204999011285974929556277217464611468993929401059494209
733817594382878025044409968753401903886017717012459122767688467571523
696552122005772424503653973769690285178582720108433598339845445681784
0625749043191708774382410403186714142041720368114298950367725654607105
012860183188433059026704135914468999688471783347040829146812415474309
3009981538425850563276047390876890492793224924095349919034162115446082
138983645436273452554213715789152132060376564346128773346423265279490
7883819238644475577059500911944414225760474872733464246079592462981704
641534606513308409571476487155212860865784707352955176812758232095338
1637314429047417984026893595113836233619036522193686948953929298610560
6543505797027155112426086430859272820573203824528633753600405371597766
322099134912226229821552464413415294565515770151918986924072986258052
7069848312895480796254353197417128584257661140282009534969180216778750
9064096388938910484504664086575037294052210411280009547319660046500439
442168485942209014452429272225584905936638244027733283626450303053353
993096987770343090712332576249414960161079242873166852638845275126706
030057076410952614298966488181203960638734084985550094173219877966753
2749962011869772569041446902062477656553506566423759146917333072748915
434058300807072214809831677481930217368453700212286491519944808643918
6071365067385266280290156868007386584826956762542105298641165933869248
253833787875213492229698895497703342047861740980716210184415161772214
8191100437333711693674308773266973085990103719739779496102842916186841
2757569913986492114247878143531088307012871037747664524240630432837083
7731525611944730557552379109846177353129064424104470894516690488069509
146073182689449278788849309395000995070229035343539213325589476525032
8071052854241242946878306631082799514039926485381943346180295601431124
328564846965317170173912538789746660971453942277274101144239387589598

7891054566410426814789116268572803599678303987097866634444047449502378
0537494089169791738537209747073452739794605724927590824927825833350682
5690837808354569363668173955915005489117122945893425019397020896398720
423360813109299527818850402771287385744354705819714490571304159192507
5571511856871245138617084613762199481388155508293884837569145259023563
9700631112601221180043703847770706721578829144725047038571195085880934
7550637483829353177753808855894117419263293749543000850722248392228754
3944226262695981911896956305252790993462946153609361635494478791750377
7137415907062317596724558368532599842155881031625624442765549902532755
0176313629431277960119164305097169595321129920452717744965463360265153
6565828841936387933775355221000752330624993891708860305513498245420033
2860149882251892444978971365438878760732583968694123983880820433462661
1722043799813307423513678499084586481666628620111016787728549322725897
3179629008389380937836886224309281603626918073213564653715350504886691
6477877918584277379081886131475435737043839641610866845447786051856598
8364354553941467448836225690758229765668051777774848742973152174071772
2240899625202713446380289384331452516983638073117992146783653334217478
8805977284261602035843082892445143907954874192059946703109376776927334
6001157263547865330378705088255862616916954752736042627652426280382477
1112903565310920613755010415351635002947736028030426515606870445034565
8653273748883138871363601280833913126850405697305826236750606618539776
1570417421742759409404777662958560993046444536969357131235331390184447
3101670285366894180350236163261932678725773121497249824508730303420447
6258522565871384417192798648134969900336823663592588206010751421305999
3540511823982213935958424212886801556949601316342658839229035170296385
4931431202685751720924341677167595367385459589156304151543408885004116
0670533466540828130700832897761488249696289240160421141615103617977793
2102971347626579979402154699780387784794015988160852142135353041497994
3485318919528301157500655585264236187716442360830789734582505232932436
4026437592459180056329087230507629703648435508696762133108287701771633
4937764001574077061929099773118327157053720920536540297077678672665327
7933085996580010922173623890413584279519335088822145436519113434014342
8094289321478884830738725770497425332464660948353516657817670744653778
3648028470969261013186450293122961659943735558202928820234450728277113
8137353108738681566684680584165539524063151157367921549112632477501265
2980708686532078718046128679242880775557065292782594194300758842780112
0959101663775041401431445051609392042139955072749878724457109413555550
4501572289709470592871547857842375495555306882771627860681824647647719
9972980036733287720747522653591039754964088642547652414313788619066222
7139203374830355538284344476445982436340653278136319578083438991840200
7295633122742404063291136976226856540001062389860478166862977778403127
9489991707396723067522162950965287896315037828467679161096745584887335
9347549108669196172246037943326536717532667964275759439960499766806661
2040016533028504949972860704275425093720773858637004154410260595244933
7075850036378413818607795676066806461723429500752397765145943294896771
9001839450853507115250826284545345273757796912248333719234276158203080
1462801767562825024071460250971605630931767245930760486882487900538447
1580520750744820305264966898199940251579494232115902784104325425835337
1777888992395174636657432613728518110052927573466418481851815699443404
0881803768753519740663630478337284405581819299431249282069957456142338
2665305098134466430096988357988999333648249647226676786609483821820066
9176447799515410064831495092340231329855502076012976597654825143221442
7726580666575578245211435118357337237730492437142595702958551587115638
8807799567099240416783945078541847459790898158041308296754681520346660
3969878439383081839237477162789771382844434051340951168427734092176907
2524763108922444664789116879432513222007365153456231185501387421523354
4503089388539861014611069074891095663596629481504685467562292894151089

2372943193195614918231825611290602583642878172194929175345388235279936
2858896363679518066994355394737960678838639432992182785568412558677 99
5497954613302878621464651571399165914028458734870270526106981706256 80
635866012816449797246668164161969879886773684747096351963496757677 2411
719388989116184101675724906528123016396816931500308252014897457973 8890
015268240237779830972400463108506499741059120950157077584141489180528
324673061835140951749137078851259753482476926500423685462358436015970
729618280443091680263700578592151137220121658572233654137444476594 1395
496439553132516160965801809920877908352579037577267506223225185883060
756932318956337473318071536686998849863869143703937913796902175096258
692842571691290542002081554697777269088469155248117449993657072604 8504
395080918943285304474939896300603185187727458210524655774108122548587
461398410245523154697286056159900491973013387453043160232464499265125
017042598959818255652388758779542910909672190883553577724986861366152
804958762154417326193041179249699714236480394563630993072083516922 4953
962020083881511918372444522752636688920992957667709566738351889661 9596
160537535008602323364828721267279457182592717871773248430958282735739
819410794665642841537352097892288900210373172027586642901183835024 0103
826226941855451746236005539053368444799037802314935009104335155598 3611
865012604956960259134576936587622265577063207518025910297097449295178
885420211929716912663104142091401078642523861320813476345472977531 7440
856732210322546073930167741895602027299203162479753768627807845971052
132685726453736242255319250951861718760134511243376299053555461959 1752
548043038904417376179131696274344878531155019525369978077934471263 8424
889934358191719567296122165205346223085534104546175351602853035317060
140881213637333458637474490071286834136213074664314991962645876623832
479456855495264936646501737302526991190873488938380822049031399905 0562
754439889044634722325658585987911886688740806970103202682039916459 6539
398276313976757586756306611912485289248569949555452747582595838059 26698
056690931527911877302059789706313787089338832207095089767335300855 5615
294578493640663912452296012669596009626249236235435006717356575093246
211009787638785940003781112255481862865919130265466121607498035325 6023
443563676312411815896469738561508295193180065715412630622899429863 1809
447088299969778236008373193275931245373029308031970839167921123822 0377
593869128205704012577244486157978289703237209824314199521913569339907
013764865723794090189731026773146477049154312463353149231164982846 1191
223204432979879886545504885502817224127196412962142552440814338331848
355485316489156555947284549415951832993178851797857233334982197167452
209398227947038948309387006888095009500176018651075682619018212259 8791
106735765741023718866272469935107575855314875850606889265301101838 7189
835211172154353512759382643296902223394938045976378558090731716349 5687
503270898657045091638820524807942352227535687082560260318281292577270
037991853012635237990106194259570352197978694603793409090768169039374
240329422244856490624292406904135555797817628099397846780875087378892
721735054157216861062524353129717528701700217138926526862619668687123
822200180819981055671128721788669286651408685730731420302602941758 0061
475433969961445419578017347130745325184665024873918663122659126015660
236378626652016174160913156721283704302383185801183603595637611440 2196
341988517773587153802798083923962306959289445028812707711326597922 0538
364752490063865053846735265471279601392705742533572399284392566821 1900
759207612282727238608562138276534993392172288313289294444554185591 1852
332513183003512791379252076038822932907683177572843476710568432799744
762007968785459609023037060154744372426114673976376141025089181934 2787
823041883115567958045412431192103441351490269095501799996042072322 6099
427493619621259445847015799426738408269168070342003733428173588242204
803457761918055384418670610927864754468711090427656490961336789669 3206
186509904811679659860550340492059617415840318373662444987889103504 7061

6500092549942339456621656246048636275236757195846212709710103586783737
7628594551903569480784184420461164274326860787480844054251871227322220
0262143479895429528267493240381500981848046570078416191838634925747776
9264605691767553183675482278920331802726653109312711643679338196228009
5954133047870684275861578398159667863531221264910741628340363758489866
7323878266137690359301362324296156031166345795033480696041468095999851
4167331564166366106381359333702910558095186100259659693358538133702666
7209303857425742167864290636425462777371245161425008963865385952758011
3222891865379060793284411531239571944333059711167462664902389432667179
6113079458231044119190079783881715223000670094400240063875922694362285
1083989082522875583396750453543274241265645394801066480187933702647799
6786435630154195928502562439369802444070041489810128503847612557665322
1967998949975116516655256803543642604731499806941576711495717908706191
4479972522714795293279630735358761120758290680564592707528771761173126
6294567603663357133534836225749231609088499733950008239080227083401844
4218602397156226894697590112111641763528196178800201355089860699803555
0395507696017523557173491367658050366348098917662374727779443889209866
7951693893615953250815761042649807718788583191666025875455855802071244
9602035690143602411606765094417511639955251176046355458354558683733327
3783538558665765175565323846658898639838629579349798658078391202883733
2216541805510150451839104689209505644292618713072718897597198522462133
1429519367378454725128419139172808431950208148721448681809122621419500
7962485836787251200849590524925366352557539713012825226663193126747271
1708740168740198182053009569012107994936932404638634100522606283359788
4777509936197411021609915334124174563222729142898453154604467932463165
8508205990084443044529235683561305958572769849765100357637380948890433
7898149713389441121553404782853834102515862734522092981378958015125267
9590501688381107977937378523140754536423832677537259113972316858792687
9041195675255583255894326247463169595932379328077397215234131651023326
9555100425671347816568789443259010203076129931870611713111472446847380
9876166132982158952373367323567167154561417555162388079712000152345311
1994541783387246086759196531569649459754343526241471737702735162352188
6908458816943326495436096306903278636782721734337872342122012779145300
7361528442917645937575452766551173616624937762583412326694703866180109
9526416141446943686665541214653557251088231326044430205947829570646966
4208405066397206393173650735131730038804452622596036548486365969426955
1483721919405374000664822460551380014166175344131094397669630489259497
2320831753099626143078452993318016508452080323635826442101627431013666
1298558705422918469185853580002596570936106888670740836870849076125799
9471641309963888597728060572543836777759459494879039592655876319210322
2765058387304399870435415407721708153371228169725347084804606784815300
3398274253546067361331062553648078235171937319763829231976068793186399
9739397093292358465259252548784756066958736726025074964686593205347600
3330267022587893997155938467073463822210871654311598711083236359015069
1704625433514220561500233993163621226931614164516346722487008908575599
7842867209087050350595391102855612564991351759644938784685362718801645
0215023465660857544006212932808424563547806671370456568519259335922477
4643444968138939640957288030077415667409023826142450163971489926715055
8806214047363887717765209161257743011347519545220374908961631221049043
5346518019000909935215196404714588647735602146512247941780590042351822
0766796507858002638510826166678848558950749158645126619309838305834822
6296907131706731071719728080776848480579658754441379929449107047471822
9728017872590170340333000923039253806104167548466988957313506803868611
7426399244369000507783234698240692427033122344253381686955456854241311
7436885767212185233924551451954366292887749040043945594665507408427022
5138815422580127799362494827612553010957594107015575245701740197885099
7699952595617208689434091597258963492835929491764187707351188755733523

9097533861390461174419754910858237894535948817340978863945061700922735
5835690040585622723780649116217992575263587677173378254508192811081021
5902388311849529597030289045463552392776037669718046455009366389395271
2937566183649877213557432275835211796176974028937456777117102096019708
609988891974822781834064514963240191341985954666751863043821782298053
647680859641348784882765133590607031616600807385645023674086326510479
565555523905693241365906176731915774394061383800816228694214783660581
2279660137868810364223934492899015582775604767214528875269651849840097
5725311412696979996835831311163623016679676374068208473522076481987519
8822986305280182288737400846335839839835119179770057824481995867123744
0728854255425882067330386593512348849979702623134280932584612061873144
4905739334295261855568315864723465082335631116899039298074623730185896
1751274620110241350253016504735987391299668773165788793314681146209300
6882223088720615833096858364793811717587232211880440756360456266510160
8344367723134148461871266939435580944729922205809540034174771169249485
7224976113166687150949060130424278786117002180954723913179444184167702
4576301402297501831938044884481604777014040813741893954547596552735339
6146035191133930122313329913329256507989652308090598585740695106919203
2793347339726614955417056166160815429521787924208501892615890842770089
9908154102051635179645981575455968806942601800130355785547027159876000
6807331451816194078367221223851733177317836585699996221593848758839222
4899291106871277741693137472569565133430063065227379245510562669218808
0781183258673136960112090771466579443662883300144081586309863172641906
3330440445080582281128154889161983229327318187999588512737838729385096
9905006909581505599686237771294231761972940408139418136027240514820082
0737951363148433542279393342776536861035254077258399965486187460681108
5441599378263442183839384485848529035304569715109912504423138252492552
9540089600277653873866357415638827431411023599533922274661428089503023
5763018473899695696878579647614813385274626000172840076610353359970011
0742958861790934485688238614022120262810098784194778556695767060208299
7297284932172835947885074785626883541396045205032733900115976899759234
8823789600370474350944012621810109481571513305005269673475051595793022
4141924677188377990789709674198562062060336577626066200393475145895122
1231388967680521585832148587562100493982743377929100085634596084787227
4433460556184821630338722910556433093467219264786656314689814420038188
7211093438973898630381721295790929911274307671977729157837674854628928
5218082039671437850793363736950077276642667558541999588569725888941771
8854732457041265453872792938355542304128413701321311631686167649503182
0781233528078670360575316926111114131927428779044645590745310830304595
6119947788929764950706463971681451462945312429436355548868636124882656
1240064409327046272099193802499353896059744335128490659363042830104005
8174606123204394459678619943758818210788705529097240315088518044697677
2070493219326427327474947465735270631400846002270606955967696876993558
1612208087614289082438282250827162654510150765071122548776783127104898
5812589031480801153234822354857562501636134324457554897084018525624878
5584116155906291570640018619382678719167145422978427013185563530075923
3917437150422523687143080286973897230659408747261558320028856056430554
3675473012697599239121409307820516347305683944357660805054953912914458
6456418951984212667557032614040165264647181916825561780500043662639886
8126326051567703737576322825572372240337326563439926101072777491347622
7176169780024202417454219633542368342108998205098399693090096683351722
9155605180032912375027974138336346557054527834853747615770729786028266
4231698956616215364150611916911869585076300887739841331443323522161086
4807537627562795357326192768075059179197538220805055360859214370642555
8820407949945680532099845216195290348747172915878804337898027199175755
5284124951645538973669036679774585106049237316474933485138913107670447
8168931509280056525080740033602625587974658733895886504554910594418711

5107898947642772391413200859027313482305147114710862568442443055612645
7313179759466908304134034969841895264128081303923795354233955145164 36

1455542932009170745043947019956698366277022470228830426650690455121943
8370568467083823573011816322854340018430494979858262176841561991791993
5124153094915801007937477404039276368882693841499375805717517134475581
5931032745774187576371187757132246892272242493377771139575584843469314
3205619352281759976456338446352366793269416636529382929947315541602622
7810434045971282582242670197609692542335680025383489465631124951701468
9940046400911880740870773299643030944043581834084141758018478995026247
3895690754781926652219934967405417288191105033252790021585459431757345
8873276958639774133830265422515748812728581889273284977696911085259385
6521723918404258258231447031064760464814502022210286533308656374402259
5880471321869450144366817538530731589200519065754801582344915484431777
0817671252046119649394501886256763741453768645600601421512612924246459
6730642846488510497611191884672049866454759999268017756643379003400568
4703754475628782493489840871400770236296504170750104540300696831123531
7293403026317221317086176202960434454820954348676369524939415384766753
8095773551214637499080503829564670902052304673985564355823807120013405
1795358177592661179297460148692132026306003931799564849444447316119372
5369420623475637450478267593973212703372805781343126621117387222492806
3336398345193036803892593096889952092520352785719809923805762361228496
0652327697097076479039139423140213336869039480868768474330801226886994
6203470823716309724704725028106033141647014474120542138240308128347191
0093086202697490915360722527512865977495195070144683595703426614602530
2815338482727764497900776889807445830108058076258028265253984671218499
0443942589188021880629759956314281638485112094713499524227290966256213
1057200278602521302716524357302013219950531711204193338562432181159685
3531436428098866010958543685260108529344637841188537182627216507454141
5429092412576342816834642480358183339986607357730940949860657066158440
7016735064684551083448304103407143306886135064816123133500844233624141
7442522038471620685815778003440744224089977379525077227224252216325270
7982864834239360319936007701578145485499732791495715242047771832598625
5747117217600047591868613465766800747913882388825260595036961456375550
9483645524943318493757958344708256511202977130548905985889360490419843
6615568028063910169315079412398442614146314527207490634216746665622082
0733874054410275552773264257266626032543414164518064646201359107463690
4814091394881734915019090588786588657560805463319115395795199226915101
7526113553536548044915380523524309209568391339236641860218486574056531
3865858918038882901004954410539504281908521709568970985222660491497703
4425634152011335435956016208048334570567858284751828869432645728470941
5507066390042021847428414815072932114255525384876823984059640369467558
5587065077805288811843705437076685394020436679087947275769976742717439
0824114225151702319553260149292053248523316443033614105813480812118784
4540168004984186371953775079122509816883959439843743490500927690743049
7219732166826907868189429886554326039347996027915286663167424520499357
6832197598296140906096002775007541161182341365951954364768265974353872
5034335575607603094264593717684435256584561894133043626585493339644881
3667814189940353781251863618098614310938046860842389417657170919837530
2735294605318217748498067641007278068935394877856208076607646288643497
5781384916754969480133361645855359234218744439048728220232748279000438
0974372224090556657982792540792018271917640731568687889908698234433324
2984617134807794157926078943786937879321819276238320885621982562620537
0615705336509986660437335278004302978538582577725820814349306895099746
9028421232148054362521441099265845132086983569503793412192787701548376
6846258848514803532821005762259531238439549984559771836617746969487713
3736029490243201400893695435246428467039062829612925333175609054580152
4153362697046334156094771470387833114080455327202669851691655054580885
2623472270091856838115291325160755751473298310481745116901185447389050
0270796628135737332891521947351317150714

2118196223950640360662507937661011410909757198751950627907671992084156
1838312623278705367794958720934808531033700370796769814433398653194730
0553955036137371690354044122744184825089725543411329141409921010502790
4060781343452745457489103978703959255767719730326629205850021841243050
6110147117266588588758581109801362242719178360150563008450612609580351
1462218689703926560067677522712781150869182409312639832388951433073092
0806181836705332722219967122138243924941338450308553742913951006061210
4064015277299204721624746906019968753616129309594435319670213870262240
2747134252951983464115021525852171907334352876050896948985966187372464
7148445754004263211169130661080007590199276852772312294338453753734455
6192707318420770035251888198510000910588697024636141339463736403629160
7648502431395922261089143124584310802491853376636547379542810198006390
4675491656738822093720679550224539749527936043218760416737125294186890
0416787560507158191846283974995177618984701201417284922531659976424910
3961553463045596737003669827139244746172240537756388452506057383117220
6330995224613827515438426248418305454616142397679580757579289295535820
3158379105998810001363558358025381930496087484840623244213019673128570
2797569638089158911415106268293671325339044322044393512256271342583571
9375807555547099528058650927489148560615014905867221863018145395527150
4337744115748430146045421047237106590937458945560185074706555125049620
7976349526296285857419106119868433743595990276751351242842162787382704
0736179018226421161905654523559821346500984434684749893425519419061256
8539471215509383577839973398535979920804409140140130196920588481624160
5779207438506165929884295428759267653257646127865813653869302306432490
5148722915683419489339773257723831101860728599213827439955316707179778
6946310241209656299251563690707097976574622302248111836993379540037289
0400355281383879166964514630501744667830267733915658485131337332213450
5591201694281994463558691199010467025724886303914313189269027234278807
6559567143550810085233287367618883314330625840285446138179091649151138
9868861020424410969493039946188156434692259238227154237325561865763730
1911138393508298447375787630908881906697487503462616077362010561476491
9585888952617573029866000284492088330986935638966693573658315432198051
1463029180303532823912512265145796045112913620481416074263483689048725
3477414604979289686654718043110963702069366180038156492646017632282354
6752577251006348108332460496397458189485625071592798514006882345658760
6432861696499447028761727860740162787937600313403053653720016336106731
1973540216574274552001377246414679701634232210918392735205399216184660
8443165780514857874873899561173561574229271079978937830411746342331723
1236870629887993956379693234381409307730316673855875833658948792192290
2991702925321953131063137516995648955562792077326334439956069913401230
4556618660027238644091295776817456745562042696966397914924854631761550
5583478849112031329808109382020016670821426195383939135194943324587410
5772583694811634921404847335467048525276266990959144485709083160423866
3433552347995241933217431270826427571501537381144704648961477923432391
8836597604173276069183964760678663226749291933231611318776739191327131
5644913056937058551533950582292262979366928009889012737440110729913075
8483919483725163875251526812093561550689661281565278504377438567370650
9686571290407450402139678640980501628716324266422673376138215295623650
2204021188430916924496201670398377240229007751911990173388725654945167
0248842314466733016979564931389538586123981116683082572022333724698573
7787251767301674688527011564277582005939357098122586901258892772753477
5124596954525038982611668021287757380563685631564442199458187402810656
8017531855645652955822886169552862742002819640306143910590032153797950
3969302185194232688079468527914072587719484690411764169152274721106824
3909658349368174072439125672601413920553750443877850971869061283089540
2144509045453485238152261213609136327962561871364143164942213935544220
0600533827345153079867230668801356293013165017655537704716300915062470

9212373919370575413872603778440942173025911250492386154938190070397322
6982708445933093837163148061128341179486313084619959430789684964111687
0843379334405700795264780255324299882702122395890715726215449188311989
1179649225568725795187376437265210419618862359708076370825191601974822
3448209944333236500401510330803345098734208212792141200420480180050107
9798561723216473504401369811485541058811972608739539425490862873783903
7468098832081722147968307431302693815436368453784576155752019947911774
1233670859357176920959284028880000629172087162737977415351295805029 70
9944241913807628723085063578557022002901343270927772987375157616624 74
8404739285155086316421530282083526501557563119590836823073403043927151
8105002752650033708689498428813235684965007249398847401056947343380 56
3733840238243607253887330911137388407645000377344784709100186480455411
7110025614054087836992886952741392619379085138522929789581062839805904
4992413872737639857194829128448347659740140414325981885024539106705 91
7683246226948397361157181489852877065023792132178926953611637930446467
7102539916568443144432020298116859366166592552065597956848269167629977
7340317373780308748208117848767254586837334246334524199414107801536921
2415987783399746699739542951868182009064969761036782152809895298760 69
9571035690960283710085997898989463348720957080217923366574870714677 73
6736097246399221575321940236988042560150000758404117573195749841674033
3035260394809737885653902886659099013584031964803732938986045942039 86
8966162227548943655076000234581410708961509394692645277394235114694011
1277191491369254378585394835272648575521602087204812491691018527179 95
1837560732844266771847679540711162180153539879182477498161858356464522
8030863239977138499283592092705553078665155645276895916218692034701 56
4555734028766926384132577036016059645969040322551231020295599709891 64
1809071291457489862443029770711389414628364848487157678567794878143125
1243293550247687268468946933878930968619372172452421687392718595032641
1718319813570892707560107929918514562750286621924369798417811414045403
1960916424784392143902783386837264171155494396304194058880675238187742
9108551788002078811767914778773113638802772856696940118272755475020009
3592740494837691964174174743764309935882811490241585671721186545181954
0327446308508490018672136527178874236275133685438258435726097657633 98
5935364879062020368888102701585005808302800529052500592040995400955 99
3382815605515780805692775037640593242285382169458924730837269334803 45
1554408908180300009713590313876036950646295255811932331910420173976968
5110785451020588411747429566742640862762260667721607633383260924431171
6326610442814595860625069986860747754290412444646328607846279208041 63
1617188773654072051469312121432516923429453543324728241729604332479 02
9063540574426435510165761886887575528924905830732266885794063610726 34
7131451280390967940936849793368148757132986978132119247305994960140277
8186483195060983999490292484822645196907669493668091852924654025480 07
7219908917729196093156605486780271484478376604390600314714645229672 33
7382101872503917315524586995542388613649792989340573091186898229687569
2219878352678884816562012179932355718119339478997294113162503823771607
4760122507890913913600736981616449615507711562475184867186427418752220
9836992625110794587674427102605491018377141493953846017308993344936047
6973301928779138027031350707321098188209904217747958244675990200835711
6817844883047873914753449351938140117520881370598439846549557055010189
4746331785135447806050024532228986959561098127445372003405068433161 95
1983630318170374789862663270724406537943927775061173843773910037015604
5085424417182946223230987415992613792310306397975196290621495493675 14
9348295534255732673405736625456387820877247801701251910806138076329 41
9104837686206155039901710577549379437198149860227457432768735866547211
9372473648368884738636955047230458616875778992624179919242888086846 63
2765621548945377584642693660170549041069679139658565047231426979266 88
9208569296287842331651540087970794840446062660205914207157264149118427

2577254451851792252299228998925524179313295561629333876104160849199663
6317442308779405887350839478730728309916977398349794368477463448015 79

3874081655519618008061914487729485116625699772451508213714632819036518
087733473753221390179569455469855894609950994481976623160582738973924
3085310494440787084726990640317835935290461384822406081401306739211940
3592658922911969016830434362279715304844598073159037135399085230555413
585030330599426307530084474973121329228139004149372925731581039036715
7343929813723660967707037239975647113138365036061040548871609861903961
849936105390323056035908952716521688244120760002937772054200549345059
959328476579144513894804179203585085252993874450064907705032042624603
929134791860529641815140735430834587703620162613635647536716676059747
80008590314293613337929331917500848550960438971811040988775200492122237
0695558581249625713314476066506933678827688873103244542439828907735107
267733266784393233220192621936564466322054855219636285988698212459059
4841453898355243171934249129900618146395923563828594061690297564763112
622914667465366265823575832972216617099689212152632249540972530092760
9096890929815398547781047546039704805640970194386112437832161330172173
5201695386677893805184729999611330175309536392020079729438433442713241
9629801071959511894080207607854224753470765972679570860437380133715614
849302325710198132874943896149485487837329709427816336254436333082693
990557968810494892037587507854537640505365757571955571940241392108268
760908876905226368654030187082270188354758472399922894034079079513679
6379635072634422455419128095770590315877255589220778969111186865369280
7238302403892362710498072888312875535071751133424809692876972015866751
891421714342557639048959469858075006092798100439092494524081766250952
741727415601614543159451852217185574955268475277271673891390290147202
350598954961574173169890428553994402830278383776236501085909369192015
402769486814408826839215934253185968629688677073556817836034197051841
9116791939661833729700019382298015027248308350801097177309111058708948
9467230542892715118246415440910664532953239354505193052789909317281149
964927253060347021598719613456500206310713361365178616544164970357368
2097625837494386303922487734357175596671101166931279192046208898287538
871071536313688155466795901553145462365337277109419292748404169131454
1970017754019166194192795232601888253730337752336012196171161255538897
835617670837738785260756313420586568197019298042050503450950135837302
7020583244706964639692236906385933110811220139677100067477245536145173
982465787334364145518521246858040728801878105976487177630797893325464
5800932156135484194842177917559330935785967194699195056191293167993441
194597294243460001028579758994049694365666190975793295668054246701383
7449990948865697217529786249994440386325648873316760040767769071769110
2171332461667136933577677517966874823798119741641389329665109832191318
891230612883213061753473064594326312369021942487650442656800640372373
5652001243194823731911164158611994016234561070555880366626031622166878
471348964997725714436357031875007532986006333082899705127914581977792
060780694205054949268204440463425629715753409492743557972516015720797
972660701996918700986122241889692247833122306988351930268001333515823
4809746911378369744867632078154664881263924082841865160249149549798644
272098660518203571764568949935602043071048929581586506395191730563855
938221751430131434807598669332650487479903805646835095656163984160231
5510479659885931684745229784532711563022567963824580570873833598486159
4269992353031747205620220372615270897606684602608874471195186752852500
561782972888719675246604895413107910513002573103926269088847423715651
830991635467374572399438350009251653919181018423706418278446319964905
528885699393252826562628242869076046959122933888826367890525889629799
2600436583512928591660168162711585038595099200450238288052578716079991
4857795117410714587892789285944554229757489266391490606122559018467424
2048983069603260992416053731980399309580318458741875611965516941030258
842746132677152860416756259971668900919744620570788760619382471443068
2007869995158218691523480946205994733672841618743801837624468431146227

199718354041990857212670067522055708177908020764223877008302314596324
3769724843022813747480149945967829765245111164756284494882391126580223
207233939672487353483796834709037217278071821993045796170874846683226
0754831194646363162955046142891818703440255160661099604396822797600851
0510903936291091994211938826655136431104593773982337547022348970989382
383349606222414458818157174486985800768017680983135448890807309801045
9829884067101286138185559779131126585794627976344020932540464256523214
487854998370452126786486295967723599386702875890628269927949214888088
9025975297177478906720299367123678763451986595708011874771798648451089
825195533914045264040275752862201560983909743678839234336869029379490
238806297699255692023125042770510894350978320237026090787722102888386
9173065202970742687059235430376889847491331150845727240892727685293202
568303822902698549830926642798169621548264378964612836838042073209244
634810624823762867848195810854733788917216503370931716230082783544609
535500015708732585371829606975508170435834992204347823973727085823269
6362370176097674845003041090604011687748131236415722492541367350659699
9974351468311300047904376338946838115075044798362249775689187063312159
825736569343060981010581075128320284644444466922583587764541076542454
461602377782788423014324148376077527228666458631768687572843620346387
264647033781045580384086990018470013294906720162910673208665601527200
3570377008772363933708461915283204882311403505825354128671849769189874
0183701119711247408166154018970145776023023745038112311099710264661414
041857261089563696058312446625103344217698695531230691835330056188518
4871146756537471284253783753602700254047815267696386800281490670826847
143662704493834208868297956055915309143195923053793897090912350168317
523156938922081723667794771797136271924145558888086019038040749460151
095181573219926316308153672778639533982650376935093196217493071036054
682746385192384010858938048215379605703755413634194531791021440277244
002285950510525078853005636254879620396305141675053890281548398938260
5618460596925430923050118448202444057353339948646232469861642715255204
1418394545883390645070021120281626903764372367863270923848083570492855
6654225657004171664346794270566931694659035590025009811020461599706922
2696043039313415011238520208433078349276852128023229115251973791375174
3284056717195786548200968348394935498706334104510911558023997896555372
8671671998063562188229089859713594565995658390071990841135290070321279
848681737876376919750159650347621049267928002979882816144262470454993
1873587379611440122075041773768038423308899512489273821719117059951771
345342994572972521521403834304607340293212929718359902336716755190204
8367988934857854281307409171121274913518896650388059503648866001930517
747973772006038594794431466501041077192351722447258169876135731553947
3606361022608171954947748733465753076976238292997066593811303556669828
3830832766954761096688653181122041132550888898206279798064803011217227
9233418196079841299972072008841839387221139034724731085153277483669837
824867965448539605467332451782821837371290684884322609750319063553017
9412648238953511473878639950548602246000335769136031838256952239304394
162767786502263671590542608217941626062786534137817872842038156593007
4463640673989667549268764939571849031321211365620239026152298406287309
564812816930350186968503713109547232937674722247857296417081985894052
169659810525337889233503198725849488937286407683296645338400341397336
846566429981296207453255651661075482537381673969227716956365366825813
785392959280486393462406800456128973677765649926444527556162223994317
4891109978681413003408786160964068909193446601068578173996496691929407
151979770619673556327808303748676242818953299379935017437703304126784
639410742390004075198605918156465947758609699994125596896228698815789
024265778977792045289457268597880151203918786449716049993622264612495
868772143477181778272154033157908743833318094502935381915728145418326
8211248197232597214322349402628954695747621010807874258476571478016088

3340496255465063241474442371159678992370589827766568589771945792599269
2904083389327233247930254203274120827944369363547913979579720396366639
5782104958416314403965424093860475283325924343500781306594917949907700
3881670567144856475901470819362884606343870830873013999253725298366689
1041033135943943477132545251112552111092798727785951382708916366590952
0741709275251299026204554103080348103227000462081993134977410339699935
7052008134906942080378722037904643828902499024012213804633979802421822
1068393468508849301679182896621304254933387996548743861093208514910533
3275877322690267241292966256736459068755914896312050174243945263893977
9024423237032649035968525782137809651504544989318660685590975663239444
2261822295196564215725418090320998044966138139531209853479671146993426
9493824514966747515985290047518052766122600719775722496708151505803911
4346182401252180929356344269769077593665452090820250602780467149336322
6778720581681597025048184007645428436549500337194233565531706110028442
3030042053052952933086763760286456546110382753741547484910093128725956
4420569761099930208810403531866948926239609953565722335747574315878611
8459048319664295632227261052716481983985463379437083657296409394888200
3974869606943333151457916397207480723433442706976286568508894730949811
5971906831106120010286752309520111063997859704188194278438731917954837
4603671903556930383994015483738186262489261815817546723094662836205566
5121691747032788728457031534544485852236960697986889224934532820969344
3567616792601084723826258975990526379232591641503276362559460774627411
7043325449345744488947721687627182772707294796799294070372568210612955
0899937024621719988989446787668627345794135226403349817753083399390677
0296652133803469837272890532476006619392545820659289701415261295072744
2629227932465791704383716269320753650111960155752594694061918181848737
7713426834444240529306600573344588869058880393177484511774102397358775
2822843859586720282398743743529592115562432243892896300272910568728872
6816161177303569527231697743695929142484462118989457501169031295742514
8284517441987133717486576746353974745761595416087815219493803821906311
7197854636480687724886181039189448975073053855804909207963214830893522
3184803790906668134527178233532246612521949926765291427590890922621175
1081746705000595680931351952840080439007572617866577512574528843305355
5317484142917533742487750948993354373583595545788270603739739129226933
7030124396568971237739451673185967041931739307423102053944927937255666
9514349788055457033059083401130455242088377453018234714836854057038398
0300834901466615756278297245438449473653894739985342875432822747853811
3731163246992938367029583215296762931690157701637645970731154556827663
4901948250420327162355437616062896101031778920813007133134968338654866
5407252699942438188746548272867272278105469899924363853838917100915922
7170823049066727659616237816864044108587574547936667543859698670955477
4999659120236471863025134234286603123083288725426148465049133391408455
5713489742121332627956375141588593834370232883676361427210910916326433
8119930711805813705320521818716890340408422833149561397141000910171509
9373550162504986980212807755241862004587089684443830634459894955514400
0987651922004434826887012701983039406922428539144344376925256906037855
6331636359169597563628551168556316245250277545376196294289043661945896
8023918515806791438606554576306665385508979167196722773975207635829199
0576647967180388564538818866035064543168335512453205238283278277210922
5962979474365082733419069484117477135866941623551515418976650273652437
7829273750109051093082586789846241868494722187945092867305656472937266
5721055693249737530172030034298462939903576040553269480197521260030666
9803843503995362245864967571735364486622960867665022114761971906683670
0078786195257277249607749530158270401915630348962763155359129352170200
9298150999571189777124690854467614485083505413333978482613439531495371
9150241321492525701145762701032683591978855164103614737647596250976223
0288111889540471348042461791153854163232840054371084642690950362186833

728775644555584451321260709365088896899626104066097271490158259265168
477635062365733527671953832978920009067298565323545222748165410194800
740749839188230279326391449423695735288995277041099533947552827010819
433573369718431950816575181773136178920372220046232022502571019599757
952402244477732146208376008348553877306273902091886835251019639767078
418503278393034561640141876545693800041666721878598301833249780430668
413708789977806097087513122453733179210477653219632269292062444186024
038239395826938487694386479921582750767801607506536356019247816328848
950673931704750819664627195118968792595048559814225373534918820252232
2545270640311004505864934019626832439967502709419772579999621126315498
180662935407155836102749719065184274065659372545125747421356527406125
514208736831953589153401830056437614755600059018875594324899873423544
1853629889772464142911298518495310609053070368529095174747046621759278
212702844272027632422188650036282932734481277819082473719717873312282
624529339033105661231369437672159701905627862510231496508385051784954
746257928633548467647505619389560487127247631535427130602573246197073
058891449957628661080519401608773839935947596879342063061649761016289
384743787627083980936528689093624135397422309740440123377345283506225
8300768194953505737271247291463024293420118205594285875409672998247743
329952532893889102882623850029186860662230600769541453440141543780274
3546527798112480595010881568865390958105517925178926168594761989018512
885485330019719136580509343086513733915671442531069334558535936906805
7311121352209014898432261639643263077611402495957275755180179589419401
319774573422892233099739196245423781531637399205324766455348061014367
306832579576051667436473662023462120548832579620677794658961534666628
4962251255998837366356154573809942398223413977857318118526694509219333
4002783956605221904343907952187695286295362583451142883374188013897668
334834519923543727595099724884754998534821287541602121420007167425273
228186584713024374038012472127577155173543806869321781709846930477213
869343623935185177209438091902476791912350163419749830019434925143922
732839989527528454309800613975570079141708167825793398258034505303504
355997163018455281682926422796379517399826256972139310348886952365033
8876723534591792138831157879766244044458568626611876186607785442345782
556217513915151217506997028267121482353761675339029972479438694009843
9803372392608257591497122524969990916251682241883027706483153811223687
127561226085840232521772823899197546169668710046806668395139405468301
470663243728097173085201750040540584635799613871306025046653245098513
7113504784066696740812062280849524708273677848967506686806656952046159
359064032782602281023655208379777490999881339305724930668665438786938
362894312535175161385304765696084834268921637953176445418916273051752
2167897208041102237228388620965663043269375053812605807435715564425203
015360659827372446319420027263684000729039135232160978068208980025039
7115413563807418433383843775594568899343275732876358995393433301321522
590012083860051252010931866882673567260499879953512265864607687845448
8418338341366254221969714632518921172825009741219838894379964774246111
828756492740080109580681071631909055544066376841992483030382445386120
476391807877747840955329367731266650623046349154209455030131869928385
8704049776949876230868160119822506037840778293313714869319557690412480
9600289428590147156300359952118751134960928464643882776366816444290872
3542365626241849131109707115881107599568488241862765942931155326435533
657810786249366068097352567283282438804714953365163044632204199356237
7636592354694982486122240436933050644547086698381945613271731670628721
1292233088278228768566112936704043109736681582156652530953192735760657
5536633813081141261504182742591979158468609756617111553592650472452890
139797307483656845667637660750300080388682744809256019525018228778677
5116835185139009239907351059703270669619154073287289116846607505209092
0060714564638393565915655426687110625860799966340457758882769823034744

9917712787416589237797961170443306654990881949703719928121853092042455
0101018728097074432904339482702886320072929682300716061300967267295 62
6979183862541923927466039000712109973496105323355847256759415833536 50
3896957888361222771610209908180784994235623092109652020074968190970 23
3682046479621093852321055876215088656767684835432116346982157387655083
7832037338143199007420263497842810116848957540102189754507098326654276
2146933390803990467531115202415024832005665615806359792361819323007628
8272946688783790788539740489695339314700311313244930932277053261300288
5054342907789006340319100228559937419959054534198294838865764191083 82
1664299146114191054104072171837577155061513515392771400877552001228409
7818725816627089312739645464772598088949046387444120338340398470547 48
2648434216601506040978703871976045332968159456039741792770386611691754
0306056042759474927373175806087531129660798807172302188309181631035546
9967899967681411322384058487215045110977754130927334808561399431389195
6459179137461296122743264902894505828696018397663266768184863672978 44
2961082457532735323785581012799169576075366163284457154796775700222 59
2039479012456471885952733235380132049867071615509158782889567274613 43
9615495902481052675789916395615629228002473414729092945654241442384 27
9751348945730605833955546620662702100141027670794584352116489088168624
3697965682341977082233313015802821876841167102851911373496255504415650
0322013218780720836321567275832894119429300942017627734310749322216301
6969037110211968178145961129850803567824717557225952337646404023992449
9411713322706481409220890393406774165907933582247961761271957579062321
6075333480442592524721663765328124917378791355454531828388653870756 47
6397340816244449879336143123185696534013864422093057439128727633815 81
3871255067371224288300998581863210156353494022783105631170331076712499
0400513200129348970272130995215492391507859042140268931300460986561 52
3614052530392725431314097867037236715981350870414441556847409342428 58
0682669188705870133146463205081915056248476004435207080754087821149494
6211509279233564167673683350164228427865293392832792845332151528920409
4301200081708618584107504415762168102606083356828369738431971365108 29
3621246800257976799115539990764840380499281718037565345951838459509934
0093392603110508797537641335490529395708765991342899729770181614294760
8013283728437159059062879686640047061491784659514338089797901747228 88
2213053141514526750479695173436233472615330300093049742656539457947 47
4078856366781947087581203460486212211973268398503198398806751235560721
2314224839768206933579702545411426785688286857621814616682467550295237
7526614089492621794102342151635411775702690729443076957090896064414965
8816717421216683181149637091447791393408677917203636047183375907382009
9690945012308440297824319898307429912474750965950540243211346298334415
6393868466638451130417168804680082835017990969544557428581327744030140
0336368378712361162753223918520093151086954785404060385142967533705144
9228581682317546757859933248970433194748116313656876224420921196163984
7807493990632550658610472649946278570911848293076400523023957169404530
2297748433753449693479104278804649755091689284811027335593809440469348
9578483196619161915687678664744209176769614601596143007118763711598184
3570948763419739913808562861781819516833566051319780945322585426552 51
6534052564189836041918098775647547009333545646386374588183707193089 92
7774747776519400712100160212924290428843775188556969379841374619594 87
8664049528851797029944034170922571269836434779234200044508972401956 42
7768435740004691806885788296382555685769552433481059235369632377665 41
2136136594165896489360126908303912189079669346387826994625689894323 84
2694790019544917649079925967283332015020405505639582288322986542152 01
2739038571255115833894601478826796130705936844627140731766358507487 735
1536087854710599450815737503768721757586689747637142045085859347552 03
7159289414490384555188824778224888605676817948448850542482711765602041
2756251081698730294789916929041778073208202945391238728850578047115027

9434067819720679870667734689917596857017096422149884386213172333014O3
648409062296336613973120512678548019751401068761497867822382951553014
4775438800942091958111908455931728419128447542459302404344156046849603
6522322070391819795473902374792889430628755879895504346332729229426 58
1981899384964339039017485919007454985194324377468897151635061784 04476
5817263836980897975093316068670902736290679673652827703154632011642375
5537799298474640332327398535516109777810752126229689498605135171656 0
2410287103772412940827807555891992535075849715477021490914683365543 22
3108654748777138622887576081007927178589790259875918863519630604566 66
3336319217407944530334592773012404904323289169886310725490859039501 30
6666592730117026037662981068329188801540077400682229302138595764542356
8417243649753033910342475954667977697080027375943580064715248683506 68
1994620785001781035428128258352865340395212327966035363240822318089 82
5447710520475037042522647972286991591452243000708332000742959773227 25
7950376529937676872026591893146678879839618766508408972120716214708 05
0532965530683823375864780997017362177525182662259448897555479107900 29
4328073777695412037888193857533624535557555386215137215790485645195 52
4782723839043922555586085459837832420422489960586622158423688887828 18
8750328772057840977870899101239796223592813041542814620670946907294 30
4427637357079519463824063853539753893251455320403986581318766650671 80
1285529209290281388464944991314896215110965735382736711051946125607048
3211206288125968749690533254651660985515328470502072184489791513038599
6182707552535083094178815330737133334832472877747905181060994006506 21
8469579141609025863337653702695033632515901240061077265518504085743 72
0504028696419034506015434148258748213594896680516971622041292189090 13
6519426616334910151777093541878234115944342573018458460479674977341123
9673674607693758490635429993974545300717430914967401452185883758079 08
4100939528251239939418878000980008529832501179715524696629805239359426
0533425668348417106596468996024067593181873007607716569646002749184 78
4539283759773956101054362297228330796712427595819133817907834096214 08
2773026094598302411681339242540210247908295842719227209123104987777436
0082282040479398238357631732443171948315697133001082852534017809175 84
6522941747359197349372218733486503775663769454517348058412741929648 06
2378847469600323632964560718750085619940062901963618143276961079101 02
4847744994817747303697518992281355769357501446845470381796435604192 74
8202966411484264755388461609284317366732609511714145514664208775937211
6066400571310718319403782493035660264211455546550963815617175988326306
6063541502910121381757407054603475894377765734334744331361457069549 95
8552068159687192079552646702350322893258869265521158374045717679269786
9830936584416052175398397969141646921305288712473482152684048633544 16
0366671645452057287892065390396896570098833039278228312463988322593 68
1848897300762029501913922174696391900812982244757810301784071241371181
3334742069153806373196342037227001353128231561282092730787333606573 18
8224330352677536168514401284814216046927928006261490423726475295528 98
0672386898011246352617089223609419514298318505493877642205598397842354
9606838430804446309187389828110323261749424902459296870542909598327 71
8867278818149022051859424964978643722019150845872524151377330865901 63
4373899036909618394184660480476412857748573396024328884856159481653 91
3099507843261527612427437304198132191310971382332353652196256565684 13
2100997793465867125309809163123694545655240867099025795737378690735 70
7957623330415204577601513883455847419623747926673163943170811046161492
8063588389189301292776504366428922229524865961964742501563936513045 55
4221841369811550560226456922426884427092190824913879746046884262153522
2232159695297204600356284480180514309235146490648315581470733739099 09
4033063516284763645243070399022890691032269063357760364860551940902 78
2680315937808826592838678858928333981443121074324210574440779725530 48
7580754382718089738160582946051048302938386321120440632379853101812009

6800478401312104193172311588019894128999509449051823520285501747845472
762059863697070096215053673678007104018661808141385962780769153033085
9735979222742977968064432368930843822216161344502909244444241342868204
598923914410058649485559820602849227162477870269955897422814270143672
5836202019104692411143248113656782388531661678230591013029577237394942
182206285322925329662810562789429374661505175320710232540395606954202
499821431539771325543297586855252724801325259204962363918642824022950
5652917173498207387727486453474499266638334680804728431021137809271950
366939837088898079287353281533984742606450074080844329450210486602352
7925853133129653132245368773308954167066148363110682779419010528654438
552547588213894308783875546974389267645496621380722884257239345052083
454215664457739359032723197581717659160914992230053647772838127334166
6225338414722426299424119246224009785447297982912784403926399816969824
983199881028202402018949606067126365661007469397089206468940335704923
8092701070510535093856117942730216979882535416280152727203897968351604
2369023818835988721040292019071056087510016790371111051793917137546623
6838325414471785938653029705646262609481596059731112820725571828111332
4607610421774775964548391117971361887347487868253984586689749210617703
503217366706570821698555986605315272702364292962106033276295129349217
521429748836174989730538729795231771376516956560760094102572096526413
672280471890194845365773052324718457685643453133418091260257540139039
4116388610927763073561477104298203714855880998828077011820768860435818
055569742895134939208502703609985291365667242000409340681562664800047
7503692670100671875654983026784039497790284984080411286490427373187873
235749233515777926654640587552701973317415255343693433358781774394766
769865341090342418288560046824427173558919562996250797908273745606776
5384902422624243413944410514766832862609811698696299573291894803130938
3657877203054406356888087392173364316856301974958824077856564691100584
4850632217485602786987082544923435009462428781142479255709287588160371
333704989444793554135786176777425930035019948788189354645706998980238
842859434023529395735903638779955485801844435598231690842488353550065
6784002486228853977905919021010083266439140423785834714153921125211966
4412719679850014037773781611395469455626393439637229169839703443161802
263801853507727479038358387760381375783864701213631520655028504382092
6854716048049446724877051115295639919846196607048019909225438759193604
899417764243237878245127509762457528554900919496634300563250421582478
503943865657347030265069800272249653816227554125812383002246685055927
019280952766320805532391360748859854952576989950792761407664345764642
9097181815270408434116864875195291524250698686972091219727276416639989
480352938155720610365285429980422793399098463092628786791888447458228
1838491541379025757617305573721909891733580870609521181391392283701733
0476881808509917109050444013024907362722374529981247942216588118589638
088129678928602717350247906136422666697096556330601017905052265542575
044259197988430962928103065781734716370568213331695467538525704127557
040755862586832496666639996077175071424542434763807349935092557265250
192876408649276184971730458976251487164885915989512553752282229553578
092755157717734942544940646365328643887343342175307027972107888439357
8408051947775698254173932129280352819043283042266081152776150337280932
2221614627280225517275940258914049567804027668536835600648375121195655
6037929089017497056882892495376800055117044514709040276477095266126178
9116435270849476633363303750476266818134938316846983860367178618075709
0384099944166818885088571567337508594523816058288505949719141157735194
691638266329100093631969376262656339971438859083062405002210685624839
3754516645389779526455014543848991742196831219314013729951184100975097
941992374688409542501321236476707532895687164905935102896844431703315
1388148484475429115655149549323986047347014309945309592965732996406961
790565718915571395922522237799661633492924092690021217235135430809375

801321612313775451234872903356146091481642758104995200236087135985496
4801275969333726114878220482714165428610972873853149810697327536968559
132688931246588639737786052796473145774438703755129143836310148088010
255497501850563438374232649428840380798143255578001639249929690852845
898363913292517937062540150226681735964657598594163322441515757367266
219230425695566601862213826190880192581203723881546007760038590449038
861766421200157127662440876305292839786002937708353109004391865881200
087431950741028998065659379888701230973100697017955799260447386963611 6
078651598376486501679432859334319628128655516084529190591426779204939
904118967887787866743039299757616764655468134247356325818313412266269 0
037483369850318720011746032135725115548751022769220143344417041475936 5
038920954549976990021428049303569545892006008908812289808480549761464
239812417065357454304376304063168249955435897677978729067940476948112 6
790951355743782017524164675346132975800098129577909972707119039363809 4
497139562962587268238358947185416563847329242758695098427673777219233
217527653968660617728237159657082113035581036381518279132569446119309 1
588133531942734066542884074159970819492402918388497625748315339375254
667365082843965540113896630167639046301783547536947865239365547983209 4
346814763378984065784724561420759944989774128751744945814534657383789
979602559586269280739502699277569907760849202215589743467392637791753
036664387053071485251947022095708928286369504935855848932090955868667
023345755431925451442518128800784991514185003301380182835829191679510
151350632589157356879487674191838233061591376859223498332250831999552
784862550590848674550469516024205215252356676382666432062440113462461 8
483553823191903078979048915649288167569495129760602261851595750909144
277224633135683572235099411255280916228242406941132232568995320003903 0
202196968217386130987969800721311638620390327297191995557705918946517 7
709310867334359701908675463750777494181642136624587122836257130969042
522142409274144442862946764111157333902606899283995914207344591821012 9
878938271304750373833166795787273900628348817212343279316790078017927
782057627942474196395117775094573952744389586335334736796607055052701 2
142544299479080491346447357381092368930786035662366461150744159419230 7
991226358053752635962493588388549945357860888234906479016662455720947
882310387009991721086516270017412776478931430636070317268396116681796 7
359974052437218012062348194046773515110115013575303935536135039838765 4
046363031729240400443934542228866504375595216796385599047414810736635
762220932004330642246622513619647559917939447516742830393884953878608
666313656608760867401686825424385950930983900950824741461151827971514 7
925387823632311603910159790837053267613356530501089255973694782566935 2
228981542080144662048550197653232102181616621953034657184128801650264
483177753037857572107572167270373519222403141487053328125560252379096
528551710604474479118067319707100206860334909523369289943517346016999 1
071845070490952869577741317941205305663931582598080094541594568474016
733761993444644185952484585780679184671826721457933027162864842332549
702086814740691585705248301426251349130131793189738382452549317175403
435106305944151858517993322891846398568766128678082982141129066850039 2
562077476960056653243485162514854282704856142333971063396132693140524
821184022802087649328246007079295186711877074641645736456342222618471 8
124284383548826605654175590498795369362959566497254118371933569798469 9
399826697082328312099109341255994808198732203868645749761500731501308
035940504067340560123257097874696291882994649670095532299328883162376
227702344608416178629584181003305951772290600660895813030583131395588
588048276225962517551839426498063120045127181001922219497057669748844
596592692997691620797266423414339698096085014545299116867845278772258 0
150857428597643180504071622549465121526895079761409835692430941746765
451817195667472044498428603269680371841082593827335584974386855805135
952284552875963613860275898194531001707608944273324746872429589116478 2

1885362098458294683030407511008305466766121316949446563866233697314905
3630487890788328740420726733833969258348281353332462611966397276729576
987444036547136001659167477142386181991645306272289815577356622922661
089717797715008346279464409360584315732063783476195170000165810602100
928784044356820652019452702856826432217607135816017522219734672233277
8027439894359711559780381276278065260467038575085560255608105166677818
3826369162112027595476357509273561033756517976994657794959611449116213
1167916004607234256813482210917470416102540842483992404235096219691263
681209164349037926693492225463510174034101546543752831620706105390821
226693539714144670163871339195724562013513920405091861473232182936195
189123645492088239049722488287914257299133977822247818652101339141437
160107780810007161296620936804672633770301940591847858596557308893645
078579360008786286866338079763689028078061985701002322447725140393303
2211957205696718642388023218633477611259943548649924474751661178360316
6952637541604360063566323871059279357921756871199982281111089142464610
154655356596212704209994403197587351534398333195609894173093865474546
5140999389397693553922458643035887623157615625861587462872818781337112
351345878837855804216977643985259927890499624290653889621582122218978
8781162583829659073632484969779876120071306818833725190037037740348722
5042973496099347660728486400016319929606695437071427118319214099244239
4695825665420541914512045536142364884148160260537748661498641102837595
1629099962209123298192167833923964256139072775365707736393725119822973
696786924689151371652648697596513443576712282685837531440126280418404
622869358897358246373787848447481641210733816758775922822307915498221
0804795904348319338763433073399499251942433721363211915365810872552754
9390349701179531056527436888894408547466647272707809098080469973094052
028161295824460656291655076968023561451397859995356144918568579496089
902281540993189622735210747582448567245261951004826725615270172300934
394302906880530192645535304297709997828918871272977567312250801215690
8989210462061030326541953558830843463311842324326679350246989405747391
0493235573872862497868075144049873814343511838525582585965084861976534
8305165577465354849251847062358463611289612310634756134878291962080802
902154188956716954705784126360651280509700448653394569212676107464890
218260151360021764042075934304251549604712165606382690726688106032814
204741220088866734941517997246444314878523028195667730092434525278035
4723713324981121114475271960517285263909324000741008504101353495340437
750708682692909589645056777697550518169976547742490749871376897080542
223103073699862144213444970480833388629036192462099417006595275523499
4560840888352771199512564117887487755426906953789016658371705059760688
1779084911618570218746070392004112101273866342584584512364593848810490
4988917124685739269622180648113410347799910285334504336352935599469991
079748386073093832224185655436504976494583857095754758924181079549377
6431689626073436458913015274465652114578614155770992104933437132765485
5020781975775613019026316273124397224267414660169404353621126647620668
9557181471499791222039059360453171295309555401228551081121210265729697
5654697231782827535893252633833111069657658155611735948679547594241902
9558201244575090753733704603536226154971039544311293340778323908570180
904613579628848552716340269965063129190994269695966225589497975628721
287757198542419673475301587463470733050737845796145354542520644230878
2408414080784627967368738878895852044709279081010712119877987278359242
339335575561937132499795938760984147798982138182650343224013063857454
488549358970704862514278724296521006566497870701568388386453995903650
8017111436410426627869672414199832654733411128487933093439580866789075
4340702026793784774345535265665129290134337234628978010782011552218872
3937312016093709704068632553677092619190039894188411459261537011666865
8956367315052216330410779848867721149416004662110658605248504107954794
838142514049963682497073968941442466671748736746316851704563577542423

105150580986476464173910628745990473792488810727430814262952489093198
549576289832417190896199838410018154664437808237533284022544160414895
9931908730084724728557488183769758189534793908801984580628942112361133
3546325400404665357173166732386520784503080166195770809027132411891654
6201980708955460918723854372611387496629976665825231471481880032379500
3806670118598942195994821840489226045885487688802337594014215791542952
8712356822719394165950006243911835934267816404835416238496792420808770
996375733873397271385700510172163901028140061996402955555109205148237
278889395862250635820057623558604606700333545148883088032069907961231
8449237973339003311505882948380206876710240916485958888394432465634466
7574633584953224141651880328254882089918241029406831822065117122105635
810950805267608243003755064833828150365835077439401630802437480979848
2956648727702134170055891139662180093523043539548882559026670900065711
885335952330130700876190428286557679076216907339408560706158893619301
348780259524996703159143624421997785198300437984441454865516590828204
1411393767318104087719596578936089006009298571878482454316218024538611
6837858586234510782849182169145864330972476771131495903082734618524789
221595763617619415803413031319184160775944101215743941774531300010795
0564422525109306737523223688543242791213530557592621003112211862038297
5027538178425417311733755171196816524092843676630140284331236103292345
231891837022303444549741418863973986508372860686169436251316559806429
404159609558281527947448940796006704015606635423305660888224109246225
5818735880428279346966420627411245975215220276131826209673609273703418
6306804296209480151901121564632335461994960497408344435453142115006726
825166877950667254182169648683330823372445854924129216731909818022915
1717027639539076596084501594587459760737822363718204911724903037217284
752147681893828285852418664014070914099177883713956921617076979010060
192305266297842195100992184012322062914006048217819490156194790264663
131287502908324448371554662484940386152485353273663548381024000726950
375367248133315649581319529832958248945699470154098386358837510527445
038754237416350534548439059129801016033702406509141965440640893099287
4563503612249158486023751328733731306177764383349114167974279563535826
432656509343897438769712540489099543976103094470122301704959677916134
546024092072149464971044874803825509647557923378408501570469654092609
937529297506575632445478640178182086899760355012046052898752372284096
564154010430487466276071995929003518139082264656278006917499381889757
5504124552628118709537357505250127280159222927782677371946137192165164
0018071110326066546576457256839904111265510326989847762004945257320763
3661187946685468075655577881616833650598047997528938859344621827274827
6975735348116703851100088120600268451219316134987292279735435145251620
6626446755043513009958875998659114434873302760578327386061081960325678
335362521398537214632713714373366852594289784092798477878664746644957
883589668082045147767271907031262880771077178087594465928794910582812
7513178451193902192043621739992710417481747355300551496807137461376682
6102458229788902686407062087169184080590668402107117975507316360971232
1042997983319216599464118767390473835823972710206691386867582223407683
7140251287860243360137545695612101211186685695275760983876242013180600
9730015109487704186475014603471909560016445913258160110887003424095108
6006596682466186137003404540305650156032108961119564327940113323206244
1296852718973390029304387526826413252372811818734183772668317079822366
8198492551731114048429226360049729836646471747032035892511190314552637
8203697482737644474657963470343627745210955607492099970685966310831881
197052675407608418520990745264126830901434767342985506555550495836710
6871903849244388501716241895924159706438955179197612480105118326621083
951809191931686471500762285491546332100294923138434804057097770139827
4451934839221971306082370165463372568013935034810121226605114976878294
6285862320643474121126266335278215774732452483124135428660441401919056

3714456193361673409966378271496009780576875416953445440599479396181489149477288393444938623785445710715026668290496140379849969979904177314534985205251546802967974626481966870228616423121477629241242965831276366150132159956875563032138349578504195023669392820440838149111506865
684280960304485296973825380024172676987094580558823876675088046999123
811364649817803232713886275399981430647461240477541717786963338613965617885964831756351902365389428609879813243105964107502022049060393598709159547794213809864179132509391514302291823591945291150294344931341236215198182158312032029486003940276690126632207066257065165460052747522401019923873469029975061163166192818509767792260931005135445649361164
596566028491128455262224785726874706115946260327304926038731909842727022302279363717567119268583647185781515513352034020094255732570241356749
79298326066168923747723790923156448369939822190622395983512927748740492188486514861800676468364747663490435468522704418150329473466880598025997045147190867269754209092714637247939872429080014659603061266441660222860405072133181508294609888507098056622798154998927924314053239903486173808021493341026331550511037223388751481620439881629614499371184147306543972563580373206053741937671572155162520262879124347517695662745040518338716088598437046467204976925718626306817461111789650712733
894134312640042190022842688463221924960269928537680961589319489023042
58339012860852902135855253522872936927725731124839805870962208930684664626363416474317898670004740615668576378571075842749474296485796676254876979594106944926811657656925791063739128091743329342766008234744512
2646817244791345411283289744575514650786956589905282466534990938715111
1696795153643282615119827898668897109310169591041784502488287352319238
4486242263629734975768439282263112020004713218720170178371097575668553
7139382475853381189805680552456175892532901241044606138626252972014495
5188459248610761575320195237921069318224655177285864226604778693839844215191391884947712040124803222614617113859479756568591174574724441827
5564366755031861737105312840615915488212497193717302126743920082041117
549854683639841356774608838167338674171004703304512237269963296753350
3556837425593278850528484397099534151765903293840285069219964260910899068429037128452934549490793498403703950159436563446313995129824581333531389648303954685377742386758238799595073127916663391213576229300823813749950880424143677063411867945790202225251977023599544884292304632
8754923496722087300742261853262394415846865082615318656057785769972925335180744046382897304361213124874166495577320583031985264922840033821229619829400035721889609222760768921737321375612817140127894768086018461734761335830477995555701108465899184652647160290624326823097213791
999950260020076779284281280102189046550368644940685163746947400979670
5228717466533465347668328529930583917529192568422946133303350299266147490355309970592944301756633438343223044154343703476466404927395026581091264882415178063849558473212925984863914337804053563760280606861278168889215248356454361916584590511206537019448479242546205587901558333
3543255865910183915327556343253047913740702466588858551732641557851082711621409191150201876161758170251311700794414086348631483190552961554
113186777476030955399998608079384374976227303703716974916229200218300013533918129991829604023592948162240375734996478981565262268246922466182266003346563155444069190919446133592294764761753098401445696494985417874172123136077955700462315757407016476128273409638979769774019876160194157601529109109253122761838347867951852419370607979165590705751518051295428310185359173186365292029130842057807392675741156313456410600481485906597772775589233973047601761186109466683938317051367676598060
864546532753844171933248210350034614387006425749998217425218212189204
246983459694601714541080967173547847902896490057093695658507360279962
669616846431118237198194995401755550793724878019693376504513474123702327858171705272875406768086778657331919180654146507023469304107602604

8076498398418776243353883813581831396332297830451927354200012443477014391410202805835137615248683465400922414855558907372029219460949678309380472522542715397156446139320717562051057479473825563034044998409055189312252581517064469135994549410789766052839379950219126026120477205145883687727742039393492746617423169661272448881420286391420227812419353329742169450946795452067395697738280628009153419557209296208702178162359573153985804940599130964597843674616880332762471313321871636394671809366747344033575552621977254844202499963393174861668116858002416101935718158763913937159153107634250433840677491100623988859795461135553975583965305392425113385151972957150725671949315914454388674809412700929742577221170197678077755411531464441588881354640461003436754633954381365737941755202298370463378124045276311595878742915414204162066248912616238500777039286348472623334350644174622655488896432896084716921233108446333350533714717333033190172115307748181597531874032065206546663038340247240443641929585156620772019573193519488591629815330055105279952540010923346567985970645405142910657105043026284793759359388054120084681207165725958968277943629931119229046287498933815161612418075418388765972717000319388966533656527359657047298370555651002680279238516795033652066530917843546800532221181178456832436800443266590254628594599103854757965209123438950325105958302845145019453098923277198489280787845546749643627564616966261836486662036715578498138398682528761956385736085204193320257641086585308207834609373542674417458791798165097760674803423587943788166111998959566679446483821547715844522357513096308613259832304456646819209725029344903578658988884052055288786406593898270941098662152737161752449269126472228562674431790670660513250331457206783440463795142601733349592062646181273287377940013015357157366237612685283211039112016619481155877955040394086512236041949757935718979740811556373467207427424157737740444109123848555845196736483504888683099313898234421248549562023391981900603548985180440671358033140872413265815580856335529235650556243406221738635871005910916669020110600851921062061521729889870836133794588258419892972813593784638640814620973215748876458545452905648569347625409289910669192256024642545291001498200945147538869058507821574990164238325826612333030842360171331330197402643659281051697460061129741349954361141507789015523161636275821160734521938551112723008960033993710873634008474458582811692917284014715929271271973822535539639876459247383693261128037429940138758081761750693604738088259160765499660285494158397942913044178937413498128512994331756758244076734176951024244331173208054198122503155476482578701650865766702309785271213432609608282808472227355161279802179432486389890602925191544808852944924913238575321489641284456505833651534398394353706322369086818474891634082930268567197857966041601215228834098644950300613637984752788790195341774348444672748004363482761808233991610087405112235165967744517830819216702751251435494699668726687370827849191991682025903711477659826068464297168288715196482705657937945663048499534258282710020287457514253134878869888080123918252754748629359202579750028182197510099462917837851103466716091576507689424057643488232454106255171455768523557408154552326601776743209479015645205466875325651052514797632011122660267524833213955089931268326349301368519242840309426023879053232047876793848815781799120758839989511824201625492439937529250292683380891296512472328149902698230237888614435318987992150720017872694765932161051852405076863648912351751671937073774216243588562940623594770431200526606256976250968421781211488829880026616044059222329331624176122908743379022287804561701357723750619521603426862806290537864968871393385712562416964079324475831369885918272999275782949295751304825043666028532371402054964473380738245775558257092700759153582136224878739519806447536509228338732197378945098948812224316665010698739616672989920964420596817569619231839866191793408474257868154615941458938640602

2961329500381200383897674502086338557826679881065690369990815678277851637829345993619433669806529792215221536662888399402680386218387841389549979200722893711695077570617240023448728986838088894693258218633782343569120740289568718856687096061273862193498732632240960659606991760200545360381658966021438717712875530983709902071330847123039179755744838100506832809511893292721912316549409066402145683598744632162655757397928373087028606129397723683858149199392584157425491463351548204141285052561164143847386215794850259095916940167019222271520515924463847867368440341019760225485058596203745202103401958672160817127019264607046079599287131210748035118825068233530449698126552095670808845419410225351991313683529115972228197796519175109141257490667527198799284399037274106458867169811835091012056834981767731009548469910066421703751012964027952668079262013464908265708373127308877034985381688301804159107350878027897814445251654077081274884737965503318298936026105151709009201102220710016694799486064988416099255778210332925422202382431616937945524450771166127819572028994905923717876307137916207732805190043595063027837205242860716863197568319944953596546175823793319549221835571406382172621701189906243630164683498799430673248974840299006267563686639344986687029574632955927635822741739047673664683270987254008256582740793730134212501578722469359336023202788021334475471169254724427882347885720204784810966824957325946506938183932899440856293295484523469547324707209576815500031362868183058735976655244562923337098003920244653970819808809751677590008294523393382538737975166366848481990619171892305302932752820522887389977798577574644330667384284668342381977782239415152243638987424951701065667853026766643708546240614507510982382650823292192311694659360552162437012743002394924600084644191371345373908817105432971996259217859583689002275354693441992705635449944646484635692114739545423420930350956191259629427603323140283815641958123992168435705926115521864367293908114049884299540135030458261668561511919247042480677787488387131898718967382619247397490892216965648998157671704289017449666205968008681990919566483987127996000606600983366508501317267050667807381053625332404361561098011084767554948774942365851637194652793284979905770184510490917015335686136324438948796590343675903495600216642655815244439282787227173594594830789387202484734203222900521336068460531292940974975988932013490501554663997880699917008737158891759567768947270618115030196472891325767848161909193884597730528881739137963419101391228288186895766691581750664019066425759118576388754829343629921171912710549773853730155778381018844418606578305924104527243196692276439468819023029366036893929143527900678345492052288961178860518754083104918089177592609625711828832708643634672781816274725571485025357509356019445337057042972793165183243697073638748560927282169570755935217982829317630403988543895057250179465534119664384061183281712258058093138653669016323415504235539488039771007125070410567877416202585990840071768209894144867462299227628920255085808162173150838975538840534942791905673448766048309707910866592252931017597478538255714719464529629087845195651740959478943963376856887841336334073539072743766372205280224459160534573754066183716958052421718003218602285837532259788835018804231788756894023197519743744461335259745789740055466244243249759344049537626823640150573472695398011010025658251311957538915849382125129679967725362127646076391067226918441110591666718231748120661947722805350257938618987107329311431962195583590075732545492654405344858762379970486963982129062304652602371545697463982185040240616064721224738628536914542275828158930325786719200381523130703012314500162038355855970846362887285686618295880381514125979242712228006580721753759956097530281681324319088267581121397864589779915670771233413006140507207378747754227133477723187913877806041160283389280732294629861094389948042687763090413828200824932764378445694666855969135097280929656029683784248319063762

648975894022974765233737070759029573229676410744477902854220571083318
641606283483284039376713381480941530810038363462098674092314162577259
260164241310768383853609677439389645388121987184708783576028465758500
6626430131835637759834394232563195673889217864742511539146483061056176
1852266148498621173529930039419626797835115432471979210099902359950101
8504522633621366295417587904115529116300595092988709372051119953209519
1976119111178565685631458237425273363487442621789437342555944388272109
9552583440480781533630123181725047611209858621391195038127685768422270
602288085792280227899270135450268982898128670846948085869077368731048
824135209253377992815178280722473043295605706622345618996569294079904
3010318005588385154956003710153628833932963083886118375725134429296237
4362569028623990818089667478407215416482153646698525111835609376953883
8247792682054035562293103398234617217749928761143107112618698176716510
102132817484322686049289996213744264891787470800521778991459793683257
690825447049955736546073833295445503760545561693846299352695559825481
436952274513515963501284438165762387821902834477841943484916754332208
988657251072163801257455920500626138323533310017463563269678829979522
312213359229559877714784256215281966009582480397960741880686481462221
846735023846499620948290023721674715130176161834866485690095804452712
924136107744855016454016588210094695318516709496532028368556343942755
2586762309399026264688025210023483988108103139591567221675210364031168
276980204470846827510216007652912859618123289239199898376154654015288
4764023895640080091117077716866325847151888652134181009630978924681427
7767444249098481946207209911860617837882725606027748920250775654960922
415372184898191399949304356168693621596429177109525695097069900632310
061085648555448231768169491892033538259383979779552017806002615045384
660223480584280668080054097272424887098899181403017210837408519716844
6555068686682595762131761853474144377640981168974620203712113186150318
053481637099280510057939395818396053815727990531735646204725646756465
7337523249604428666275422833411947710115861482251329057472336964545935
0778630281397035026933558672025420653201911364568427852227113049930847
4015508320553450220711151829250378245841515954238572909205590931555270
937157304365071391970662707208366050653592578075387996624278296260271
908636785842034261794272927838720742270392586478996988852017285437329
6389141798564954987123131742107811174584783471481011302200669188117139
063322377463914427871350133910136146547582354731321638779785942292590
9287326603980017051451051893526138463564900758234863291520258655103110
341381404910157351617886075764396461883410175654441487477439695871259
3182068392921811680883559712722653711952674639135472889090102527777429
906681680053198706232475569631647941994318772899895890737174479138221
0691683031443021088327187369372236371598248511277737658543952206649876
302769812346134536976210473975484439806649685515001824287241396293002
0784239040770171753087400621103886981275161331107671042265609534206562
7964803091959171222256860508660697491958719528511720186301457223111255
958058030059590451780162091560033927158135619396152450582940942383067
522310487602756833193139537061594056900825467163407688518738062028393
7649414169522478976448274159243938907385870336831106474829591656363194
0759787977389368568253656567981194055582946890756209748639705158628061
604955380199298790107269885264068694896100332327284203406188454212897
9432188689707273827362778501372701149638708846640786079426555525554856
6482536726238855301957008990944181411968192782252147436730237577264790
630213627009294351935375202448246504450281774735303130558784042890529
565361669557574603044684002013025834728578786034796429662285633839093
850405959963382052013134597759495495915282491367582655773708630985343
103165699186477493523558769856167640256943679496508265951649361856390
677613408634494961092308528159575947324469299784378750695779652340662
7034893439922003933142022159640475307987724854719289903190331136067538

7409926265876145829524546296274478253060713708610093256561091062901593703234578465109425415658486336759717141036824690682136459502259382358689803420521458424156210977125941988605174184609810521802330913491593055323640211801353993827390760960188127085700221614994202352285301197851514825409266951856567653410404445485488177660629153334239355883040977080382629431894438507702390408475017104093236868309790449784932389215598500214358700771342871584700693024716766312285302839112029615848332287621873127025440275098869777524186719725803984567834528672337262681942591376892237327986963699571947508280574929908016092963856488757743668130599330030106516567168643311600381784331809476982492426608263925647221085630282122858435912911420360327206018252323794629310925410251245417005166491749697850176586800128632544573787252932671277451624334360127340397859302221599617751736148666793967656332219514934298376790374930825170161852849338344242504183230302641005578188318544289364087403203966008892343871002340926852388496732284456687365704234315669893811311708549805563342411090390294020698788366865009641636917052815658583564774755048831911648430645989966327033980010970627143154871743704811217006209186084162459632196275818916875947150823636892761717485163145845180705435637970723278957450538758447100756455874737245671626075875582631624163830175894812372734658328426433498421199067903327699506187886673063449032827837648590916868065398440393171382569665959236573482235687609504600206957367369539435373448928789454142994492422965419920687071717990820275112322883020637409332430828407680236599622307450723954829132510014623152283856699636464816199306108035011934098551287730815954501549790983261007000843516322091409713166839050930777067825793848915921320992865980751664776274042102287069580316910197690665849294116301449041755241528407985584192045942224722408579545248996614996312956745993178744978341350197476002485583093556978815369731363214452511408292841812804502491992959845617297886498365296717374065350275757846534187078421309805735758509870892321833860276680968786744587673937042506105294559344800003379484411869103438489819927217800456984088256180027740246971556963453537058177132496654317079548795257766421120685694340740736941652110453017077751449502966420150856734185613308793690799085988881954177426188031441417486935293012862868769796349716441242177380019690974862799608946093642530679104174593571283190402983113155059303861120619275400347429960129769845672856800757478682568526558880550446502824723406212267230987650952467955511675760755189736710818664873391355547303871771482599249820906556362463688874428163547597380200927033727972357562058520194887311757364152085688799839625539506720457656370866786849616739928990516639547348064688416321612696232140430043034978793765895525591261273349443137493187558515220350488771542061283232155425010369584201177706058113108574067217688447392412151890674297679952843460462085104229892955901538861717778596259659024537479964480573754259033955717369017939751600199875836990940353460200600611457081297272864924415558859750242749010199752785695834533449432500257802043444408682890750774396173670553837615787863853870009535733359025946681197512373898387266536879554300184150448072052764944570257994686803499492941686747104745236313650471152698278105520599626500224544073428713991949802538333850588539364994173363696431899803695321146317461717020388070866349064786340422458469135590424245140281425972094336803940426469576220351976052537466919686468405748522732221411263468200732680991283596804337124898651248471333865999581557036241284311923713805206985546305223962860016932609247618752321257009959416454501759791304831585226900924405531186581531978459314051354967975019715913056364079678742743886974318121596332024245369509081085401074867453223366948874174475845601897763958449021749345971047703154197947217559031048955150713033750922642894743661501146171128540489836287823217755403355815130890086002311190892831719794 61

5273396398147557956104816547218228209282412622440866173161182953146270
1196213661995941087935835643209329641893562895075218341609495628660547
6082023394390369382944107069073784215937110084355080993495125848055614
2602794888117357782314109215630977556334356892809062401470430406809674
5414285001053129110144071931810600556195293759944098161264543744367739
7892845582361680657305686818893290555248377738869788338482126900338855
255772963294850362572416179456068806250567439834358406885865279847132
0568203326801584011861225371072994592972198314039824954643013641412093
7944647846329673080412403157916714681071721546579759508437906546392 68
9441643670202671733332142868727930006752568089594724605400773921436 62
3774703669370647989280683436306662357354918836306740896905345419625 49
2185959482963529914425068124219578493976249362699766843201171783094789
7645342821592110544192539567389068025874295234702462536272058624452991
6142578749920154783492516043423853492438434103038072737707765701474 37
3435807984511214989021387726113074931251848497128991745909500393219062
5680772393254545546917673500211427825159153713922475215102619575181255
5899192237756055625186257778715204024235643008015440647378686471774 54
8533756851330395773050554298410274520848824563801811743244115088666941
7202922513871405259332921890393023484952178373235334465326269377747 32
5041092055082762701360107626880573492834106150143211791258410932812267
4911529496919441405798335403820079492052726207312385833278588756477905
6721104165441661470761288361000624384130531050140081010798755577315225
0424635872420813465170781968132664730526526687009753901023548400543 19
1030305850507328485666218923073610160979873010960457878627259697182 14
9777459319121724208552038322309774373362726009107917085415906540069 54
0475769464526935273895890894656609355321694271294261140189336817558212
3366092880936868361084129593136897668254634161807973379931143491994506
1976741403836739591043325083789609765463216344296844750471808775387 96
6011594691058469856934631546715196731054018943472532735101233055566492
4462530897985525988963444453829414488382570967123605338919829313649 03
4991332122842196608736575713694328636338387496569415447710706138034 36
7393954329945548894604432862117042281029757649010846130362580988520444
5652889253865618355437466905075794821106981116094362272781719468844223
9013643555822522433014093711548401136621388410824798090054297249286908
7707863943383569758089134485548375376777196589593658751543275029493401
1636286284193306048171093923998791900884203487294343721494612397017 03
4303370791698316245766050613624590549183588052452030731298424258801 87
0960784918163583376321417765526484660862674494777513116337460985326156
7716821601314781904456057708920308018521540881268882246108542068433 31
2797584809219544443889667113144461789314741293665128198790259329194565
2736873448363988933899843612116806898657975674885165488863376900353752
9198775769308105735517395144379527270380044704900728573092526263167 30
9907400068490459975878713209353348147998072978030685925274921540325 08
0620629679368029096365711965545474983265755760946724722924089206137105
6217009793399279320665670945892120839049846047586480114455232781360281
4534457954387336599185402955060100187896258232064467145096398089199 67
5661465982370141287366468803859403266522240875088605288410671979991 40
8544870072930220172202603047863807108861726314153139237489947781917 81
0407754525553693605459036378161928639420022669648039758682263453758 12
8535507962060646362022763410015625391199463257867883608702524372526283
0330102104489432622627532207366765291091628199888719161678669769861 72
1068950090236405929175721859458476306892124704365027536328350650043 34
6183189703050828391535850605251722344229331896294372577616315222687 39
5005813591563799500907045720072609689883738753698242621863149512139 88
3571673563880630056290325475145199661817267782078962727991656377480 29
9102250947244094198014686901886252851004233665906643076501671002367 87
3518980417508647603805560882711984788639116966057125758111614332203162

3986195399608106448911512990383218924496711518198579850277044697851841
6280732953187522170737542780783674506060843688776930498302304143646 89
1398370082693964060694562881641695291665443739084757281969614641195715
8066368813124848782960051923653816696914413164378212808037745822319 14
2506653727318660158555763100054588191460863415120134066056861830539 91
0928422209722277276664200709987582315907629439129515634967208380989 72
4723042038732783508601474116048285204200743959607793967665745457415734
3814376292956109531158482092000199683492227462223320349229787977209325
9373458931853036322002185233292266043263277738699295254400374606548 04
4762949827240422914656005290459866149053053303411842327747134752876324
1774686005103519680259504893354161773876502389319108406652138046674 66
5296435771960522892728790582333626717180104787074150978653274415552 28
1550979015314325699141091329952502769916412184798903534173418028880 78
5943704747003746871669807291369878105191348231743199718175697324716 93
4112404219323832375815834075050325121024232721599976225595360817163965
9554592152006263493832779387174509876695534287878977466443638551706 50
2650448577147587895166390526126187671738754045938775924493697246870 22
1984680515191826034341463515337517354398346584036650078008251337619581
1125396059589417188047217874636046685077559560876646149799759072572546
6930950181226605975633832045120846386446499477556747110488258186245181
1482160241731135115533763941801619860829325848285029721564124935435493
7014722183714909313527465161404229884034725873584804710030497103678 61
9969039664003189027014102187471439739304796671271469674524858219615 90
4435885750474711610835582761860115988679925232776700779134880627067843
0582303768443224083728557775850821627326777552157538549313918894433113
7097187976549309906304370838121079727316041468874104427329403072777 43
6378288442397759487234629173289643236489504230303395254772328529225 18
2097863294127922776106997648396446154980303910368747636700744207201 34
8680420978344656707808500851248926091270815723789681795389714716653 16
3541792741324937455510490677088305382910466098618013354927364715788 23
1751702295292557476729438071843235282789387873058507172169878408709 36
0848912758296731845035233009100824500894600016837289698553478156770 89
8606637024379918187127137483594244296364320947275727110418044334601305
1070221778247291988409544429155924729679314766416864679909456377046 03
6998870079612857346705087176357992672641907758648297958015096149717 98
6439323118705902309745168343571252335874425716502513078384396781248954
1028789968672155583518182197672923726750882719132592890457053921699 62
3157341359810162606343841974111595598712194855707915404099126084315344
9472936182597146663520940304301794361263079707780953877079498286453 66
6763263533422068945343030626974857296018808465649020974995525667340 13
3802823078862980681870520541252040119990430428919912401546306489607552
3480019294548752880557065055452354879178955987440250913007416419180 93
9972946822103570189811867672154904495028446259968376782516887270792953
3499355139851172380491169556661244188049351821195423145457932954973290
1154976327970042572529288516760556706957888189166689264962782660684281
7888551356822010598648644268973104042064203886202141593133433565060 79
7764837286117478541013181953882096326373978186750156702010351613827622
3554990781670817625800632651909072309731132612645394806127461576397469
7290381991575806307458753851733483346860760889646227012140401657955 97
9081551364317926971432781160003950929530530156640538544014468195674168
9143950050601298995325206242564025699973540563356851170626312937882096
5576305578326756161629221703945185899593927795463337352050168898464 36
4888207314613992856015764619060882700521838829449052835018564065043 36
4175350139349857051006350044232775532805166325015553600168558606321 61
8016788228898592777398070823443012187649829882195076487937452732497 75
7164679437682597865380777090931582686989321856754102218113706628915050
7191692405571751537297985467954771694404608728583402007168255878503 50

2580689802794309461846725801862557176999143666925677662478882563671023905089297579824895222709418467443414664411911976248630886752269173795
6084643416367635588308512954865371125074490373228827199257271519966000
2166693895605038279519066233710710296452611253548201808162340593161238
3383278721545090905442719803200644225323600124989344843636759371914232277851596265768452530758485537358308416515247778499835560996791452905537128993380417358033223313804348260191619102805347598662385415120389560611327005564966892813167555129799676336653554047090793988866895306
8578101733026605688536895602118077216225892191992431173048925224971255
3122821175882252826509235822912252041383700828638795994087533142292025
5378831925901788817597894307727113160489156785086783738812236288755855
2661186573367446022611736332880225562068614958467226605377935752555836
0934098916382963659980073078450013699458821205197427166295188936366178872451938798839149850746367011614623559091808914648782476983237759787
0963455931545706800552820706294643107638481718364124284488322241634530641777649280600316789700191373441459952908181300827357120244541781460612372671440187538225274535151552424500790797536879918711567102845303
1873265631128191873581420504230774629722540369635233574830656204856108
6409342738331833463432735127159264239390049127973028883783463744236046441965815843840531910829032323939150063705253777010659429219076639318081087876557596907078407317323973235506344135855674600292812281944826263869185813672160413954633187907256169308154099694376002147684823666895958338644584339139734195773954458947379964993965019731801875821543881858049244015386570718876787890605894343970572439680676623307775021542477708237790441269041207606617175145832906568124019088806520592144597223687602261730245554637405620748081399377467009412522215327344884170636815244358256118696626136383402928664497006603799675017937631676
3918069437678433862149089623561820105640614012377885098835667084731143
71688891394268479485387646650984117195433702892158483507258601976515246041543560676274641178103795805511058527509424472965571294588954450204
6822567201062098620677182166748688559677813336730489413888303965661219189330587140477845513287672803014322099270529021061771392127737590526124680357832336122316724513143018328278987695299046550698848503343483983359922741648106833596317970504048017163575811696110898875265050394
5545081890457820333988805527336174058906607625678876023448996558182195071306798279843747014713056703678040027908882626096875179843306216168364975773394896181344188241688650228996780816279756256922749808740208876881035943692992039572656130506812883876144119591862400223644524800
3947999424405825317268246513520948959665872693663488401509928375984646475342403056155906510544916912421860787811768003899307609069048350672
7951214030034045948829208453567271632950120071121468376544941407069259
6214332856787457468380185393045462431369855987326420707337362095268253300224659565421102188316355553221022325835419869926664913531929631878
2349014915870014774992191089465012801726186584241199577478446380888179
2358967236549615822753535499698413029394932056796213757769896654209615618393575485106101873663140267325061995658143840958843545927104275247448553201536290028879027363715117097611575104474448575002325858148560
7889851283509556122124413532387816233318165611929257620999185168792428
6242308017058600765585346450992122213862919320062916671040534441325309940503148420160032899923191032840172480360326411739587737364393158054
7563446116674421959053416946656368004997460891763261639369972680056711
9190081116460002960099906297666495080108508005158670385819718130552317
3246301735287693034978985330460761267069151980521041879216938619991131
3682841025843874830863102275566524082814123688895195062447293752240366903159218186432340269192932376887151770807674952389899214924574176299185804334862960608936311062581001413806306012314943627930687332687687
7147445496118241966037173011732267211548894144715807643463644764575907

0334085887937938855117519467423534045394122524064570712144659046656734
8092426153884175026364996764039796403950645360330584671065916086949 36
4276706384187525076396896156031731192926863383238674463351811330830743
9130354337227907141030795282271658841103444348578821809080282082955442
8122003801952660218635952461056660631495761270251582303335224947078 90
4661050788518613260070870531252100924188140333110980343254472187535643
3943220404659540269285044885564614251052654795847216630572994563578 82
7156077280214821750447870011247793657070567309892113872193059290580864
9783986319434663257922428340202752079620107667460469407170560953513 33
3993760749271301176506022224078447808214938396398812005477893800566578
0359904311487101637277035214494728448065980210246296286374329333750053
4210984024858609771594603462650708927576848032018361905498852289280 95
3768213151504355825172037286016959609587642513950138220984049612226 24
2281734043402808939972622577393303661029868199221337757916373560345 37
8075501813255961569355010328329942384997475152433810011519501213178050
1387964656284915433248919433718326947019268167675960615918788976365 26
0320865126585226424524119959018981878845082876944376766318492238487992
4137400767229406807310528039535402366035209984205504305921203882755 65
5930480839116597306245017725252787907988546850842585551738383833851994
3442889159122536441186696441712424001358879607219106134942308330297896
6344308827110746700052362997432610231802714226622261875057254396907738
1474263522155244832400804375696699071029472640517803015161891026800 92
6358769818418013034526647105519950731606432675504048745317728164797 49
8493168163518881132546149964031831401208499997545056544056651148358387
1743810710444468199573634628689300271371764306960414783227327567890 30
5080957691434783086703540161620281849114412320084399928213181848433228
8134255124888668654485270842304284009883138554901003794026484476236 36
3753646511055008102940660991524814792631730877440642070953919991675563
9316762475890832242707294829544328151229529031647506098107151709493 21
6616813022200848999073351928484090014332369886937917599779238728056 44
8586363560471696443660204452597048682215144197815912322747578772163 98
6575276098408998893737775089374040658456115404534488982635679449628642
2470716132658749959558344008024494005256475311275829458245552383399388
6160216709540903950962298436975360579443816778281566351717190156086 78
5010229710669378772149098891936845438672597300797493811034294535811892
1302910485720499673562211673336635007643262740588295448615756961432047
8963305917252500296559546804876536262815497576765802778755902367873 48
1625042453157027418353906499723714308623953642833379852588093656358 08
7875872114167358200023785857917146541612112026034272557384221551801587
4630577677939529367891253297770050822625008193741645114168473736572522
6777890874579968237345277327360629946429241699671550862292806080316 78
7715019020416166302049350758837769066186746162964701677056344183089 67
6266188744032970517788145243401251222679410412177617218288850815972 16
4208384793333982956699403495937907282033978008796049701378070294014 57
0618322752960348530283719222610059395644991241509277875461366823146 12
8946998167258824711898544761466413597472404001167264640338329990401502
6352712185799138187518382154225304799215388902846165379294723637963 33
4793127084664272273704354107685379121319034331192450634520767333438091
6812903926710929875717714802822273307085859022591392905258974002437 57
1021699553265761333518518766386027619970039805239305274289337090169 10
2367520745177016964047237538638287654319043029035798193044682863204 54
3018914216075051699668512336445188313943158140465206850355976752840 62
0968648400146329880263832549562721325827573448535583000222551331859 62
2886497724944819666415281904070287971095056777558383647075089292801 29
9214655089846527007269657168897401324328795719821723119028109909224942
1069115194270447735875202660217787299739380432917832163467212887284336
9790316934859245577217598633216922910131299649345656945683126728480 95

842925093551561535868203373672201361285171957991790678887948977874155
795078582804005198795143793102409735137542445229106658730078654625141
882080807307192689839135049253775437442026570165148549039037849153357
835239195091842294100795817946261304621688184412174680622072287104625
1493876491783338925853594154399135800585902429854085572504489429103113
0668410610525215294364058942822561951509029885349670118520896464332041
879321533366847500909379474586244050094419795259305808470573044171422
807785657037127947580934562908770479883469716932355169605915512903946
5464919469769565801044772122115297178854242063014493599903647048816869
639454598739566495684468008279740648593976288861542063449595204778764
7960222248140451871122057621282895120964242624397691077791875989150916
967488496901404178146248821899204721539789701004100445191637463548493
7776724048963056176085749019066419920856498824416659259136411497972110
5709200483463562191125920531594952077285728535022771786911343170950747
4177404611259771054406639288875718393323600024450260387599951742135949
797649404000414409398680931932864233231380731072605234702226995502975
3364133333637683830769912223911477705585997784287425696452597304589798
9161844009118754738104698043805595170062963032943375011243769165920722
953015125432139405443377891627819140621551682088473634534197999887951
6117261028410632336985345662271408982502069128670444116902582047965765
0680608338935449086211438738256599464349788032327217582926945169986312
673587510954845587846314075971720196243370852199677928830820417083628
218867104294024260058440043773587533107041888142219209246071491335029
6369058466448832031947410173461128786735179422094145466041853403015518
155623214316574733266610798980310906817008268873210193645956178585173
4505472858980078728721154172567402441979028843225315410192140135091238
6711103232137314594051156147067212895932638196758037690723130321615824
730407013885893346366335976771547070197732495488145171495615889159727
0403164434951218597470414671715097311329473848085021070730048952123748
4215403899818595132249014418572919357094375241592155456929631150144938
470339489307624355383423543950785791770587588732868726361377231317957
6318811917493997364582955995596168471447844151898543077414559430091627
277706400678452622218860633810672484726902440264267413390721935300584
244062259464253948368565478450534349052967430589748649564389293525069
6872825573073886534797956973796373941631251221135723661242014026468319
875234913753259196515806193872666193916051049359265271321692209622463
9699245339404168148769759450227569316017372978252259321139227972644699
0787079721129270100728931641413289755405112986071300454244972199825592
301733559399196662588628489028016102977414728147217996074304686368394
358376209663705921780035815169912947673154832624347225298003800959587
555545136352485292336603666133452157849202685061519492034529021461785
1420324233104228486352089687974218454003873494172832011762737822647963
9784677713658735111930207072225600375074940781039463389519984544166314
322973160808440498281354303038336316353145405299148316425601251068208
565690016030297291658467891832210586994891004078010769247782572806721
865866449357592377066019997260659525543327336425038947983366014319930
730848093451615088048076463666752908667169362062492873981488799043653
3387163969116727369702731265374284086097348697293255278854199301904168
428232139585796602487375406543926084953186341346946867892358336068033
9445576185648701132596427755820263192568099715894489345407354516693238
4492149911855493382824457707668823052546979612822440415996689237159295
0939237321195478945074080677444890038062443457522461155572389422683859
305152775497654543180834902387291984674869316260887179215124829247615
893514149141589042351050735349679694874918633443047936252036510556721
569888239520349805230153122385212513261664494737046124818609901439565
4637271017556216112211047224792650608818792187856456477020191870817409
827426388517851782319529341904819315715640400178260080474641545364258

5796882213147120219506870737039312153332239429647101433881763991811507
421555422604821990245008205203155158803107676568812198575038451204473
6027969238848943985040776693919191780385131179046372645787280056649950
159576253027673424749035577873032069466976206793710953140878746609071
9090054787150227573861562284031199979360148174018140726855934642470818
6513726761279734277641240894070241225057591283320448767508382482335 49
0062243196257292826480566009677509285325730388834182425044101944383 74
9082928907704415181513432790126318627093441028058333197183938084511247
8775779052879961424809685375809766676370156948434874317475748991463 88
9163350433836273988511029559099726899559047151129179455591269835942930
6738574304869898985594432619896425343492171171761949868813811537360119
2528376348122187771094392593220573709562698164645264593052541308176 80
4768491799670945909756270994574641668731299851777131558862076554331 51
0263023608492235320184002464426949822200938856198141742352942110120448
8878651762047723100723557737117569645402677378698782932384884658685482
4307251322459971819517637820651677017349639072911973231521104508388963
6900343634564977138841805680298414053230978368787887332357458437167 78
5962319311821299654426422746033116562189958073857091407481709077707206
0125825537255988182554000170967909097413385517915050346241362796294 33
7527980392121612449422857348055409299617422186755267066387154019716 49
5925804198284572723394358727384912980625052299082304144179642018632 39
3359756408562647211409871027568423284710544204769273722795869343255162
3728706130624894831768300595031627353927222155596037191260927056320 90
0168844642239974599076283603861451560114679086719522744225341537356304
3636807658209294481681575624407583542094450414818369400724787199371 60
8074714370480527241227205762001482655673842585276152042257561677566 34
4890835515904034755970552781149851302508741216556160585427292302899331
6547354990791561217866471781343392824994159050140923632016984086805 99
6772364631180032309172314490659601839443357324679947213636671430933226
8725922769959786634219848604764038331215159824633481575389136213747 05
0626776094939156543444966503071575601905256149343412398650086334976 87
7258201426160358764218865753091740518241749178412153032223830041880 66
3938545588917876200687881404876692760597626388508418767172390688215 13
7534469074205279687593862965749865441776294251870300911496135284438920
5145007155110873094664959499070899793052340129573493866881785927244230
8152159066064996075502723760812723870585121372745528886177354454495 93
8515895687751951802687798564825202662409444861882867270542074750435 36
7998458468021181612451191791640838822097788641827568105850767756572864
8482836037024932871581980604355587998037575747633172000054495984987 25
1668856570630335287606809308159018141059372137856078810315129253175041
1050960975165425371030855174854899280792792165082670247752463749983 78
5047234114872240388787796856216589184157356593968703031935075029813828
9529968303573043060712075466299805847951077322904191430681628702950 90
0718814134214582841561163276458979779431852446703335722015183008067730
0984342814598555943657389719903262861007167469115090265946427923755624
9374235121744508031213499874102105040262541157631141230640337384023024
8447393613277714317783264872278720000313243799115845410732008325471765
5335778841973881119878308116128253343500137910973264580456753562692848
3455102531756976137831443682524778543069370631432550964076224942709 69
7276210616798163074586477313621029169131901935053917363387720959307 72
8802113849522530852335642009147582113215081416345593732766381646209964
1504181427926147848561122509697441807399401218649576170877429853908394
1990118885877336373113130171013577790334756204439526260767797656853850
4151780028622026017398315357894904544427165705596492052223188354474 28
3111934696037119412186093964743696835216300841130921221376123619315550
9118775346445604293737921516689620242547168037781827463859079682073564
0934299433427179208028875221125433179011414911600479638960331877220471

455192593058948693350499223357652070639336657861080859200577595735770
605634693457603884910805066955160938106943662128758827331613228648314

0260506436409832682176336287098826272397430230055063851675289226483750
9508861372198333534606984890685568590244467888633643960437818236493160
75069795253661777044807862852104682093268266828972207159109800819778
0192649525383047246360795893917370036932896635802205065980285338702996
8092228675427129133869994026633577360863754047202114992733399559638671
3941415995063555038162271317992876143298924595866321022805072720176
63282902813951362463925987940841197742421478497488792853481329226175804
29695360568496416333588361246477604717663033985377267173732323243519
2979733423764606700725905697847782259010224718618495510870041401552763
4922430585064979174699941224701667003101044327626530993015284206842468
5952359105309696810584311855103760808536810333170953490813488313117223
5937743874146218392650171560903279402818993561269449639671433207829
0473191666678085182551977172880062773545399159278903401078628896366115
7080757926371251575321256434587976758227986056217853904634438782602247
6983164473091167731376986543944139748134480038182981037549505885398354
2914632275329122606239178293199621398691881771111842441962771878992305
73504472457753831194338517932212857660352121687790114047765897677843569
6351365329151493096380391047545011699675878027999795538955855005904553
3297935637026407703334811205596791096608804654458199117569673353817940
20297742084467140554762538001665796195719912620080781668202885915862485
72361559940162554777079141116006764078260807710789473437289911567613068
5073224963159123163419758846276472881920236762716375194766953325420490
891610249164837334965917270800147115271012908902961211040472462065622
8209632836266708889728464849194505485241475581339237736269212766280901
070396032994626272509471411769121429133539751301514317746716858402905
96862221708011103666071463020620642207396736740275444511153186803573711
9706126321435523468555443824565325519496223092442226276161810763532712
1848671103874863324167078904688522332921111501979009872376674015547916
7534474858911628126868673604222994356076826978331735176394113756818731
1853109391473316134714642957480258866120984333362644789232779921718938
1104902575089833295752311385116384118101924499132930087784725362736588
016792732391195667737734602923116714725275438773239540964407417449308
8103356901689944732650629356812407468591689254650921109142316433966434
9653553999052260304711487117501951086036214378879284074498252703324251
6917795343239338053753415428633449200572757968191874218427218858846662
66028133915912265087032955629743121006084764623824061202097408858510971
3450244534562696748452174937951998366013595995980442105533930579946354
1215659260373954548130709002681616473580753090700579469859512185766928
2043359313336580210439358016107908279426644878203528015749847777187536
66388687146928492233597970201859216375263706470723923280711774975523653
6241706263154632700590266304024739804533530204093931304973971307917181
5148863238516035140918715172725963206039775181898773794298335489621492
98830651687972617323342951860291979123542091466176185808120657850975540
5181262454785358714234987228245076280218555416439373557287341317707953
31826410695802318126782729262172479047867331323026028790147648543358099
932443723491884995859948625830676000122047336344668680030217744283089
567321206573109092985212685308293535203316260961238719270474910316941
15164838847479745677123433557442981268446143275337106037702381158730688
62889693941323630060605042899652004510603748676961364917251172141710453
9723698376574825092862531991761037960505070047452751987069243830797208
133651074580862533987045295036577394794375194325536600142105564641482
2436061646770791716585117656108592356346094854976447796211655113187009
69902914073151483903908991815918578332650277953957841825197056152467518
10745633045708295944288915066671592976041280335474515510043994933991135
7400368108214520100371663337695212133753239590644515065233379074750428
578159695275696181784704238178420315992417112157281753138255289908317
22270803193340184997462466150686413717867935 94

8059327285196433573688027414315869007652087234546637363983186912020096
5620754134887411550435179457052021920866286215704650129595131279374407
2467620419226655674453334447296817148735449387338480166542826423783338
4831756543833361744087321879219971430971939075615289979919334816845666
4869894315760143802862633533136185723793167236606367549438005252967133
9974035099407121933737585712045559496028444564046130603362226362162933
4122457615116541938791684813280962469524445695462125087911893539832219
6378999498705755174877188610510452587091200155027181112140083303394599
9772865870452341916673040685570047172861172633588496827107174500353890
3363106665809112216112279535205973563154238786279221174002792992766027
2309100878896448671977510644852854236760680678328702716021491220890733
8359867916779079846546847654432886332754592689976471361182191936371970
9430918976095893307419509153578998159456268174031091186213611238703266
3287459251238017221859237596420397178011973301354548630311562876453973
3301035351993689089171658211844720253940470931783306012396416727093121
6369379193323918425977305276147922930212301316365295613762333052845466
3774496678385572416305553286105327552078438940442472330870014940075644
8539493897085636662472351155496842637074224198534072188433171180862478
5109999817623225805812020490727023675155996038558466728397347325959611
2710449694899692807040872355613550188348609827334494211927951159638914
2170133713625405959158400657637103362185943540907214950797192642474166
8788661350962013130319398165644318423191036741420512556863328098552077
7093239955742204583728924383094811084233008764153663084724168976375194
1939984808639276953179016437278029776888061624908419337641036450961266
0406512736947334321364751668674541875423533249045251400126199102550499
4220608990865348912185197785208035382979351647361636394852849756284977
1488562703642543761525303485679142181383415467656303629359432715688888
5113964534175501135552342266095177381781803893864430908305399273865319
8839237082514434976695795125406640558213249534760824464237959520467400
3716910402286506016440118821281688727839234273692926062064096409195961
4590431451723416161791510706177671741511297009743626357169179809791310
7607554440072748231658536391707691259190055511285073280816770513474907
4145011950248108427677735773081036084500375556502686582708949066409611
4629969042922698380843496813891492479886224871671281240892627970065099
3741291428012018819220654215938973633819322591270713038489421629319110
0490714922536282186203561764468544699594307641907271338781826338479022
6905141348852408834159704093166717645848516539046001096347293231702455
2686080786491800770245426053385920091663315079277873248325901604421711
5668749405791518967711591318927501780445182499374387432993291435543746
8094683402608346425268170735136026784411711754768030257828432741271295
5509267108574023047469600264457118930180581121892575725002417910664730
2011294693754953338392710767838158555808875670613299964991589394990408
4977823550392105136301646716340862269365394034567695186527752685603122
8680881568916991604601367935600028878486501738703611861366168233700637
6249017187035483916530088806575237376799068155478888938646233804336788
8144738626369751444635331513645033652509877954130939941467601122228501
2782734557551595619844872672888621691139127864441826501071593433318160
5528809809313757602195448423668918140487612969835740368011755189133005
7226994759192287243969471072449770404732967513384853728989198514487911
2693399562727628630157178270573552384501936652886942503015712886490988
9930558977451480649740071081376020676606100283353983207243594567205944
9451216844025305614161150472376796871252693156319309816082329795042589
8166748008781526486773641449356958428795387951111209004138824350699988
8209156555403289250228805141696787929926626862224670525490667495362500
1326970031824510114073519298152709116828763161525453362313242268045222
8896149709173971135352554401236086188154541470853204672299469390714881
8860332682826172282696478516984097556132809109049299420589020997586800

2701182971438113061665016560694050941744708413659317294603683231488678
3783401584666526277938110347185652734290112646968995135220438138835925
4084508757429340483048052570263674681999971113924994308238094814731925
7601152853824735720831491052716081699222814186753299117955244774879202
4698247835770179058176843376667776890217764906219369958965467659969 42
8721801097813692136744622097478300409271819051376356123254861272145 22
2616805180293256818310931413966592453103442368843397067352872663830 00
4541951464423032623019071897598561247023586500542075982524898199075 03
1653803249502601693723058314817314752430435942498914879189062802634 09
1227267353344853777985327688970476167261585288351406035252708851992 92
1713307057857638749393745559400967615375217782801162690377265289896203
4412615988106321682532064438164061291711721200955674738391672229623555
7461243901559905448832262644162568712687048500344921141575761431548788
3822624493825719072052822435654030668643394952786639197826196621288 90
2931708091506933547609363069503877964838065009708771258420744211499716
9855615899897478765137505785362724536521780662897775073271570349854 77
4716789029566639583511119977254308821083008387197030016360375482320318
1103451963419971957080162637542560696966183436297269070662230614313186
3618116113316841849516129647994635408155166288645312201056179623810144
3846201413252468510264137934116621666604435554339672608390029334249856
0592304772543016048596898781615324252348894799274995680405750878596 15
8465639968827705058248080375262444099228426558107196531396214742222 34
1535077003136186652290242424273397522322011973008959689104985405447427
6975638059626222690878847643676551937568195199630442280902471965977981
4112299761130996689484065470304306161542840528984605556105277431670945
4797654256999443256151512704117768402472629905184687393844031749092277
8671374650487756540035261823361358220969159516531003029947026121379 83
2699551547943004528250404116178992299479111764121739926937741658202028
3502426115579535771019286950264605435924118006680782334174983342235251
1940395786903578680997957355566463481841092353566380532162505873396 12
7301651792091526963077416035393436148765086569589441668759310281972 27
0842130060698903276812481364340882914506935350078426900283389692890 03
6766306519621256911370825149526413073002057234260061434794784184662076
3374247401965234906393029662233773082064022870408809540394489260237 55
9302757838186727111955590362643818036944102698956099702240268518929057
0563411576345663453530917836449127065514652145274516095709269601981935
1482504230830933240208569382325737324655619783805079823678391489644 13
2121190325383719305126121435120543467213802491720844572406756078389118
3614420617219609324188787153906531193456242314305059597581389680014593
2726803699031531485898178421841408627035413234057140637242334416230 52
0114600537243354544085804784915273835605370083298419441940878577289428
9429890556411184890127988174242713094173250224649989776184995844482431
9633387713606417005057588112062601890354612585934515456181756840973147
3384201495189375815899601208752575627603329500301183188095642910867929
9364914087426322667213868491522412990329146293202682373490956625790 32
0642804533851675572566335964328298369067971544894914414428445736613 12
1471652577292832283872251912278185033318457537523118138891046873011202
5332934330332281767444790920665632501883887499178312452779568780325 18
5708787710821321817542299137029990346340824319822001818143016950158 67
5647723184551735160193539741180681625549863346929742793638368312286209
0150084763296027154205540923472197748755577372771253584379299733675 50
4135390096260754601770478320092090000437030477206239693112361996923069
4519212280751280626109033960808551199393625766456058454748929845661051
6437763230204762933488331366455334573480473571567444997734717821981 57
3926294356614853325635257380075373424585696273226443292539121854835 00
8471872615376119359921175544946875172209534021714967332300854303127734
3008442170392235658052374699781195238474449333837385774851142746225220

393467572123278506610526913279773063462887372622241958467166720221516
808291000526702236415126522740776004619794966850442414929033037526153
247556530093153145577415607854888437204157140600876512807613311400021 5
176092898248986294506264798639727812087334479298478545315123293340514
068472557469284862631503547709257191442014221858878025727912833117798 2
212336807793116875865477713999462395439860017821714044511587793376458 2
521759199108819238300516633102828372361341272140722462379539129338836
418793155329932894879874861538613915230746891741006626186077772267913 4
871363221475165685084419917806948619546019340893708192321419263827753
375919457032645023630434756871734529583995536709739473113745139433281 9
779112222693972545912493837982312660709638222596701900838145328629046 1
060658685632097801508542233484811059061738522986205281789604950073257 0
427222020393613638247958310354325985507262140340985962778601721689559
875030328828176804094685209388640336365236494428576533381097953342025
875230660994737779174834099640562083733043167671087592982666684354670
095997048589537484151152214502249945441528386578029285301765856291013 8
814417266938379020705003419101213867913463546522874814071533820290191
923514672126838275100017394805179223575910310629411782671583818637819 5
464884312297363020759072949613132264235510849102649984741887018127403
987203067935831231548287878038686720763454984951991134450991244247310 5
052272527668320660348538056734851263693194665299251629026264658941634
139609150972187236402755002697010883868324941421257120488696456582963
616098653685988378839028020706070296399620892916924201175646292127178 4
144386609444841530713275382741805124756047008456141960786049544859255
813071615271768187109610417028646244510638699279903132980239383229230
786002461112125625374929920696236055497397793370905509150615995807462 6
476930706146547336572953880108465930773709264393270961733589798755133
298517353358057619820375607173964951210260568242153539432206578780654
333681668379183925431029629978625583138150842902346041464285063318207
802667408575042965493539544948651852756470881435132319597349789917141
516937325688338933162833896451848870322639893055689451839191243082932
515654023675385004309455227522986219363499930799560689684466187459894
748823413664085188532193673114375894635657021422230371741481201272628 2
910573318578392273347952606800413122404444690695700343265791095617342
284655138302877708170928004370327526445576200902948987017264718228932
761788234679959538966801140286687052633670600630426129946084949956382 7
559906026177765219702537583064118146128754387609857828996342210595022 5
341504398260961876098352165231654331697721441251770038039021598137974
891320292927755438711703391163224807524657249729623124765093517943567 4
838114315286413330290891237771466124690448645511649267993463415562118 8
228175642302405169489544428168314140490438057886059010737006718298499
365040749470278557386272032710842602732695690064120155580946913710129
842552905449576450645756003740314945879082105473559113639906727806481 4
591917064338706971477366524778443386302556983881025898793095019713128
407089187196967493940026571940572215929586883457866981031818359493810
271931161525153017409040319451723832245963305267862642100074573633679 7
264614352971498884605529190782295721345692646383479217594057805130367
348879544947334464560679667691278267990494200362880699002603522166525
266488097224672121294616782282247427178341053585849093818084382076967
122622155649252446410116006638391181830873085635422672150172188913491 1
144340742316720185801544096839417218455292470306663317439699203209991
372307939208706332681495027024183632373935575659483558643427585271530
364753467460118162312180861113799324835451482289863062536933279374737 2
640469312673756534019973009076142621228650115856894482080371428361204 8
583161747503907712876046503361236135224312142049114096204585829225543 5
749009027171143100562027796642732820368408835142189973676612851541741 7
015505596692954335533849886870232490206106445807169228633433918553944

3465974183103315453291025913036064622666879779455734904546748823275317375995937232273103710445211331153382893042477397241957274401165418484
3155648940489213580557085576275584955348891913856437916383424089396022097880195875047614164578733843443198087351575166749682003791537961029734944321094760732700463633436612590711792603829657765048983399682005
2846423420685449469930387124964664248581160442000466693398574168555172
9836982926358491044717933844683250433844717587252699366862337570798586379951176474378774221029593262173881717992112564960766549050364753011
2846059719986422397278433919677740389582319175573259941937900854928259806607678949854843333553305204429781468642262154639070566780479389131776519220499357616638821963223572241387580488187287554778343055337141624291591814407249101833736072586131305858393796369137316050463865378761619976568352789603916541221197123163706463843508750588046575531967
2008048106320831182153795613800983535595260936370006453170806442028883
7726690826800942475061577365306953699946473444264179908807236585691623899636517578076237318613662803000677595254569830359350209310340106654882387605906309667152580319027018056510774179659964177889506640602788471706807792755570351022237147306795006509607538053426398202615407127213785603227432886168024173389459790505032137974846614903095301740230095495752617958896983609703142914084804583842017705933308727898829210653986085497841770226800199431723125607279669350937846167380814534710813293763452196474416319331178690649982482372761620561502444394472323
3791069608396885603267436594476132436686239105834352637258702655272723546810973613675379988543402247829732195864738470798498514172853867527792306584091743206050109910223892981893864572160416894923402085594048059798887199075389944836245759181795872647854824368717842805118165701035999489616756458144117743599941557415640541980940777060781817873278088392351665272981172947045182489488694025397849704040125785017085252294800326448553982933954102504934105444614356130453712369616822024270875468032257772246764538690691735846329099659789270857241360685294722841899888111976949257775673473149204541882499353860754485383273493160249
4458301840052011005971211224881899260140903390584301410505598071884441
5476335609338929558270335638391892072441156624136346793755416738908930
9186860803126378923091291660755009898084043087717386876849306238533350915041060003830601639488536879210612389410574394034606240163718548425217716754516397600255050226439611525994294308693498690746297837599701
612950308438036606600589226585293056378866958466784875726002532918393
071854726101201435318123008262824539075652638481662843067124140915353
2301737357772231705454533185733039863611629092807965140007625802958683
252113035625213499854006783290579810026266376780517206247540163537025216821873552872040199635961887360693473067284096081288649892281654521852408328279128184938636352722030085982754459989899958351115743687878881270485571738148574030780362942048594206443341579016938395968153358527750878157439719243227798831706054634005330969611599543732039412995517
719740924937281938691042471916807457558054131728168336553796527595104
025829376600693794847630502436866930874986129115155790299089147511471436165509778108916891593890432286116309808961601543654239707131733987625561383933492789060574714538169156926488201510262147218325034091656245429353117328396837417555069788772460439855626108533737402877099728804761149157785765104752908911381780654692220721713254159467978055595740544953255877928432324750482025729610721193054272034454311190184326515998329511924254995688662924512061554435485187784337602284573185525530203
8578067996423334739432832550797681431749352903653552357083362272954029760362245967870224679610872900653691581103297724112719687184631712015310872022829121678513683286828899841006308305969973295124018343792808
0758668778898496043772754027589522929366853922675139928237161596447373298270175090837568027446669159111149779944667113569108892437919930942

4721308073081984262593144347965790856700825628858836114463307069019106
3606859951853870417106238568043241122994069976976521718948993497188045
0386432175982864331340232731735034487552793783486413104199496595525577
0669045671843550215620189672793973426821625686085922488113166647341429
8910138757127570483051459436636099246610627201124409872399971042075654
3915068631020135759846014673026511990342986506396760006966879582828924
3397825905874856782626926330346837233212406615776029515653722610682229
0383661336834150499989593428093201865424703607359076560816219599759334
3820172461807695817834722127150399123937330805981643494623136717495599
9946304211763818147830191021334473569265625880571016446879845566172037
5874281490998433930465239312200035644248650280200221038723815085543600
8061085953817427853246549792311015101812667413846629462674003407290924
3067756491785793427751652950984600098628219865193501486314131133823408
1864181019598887229593585603437224236723960151462789656548533533174000
7419842426013606673552984075440257317771495402192754876256636632097955
1348389232398473093428272993909549226286852582803762571040814041407709
2153377982471219334648252071838785374450072385259360567659576220402219
4519247929124130758546485918127845559512533948537732743954653252016886
2250537285001304537240004647444790745978251029444790475972689949375377
4692808933115543550514205161236368344100734984299470708653487282616826
1194995444598888503596079143671119639139320911200954133512885508992493
3928537947665616415925452758853479068034859304210143177857711724511374
1846243215533722405654121494232234673410032864092372275714731703809300
5846661141052866534929215704384371938758254891849894465897489211239804
3559253649190865890669173908088675009132330542665482077157364025208816
2483016589873036086598083796157673641177362734669761566653921348293456
4239912928078599798788152042922151909141690785497361872516930999913222
7000674997233515576579514366474702374876614964404926134860829976097833
6260492782317388949792246852097759950804988269723924957659872230646951
1876779916054956726996908515258226529522738588543930217342747557439188
7441137663399412859483123438484881279457601367100667616597439589632554
5306708168429451211409122120091086669899891500102055692484852372255421
3107166139198282765742981882917518337208417523869676828059102315199255
3128014453772216474368259508608886364434672080407995745610429010196556
0880839309828716061604912163604586908622289737564557413574307159108933
6724233166447733282968241883149217164949725140119493690567095296152704
3291961756410101851405960839542210112530043203244772904509568672868692
8379789944533473254078320054283548804513088741363193695581682874607900
4656694590040744288418738123256769967164692679986955886052080637298388
3211238624681202881704348155814062949883062634593344998884038652605737
4223073857866400023774153128859094551257535393369408694442939407522188
2847100107766580951275670201477540829825943655390077790618030037104033
0191092185293284782411655189092287029012404160045214931709357753608163
4208565523320144384538895834220684171388239953227063563872426113302172
3608875319692482011790652227508481546536063468432083525195108332160684
3173343658468059130157408787018229598765822830020425283556693204501988
1988171458261171598400011723232484622368023378498390571958420833941883
3025000410026003788342211483673054749609677924297044999837994790440543
4971089626589676691300284990960386063046240093337979092035755162551666
6400571121877172390300150396095405184581699938643044980401039916128659
3474495582760668348248909337338629266989646970531741560892296662428991
4381927372356726030305011034159701503907594115991561792511656228924417
6755772026392710897852605994713153357004590483012453586022457077160558
2123321852958758220305193728902001773432061942873421475237886083007002
9979653155681030112879925893918338779647006752027036887724058406643691
9090287438763388209714580101749510134645840281278011316813989780650900
7407674642209638998045332620765149608259774522758423904134502684618611

6814579533717594622683030636661453659920280300843252851498178817712725738675355028513383679230567432436869620272756904956947214224246798843604119226316915567882764842223911962740367145989741445431800616886293376356239752548161092018062894420650865088651743884451744029361570891066530518191344083524173853908952947331269090022881476173592405472755741008722118602480706552734785464670810033252880494872818846476645138719484647002739836639678691108722490689445254499301361359823021009664966265824979074179330260447961646789612176304735470941059054767787436276981114648195946765395331326021604518805685201238185383599352509055867304816958939312668888710724516375807869185298046443759849390149864088672912156151469350544680039277537716280028444617088728346133201602784693514171037189813592856544404738893533643422529953563067148643575822661507084722421213957490588123647260807956653918210780697591919627299613768250527190168013501825936503904314892374222182997294359105047665101984354967715836390356050902744094547376200086625518953798973986955249442094528368937291622558644588185723220050973402112420242701338138097506387073687862241346162660761418658903675756728049468513929492469474976704482862785037993942832787912203329713975438436447227794195248300533133083265941268165481431836724185190716453711839456188537671861146345100987635561039688240346932274316386856389366920782628786664631623058656232080344670332241489658442908620119179775183607898117847087626296153194003478154640506345659858453959336783920471778161961151978159915334832397561116212221045289683087138354599880658578013548593749042639560201729578681154940798878998952785944953129124758248171371088590969140706193303618003033238919132168402423711785594147938175122615373552928204846201190878355782410767958987282648380188363060516258745813238071702127070311601599319566532110559086844637230112193935288299328435695606597198930148418941924696514195047131003620913846840871436786883238124871873805822177969166872677052869491723296929757412937157650310486149826499639425425153552278926558176593281228135199049986283389176950986498709388528652246416241498009133604809416167206933424250017253335902412245206966274283806079157097461019323432744228427903009219716781979659790595491272105538644724076008310005880818190724478703436574542794750466602116861532820793670422831576774109787065652889958092151207900910624889386465174860336630488088385858365475419590635290169607959866719791951547267539998847762188847851073660556792237455158009612734637037295470996414489544035707005097959712497079149894057504201650307392100837573941328165780857198028511304247961345145042777636660548705739016497996388006749276335699901742142470860427633687015388954255448605196615601145707431101267836061897633765408595584416739699898991714686664840902419001493111173462062958230778705794867646385567587210995136468309977716094546557201681228539377673740994283039515574945316920658203714520458277535783379827116157535547547595988090288825001513269030621837535588152280080499462199263139514759007671504441201028640422323467572146522255433374645407695544296373365183294408114816553112317888568534493625651092338223250887519700640217856262405043920393115512742419812786611804575203790313522638215002107721305024066241830028624776559111141308947497641704427632877747366695141529627972984736229019636223154363191418417996968962803592775061551398755785367266353781400817153183187933147980316630735418382498547746143475821220350330394913462672508437397313313461349718786522154847952113280655897451002032487297922392568927537490270425986685614904053752845046626144264259912295769949845956168866129342741521686045369508582771055380684247063968607781328993106285511287995439433670099191520888614455564574422792533094751032786399982860866477824697766936469596820933063048325230272861628840918540210758575059523354917451756350558943167491291170862073846960048789782639109056257395994874924959790110901916146590802074849626393582792650583

4767670838301196885550505186157980972185298078202754679077735284594885
5486420957184809577355026418379662201056062017672410164759618231771 44
4198810096102794777608196256246820854574993759391755772555043901644 27
0909099403336820210181891880943144687251194488397607261064289476377050
8381680928472870453085471610727866631012203668875829064624965329442 15
0404260896079559602848376811583310656398188715410222918563637554680861
4676806062617591254751326265896334165706265117268170549301094065863026
6922042298948302376443236714219463649003200189102951055373197420393 99
3038094287078665529147692881385645878149664779808233148266402166554 84
6713406240185971412175424409787127718287785341343837382580995377745 55
6686390309700061492840773024700917201995246206245391985859237134507 42
3999851718224954288951323435031823344837883192959553348790109921171899
2253652942936533625825953909465529635813744972936997465118753385374870
9421770808174570174225160409043884612157412445285020237983903699911389
6967347788049704208886393128438915798686149953572063769482149209306 28
1251312280804996662625532242838399173520256674525229908409946325864 68
3411130420845898803241428782414860826210577494753300377060215168255421
6858882552052891371938772498690820253933629404730475050099704407094 69
3589196990053347830446358119649104831638160680743239747518873774504853
9320801189209217620032541285900192128507800878010809612186997215672787
8783603783428505022335910473861003790033681958215347953124203321923791
1869797381093285010367827880608127452828831039183157044148037271526911
1958913827350206266167881367389300589434987192627542175867837758616 92
9115641969549780500502717441482142253177166456489762559437582676430949
1260552928577535565273114929560879110821596194017570249204462620779468
0537769554416379023844428627076001335882937229058956135310992448792 37
7397001263801039062103629710054009023326620528685512923889365400766 39
6639839257245082449689892624599243943845087655789090281898568343345 10
9961963840911643767059605484195253505687872305206791620579739800869587
5004656119615450401629767770096547018528433497764467949602803722422923
1209258155238064515073175826397848971659561076294495873794568519845 90
6093691349732270242823829358483476200972795732039739082440490265245 93
7396257295449117729608598859109798319161919237155743147773056132758650
3018671287922333999409221062679094625850811692827966923817237985512762
9935238608831771468972857155910479691135290085367737548995512471868903
9574466000484795401447802882232082425670184511475458385946399776041212
3218294512072077908176823315161845542195987497445589015119927062360518
9634073539348756409531560340706935958257608166769558749209824048066 65
2756245519232200325145294175539646827190235219576379637897594175052 15
8675420192853655966620145045633855278357125671205128227519609295390 92
4578418855401271282860622031840304162523045733499198620336839418549 19
1744312814170274683480533123636546408009522798679980816786143876702 29
9176420421935770303028892406338233711883166689234725665314715426197369
2488185677444236830676285808035577667085249394327267591827130580282 04
7449868310923884518396569291282691413580228508792026381557594458857 78
3917630415382477745027363004796768568959057429077532824031838874195 32
8472505758236998984185573609737934792621075648001276066005684856289 52
9627036503340728499245707682166060043085192144993994615927401867906 70
2492509188084254975382500057364115276562788206831683745613611646610594
5296098764787617810657325699441300696040441275748480590815431525219 14
7593078104140991804367706639566726344353562456193564075135654672716 79
0941187948848086809230938328738225004285130861556467382313448911976530
3305903494885070904364085511708968159681885355596836776708287592695900
1222681306340790521808314175342883875013165292187663333574314371010 16
3477966588836188698834998328981164007025965502047611990688459306411880
1374335280937951098305220586575519025533132473935518421572608823101 68
3181764097241796642821705539235733182359972105591467580990960157125 45

3625914657358345108084976967080717266943718308124966413928529324205814835226274469375858569571687034502237757777835981585809545667455462729794730797569320508562640503528302556722866775444828408620998138979303709253264259640385349961705463860837230314894810013719990131970126280108496986832790805995250749377542359999787837446577837123753575785267771063814356136789079473724792426181599280191554236358409224109269519498675837014008069125945944555925467047320392800470111600155954170202879503592920177039686011345630444923339774354557165457271495173534529046221587766932103972565405338682391305809660021212324831138704907261634988177752506339880373528304413788504053529141957344862622148033294954488890854507924805426837419406691885551675721662211092089973185266767829352661329042761712071734330023452589195373557475092687431529363428449640771785673995843814894210462851810384964342773551924438540110560036409186090659830023373684591499584014449901293693725893952889834811556455810610307945458047566465048935767852752111834079945987442056755069846162829748169274340319574481121269219891324355031983705466444249609636337484865587143693424000842683069466472686782160543076055555157113010549963694214120145286056715492814503563608857935420449883125571959955870785833653305512108392849984112684790571297220246550138708205244749272341919503603039394603476770851534725433807691354302103233118270994105254373163717918996081338444036735092091106317337658740160001869730425298420244888527033172514692497475393198235035252261761609438480970535124570875131868926737005074427741207097904073463122620529000639189290990331964353335337782773033800956435520237281189341422221316384124662187626562926213165374744095230545401691905912102983325487384431499690081791766624445625710550014060366800133249580906410283487716419356471430409550576380385738522098716167959104852220807083954438166529535008774606811360273082488566261392866772837170303237832334671640641865105991624817670706345653146764074492658990400249294338203476654827303415226579042351013109297567830484813632976397632274673272990989392744963857214412908487064480704661630671832626973018955052261750367044376560638608975474809199526394403536046543998237735619024650269312958914022210598873408816322256258686174453244115894930355509977482474151507373411947573337355652762741851916424514620104987826294536895088446232117635800351184183592675986429712813985384144690969171907995167404678189358750274435035511807996777624987062847592913272616884488849391411287453205724835916236067416163446388013123511612633214157350735873789089864603319101047904951088053276243634380195320531364134355459364704198439973273192818302576008576753025832169671464683435884003914203707242670826017616253390298986715267562219813060352959484464640403968856006481766109033056079065038768968446731694854343891836893537933416898764610405060241093598555326643129997593902636796969251376936926159102285117216541488921572622359773667701463984585521047074763889722549022179557834738536300819334378988748156802769759994951212544157027137649027751507877994910956148957426227398794033221282575324578456195527149717737489231107175800448526108753397144093342364167000739474760533876638025429586355293691303476986899061333624590847353805299916952374065057657039349015473906556528925808194469628401221392455111987603807405660994105231164360192568472205328510725875883708878783540746177976015317304950058293812475052503021700236109573670907840223511622259723813014440798479181330321054432443110271979100591373809348377586361399771943672006559245699381470276191846661211804296171866528310695776609243771615983151245936172801039016365520466193709252512536313965592011778214276801942804765865348581587470311992677097913350491107205165243246231253831574487512954156035527502636796145461093444168535781027313899699954686734351810344325525951693002330050592572799781590482022358905260479203482507504217173455466425312528525947844068421333789797245599838145290249134

7724342450971795118644615062815283928650237212926436840813268942316931
5188818953852681800476310307780389924412151871985827222544989996778675
1458791602397076666044133305940017725196828827618138902540142141154032
2218807522149313873039438948386348804885872573129605440226754011944434
4271239556902379071500713861064198583888795688054863351728084446447724
8132772385956105213013091015106264293276316247222859852571026371594620
9994013226550518804465739898003775442184629979193304006051761618798600
2655576076891495679624033020920353382300641985751212805490876812649990
8662968202160083935774256923900145096765518968300114985803950066246338
6168022550668707591274831975300014554060154119807841134948294656806017
0741821944826942029145919311797294425352351393310112186883167800232663
7691951938989304956559636443049982636233222213173795863375272901598020
6762438208490894364283124967962162500163529966893044625845804167249070
1090414279544743227764055860644979937748159790612922202930619833526180
0042611796654967580548290181068947372216120265716263043635302282129337
2450839435343709678543243805831288950527866356571712880369852845487140
9507985624665557793170507902899868597143645930779735070140152275447660
9341982392638989294535343190218016938758502877868797020461682319735190
9280766975865127606468238391696014867111500960384593882005106152664625
6272708637399471502577181072308962043626415525571521279045835429590590
1012051850860519983358295202764452425123577351536145132912213357834119
6718707585660635000297664587218996568468098354225556797699786152958310
6206574320737210996844061946085275213997207746028379618294067782659800
9969835866089743865103656242556250842354354563015121971111673283365507
0583247917273565142769410984986357066618802528434536119774234900016041
0913598065825325104777234873758588466697858029999224197366504115511962
8160047321576507005166289845399637919414471961275368496384841840783530
9219495160760752984767084138274604403017707579996667675686125361051400
0391716817256780501389783718658379689761501720984806022721512087636711
1635529356196130402092739641852869360472651396687556304008753585686830
1314128686092282555124226959567993035024901136677093640349903748458741
9891089018945705198578124784403575786713931970855498938099970654105790
1690209598897498738447272613724351806561649931638973511197033103939780
4092809479973433772650212249714340982378236519658928862792232779903940
1820506856983767116623772151441202276633794917374373422831797279401193
7453904905797144617183602567322140552194621862859145438965623402489450
3798110655964968707073021860780513193094678528484442021284324993071541
5644230793862725265852084922694843993948530535272706823358639486081700
5774075169738521202106289594177160792541306991346081438246328669352310
2659073430366809538595608450167393229096542828854097863778722182590720
7434195646611659593408713448120299579604000576414684856384192084025832
6855212379549624891158626009400987654135858706192511365371948148608571
0770837602097237465955311440307339494234844861525237226662531720908162
2694000211227591834255298281689971968761014385191901289880742428052835
5553325232571548587561447752011946801115509440542965731019362159591875
8219482207475615307833480300854994330873982134027070003112858879279673
9627366092071269711513819537715546410633745558491963169175525559918922
4089797833124273545384179602784595898647060009528418086646771109464159
4315000959749470220759587493696093489235131553087952267531922887519320
6905699269590112428008437808975802237272111281427715809215786190314382
3282221584311973638679727227684958136328147018276523616998703831654805
7146175201779780107490052009862225386713437898798488104450302717738600
6821067182348566610328159840918571490847707412577372152962362895142810
9394934492310024755294687688142282688263381992107050031482296907812700
6850236096795245615631762537844390868388545471766250548688614538858940
0190650918410158852088336961298773167275269197562386427609513694583840
2618521833895705186413263202522931391348380821287964338813629845539040

2373128573855900623287197915909121817103349208828736572596006751034 51

8574598825035538466741328204525370108050902351148404819530588806416040
8235523512941281404845448810370856942626000271639230100860372142424 84
2912649571956987321905242756339490162246454625934745670300567283750 84
6724982527983673495617708983651654782788942618610518327692085036036 21
7800339152493371484445501415791162505068909107138275802244650509860986
8832767797118325793918716216767883562241988675386839315756589776865201
6394528273886744065178756600689498217355748074443255775906927363784 81
8051335709627018971520589097081198620052276793499133040582845672035856
6472410588945530875223646183843964025960112548528766088662848307636012
8700666722802670003614942302612541655045829616993163843705829675070 53
2292691091611967493612737291631205863688479052509527351543806222193273
0028959924079390744385736690935294925868944010734221780243707715281 61
2425319088227173271543382374014745436218433325680295994077130149833 23
7045109699654532027453350702177037070611381910516358803074747708198082
6531951055240343461890804087728558871026191299109229595088225181920 58
5188744198634862518824566545078032953634810263484330308372418113655627
8301939101618351740322384509791468752162387714423922323245576364107 97
4700125539832471226019053048866664933322848632905380868351709643540 44
0256866791168844434216940251772691672005423658795245864872919319419639
8370591083465955654573745542747225256387204919648468045612163467555 78
0018391145805072029104091774619788296504861235552872697552000423820381
8320764255364096320893392454496759815230921518947305019785351001529 95
7353054281128364842365947435959609595698016202753023959419953344628208
2649792360794218886804110602415874150857519458061568880834301854125 3781
9545969741423677874187066721584275223193527707018877628030323374028 62
660420730505237852035421042577244255914042700874907643524826938681071
6376693073037272374171754245852247735758270295996649854102311510138743
2370479915917879029944855016825586545153881254857425414604291201232 28
5561488953271771724012262799441082686913997298743825568158111262387326
2610426424919146730313932407899673786143290414208441146741535167426897
3370321906902874770602008842219032125165528911717385674777311366153734
3917519627079549216170937800543404578737896895794065840260922267066 63
9747064746191485114465244380741520552128686202006717232636847179672315
4915335949245342892887485931766426993620967340749774505307056843141 01
3326328777592130576231470087437384507626030587577497873242071406651 36
1799495694560108192843193736732841798935189595423519702289347297697 71
0497535864995673185046950987396628013953152473360674595746536734225 09
6595010987669623734140606839350348198382718211868440601761576560254701
1395373572678345269455960791770944971727234694733436780387223775747 91
6868955520413621538014282548673776952837038414279340044001305689783 55
6227986071360705966044685334333224708199605172761522010806671065237 95
0190709749374182163352993865189170077889883476360923618805269060064 08
2807971343497894275959288720261078515554112397373046097592317883468807
2538351059080021866044902897911896725936755213964729068579735073675718
2169740366706989613457874506109712035014795653751641661531216473254 41
6789277507245943628192382562336298103756532891328239232227250679417 09
4691318566996226763008474933294923772482025168055066631619903457800 50
2962160950971278313497549748497080750146928617797205392087735573542 63
4465404691750787836297830371222126344995376045870682546656732927753 97
2286036781924732607587537503639605557551524704479046892790074174408 09
9162153535237955159316825039170841157338947214833770587893695415348273
1607170302320249290945466553120552501263225317414273729408935823231 30
4140359670910492571838352019535775111030301893738736672956883475900280
4669015028041569220627941078976828096269661012137488119556311967779804
6812493064783740531627476062834586847164594382436775342760826955765 32
3442760533997129870805208989856144206593472215753513573135315096432 56
8632699760118167688723309047847387826108830027187650260826292523319447

6909940416700264006555597136991814669791135677806574510572964711963826
4380698960233881135307214985853687086285871789268796297801608941639363
0120941635523027773429963015263435775125041351983411873620583345473118
5380745726843372069052208562550105061009379428561404741845592117933927
2708597251152880056940280536141144924020924620879487418362248544537016
7347935902015006990894711195009547716996064515693409809576087230611679
8593054474249458559276375426550790985078262274524142805641961957947O1
6181410188593967029288408817507132694912645147924587138834722095701 25
4537628711546135844710131132320149549094464014760003023763285717139536
5471490013555869633069258112640479200531728092117912870096788138937329
5949068769162309178222864353334059339679160242893274844466315594574 85
6113204517830646491662241813246295767509185902988333230655145023629404
3474054925561176422160938847117341895740719985035273669869338669851702
5739380660230279106280853525493531661945852938854013476198182979O1927
0269975539762709721332077521428883136382794037795481043639684621695 24
9482298443229689692085335553085317409539710027448732528352757362479 45
8012780445503610606455857803573626252556360647734905686383246005882 64
5729967286706470688197188048995918209538769867241261058123133718832 81
5387305324063517160488373186348319448785524534021310596054326978736 27
8990273623581526866772864841376321754066899897348826118601800293600223
6261588495903893818383478150216473108913836953738086831643699087980 85
9301283735287622060053622758728767946579168057635814324092530550238 86
5482949257251276097710430841424132714922301455502491538011651570107259
9196608891033445877802018420198687255798348589279411579165489841807965
5981652924400286000892833089959846125154134736412475537056580724960 73
3728968639565510344975858300171880139293408159346577407491687314019 90
3828427712262333244605887567398385935007695131185563168457383865551229
2940803068422036256724591811386063504801552261670635649642867323459656
6937992435872932911668849839364206979703901915931945597036125926270637
0837171360797222924483897365994926322185943095293445517054009459274 87
0328435199388140267085915289496359507636380732347053462309324415095 75
6918504808919571739191653100024157142935668690970675538485026108040 74
3406457426342832522110207103450374538340721719272860930797090878640274
0375603419620326095180233319446604704393480054063586910294183143819 80
7662636922920151962674547889054873008533422088159740328925356782478 04
5723448555663884299365178593815428714734705407762504079807108683257 12
7209659524702809312984905979030619675080599444217988506983161096380 43
1857573493208970279214433939134282900983890292760099810349716753400 55
3502665754851358206981718943173652187372727038665243420592696839958 58
7716580753629304917458210275330126702362227330521370927475754927540 32
2486653632392842887880718119434477544394315746337377421905144626384014
8384522306013263650278845147170479058318058348940856949424994415155 48
3863342377204069960193358031375344976028444995154109011381560664132329
4310535403566334982500900534136214959747529802823984619728367006210 58
4613977815827467657982601784729657646395894187742496331695884228391191
5905656402281934968017581638401394292081420882045469029946376520599 88
1978317544801271199655622131732442716080219316644607184506702451604612
0117976382723921134833943879896290584017968636094325530065062888973239
2513616327023907523959826534893994680658059487686462751410940649931153
4198732172991431259100977718868694557124444935828613812597646375511342
7984573762023435625689831225304205902149070999674160321546707538816 50
2965863991553151342905513331653248308850347019549055674484101032187 65
8995675839455823828688310814186283547319475525274711575402543480466177
4803878685983787156949134278530829472887354120431902320905952954328 61
0661326976076266926611352114662527698412773408524191382685828095507583
7578751829441953816699647593380581097441970408876883252573743856182591
1089750196431479372572070809405896055397098285800445563078599861108297

8451980399882309416250986802635162822807560816507048348964416836183659463297691973326645044332702652964407332608359487129720563680362999226922055550219361313094392925616898258938095311543481328951849165428725
4628635197810302373003490379917930768861220453265131810138168987919567846678661443310580143812599127914158876671702906759990712229281727452785443191763775186488544690552141829475460755373456060855634642039617667095752874549490120466035196463687357729297428234750549678654459273606276089892469782418907136691030092667819130305591951169569317831975
4079624033842110466446524045818686393260964635303347112921315436957144
2206723727019032161283163660683535359140279885260953147441976705764010907530604721386570676654997265613995625908185085303045559284076141246522180996543530716318507488647893313715980401910580102425541713566189612060110697612033871217695362774814702404628795944796568929166656151
6291177369461849461776831663594528511716414008796109655867194211638165
4578935594374741659601910402650699653760891088490540908807662422362445253132852178568721171075072872580243702749583566462456351397720596477
8734767213709697787437222222854441505162581475900160010349873421642873794152091728087438528706874529967585063462361565683806568468586659128839299398749192804509759935762191530345339640241628163756457337985969012829274187962762503806403057998223939350958921995278510291646380478329362091927804077150418730068917857381782537931265322695642984805750570433859369934339345604496232593724330435766714771166426205667161937
7737577018204936159782065517759604455742714015958506242086143202210279470032864409749853119493397220525601724380678398080630198033038714010
8237370202178023999196594847420810041624631399989387267812969837139653343697806394667642860024152824873785639412927935383607707608300750085468836684968344738138000194809994639279397254809261755712323072287991472949962782931812117999531191393368291421708003917108392039962532465
71242671148076218732388866302732632605102274855876858248299627378563037502052629488316960894901291631372634885804981924875455352488732623943936750450165476893402068214585655661710507751194373805894134256960413
1394758191970668230263242340902445054095883410876889880583600190580085619949103323884501331396041945468828359061480627917027425505698363038681904080769860746508844236776170546226084543972221940355420265203310445526900704688277458214569663667446999428841734711480702347951794307
78361527574001167542381049782265169967932701790991325359692564131021203176759602636795510869259891936051529316116399937906052216218262573447
3633420263075057264252255255006962503721338053244844653771497170577712173855502140364109117838972141797635473176486099732370208765716623286273640666665252244484423704743126027019405293253920388124561167839226071478001195718475045561161525038448220826918667452950019454795547426703119533884633675047534119243051728905583063960642730093178990339713439
31584059161008586393822138202271708192475778210015039163848666017090813909135953340619014626904240956805262401070564777661840736519965983120159148619124791045328208490037696235790452049281474814484658172687429160111256780098117726912220907023785148661124371445919846685763094737512094243352004465053297391251670830182554297130226067466098005260391962755798389509069243190047375640183607454934859101794475577162863150554887610286729181867586476644478659627827294039993209905335496913847574304220358026682005018352485651517034209943110726037475082164349588
5414321045735574198011829400651638459077831309473009929939541827181805
9977319955225376562352261687988048284720314958906256968944242784076171974785212111708675294460367053355570333619526994064352330819095743708
04656078412350061934156495100497331738362040042273443789157896534958611591918135897244495607070322322782801579148558088663267009240423420313927164689630137056221855039903462294679176978329701524127573584580130897595258639855021546367705090070332907975583265256973309925199423350

2342674324526287834348780393209901478697413172811254964459042777973691
2668770753379381052959792195600945196472452145664478112940888425973995
0228931567320489003595653148818181335248844869869480061253647427755OO
050420404621034425555880866214425237932464586130867091526143968878163
367734969512409007739167264140941242164561853646208583805219480898873
7746342851400043979235067024246706670697307923553229765566845704762 90
2563225978319618333972491546952552514351434797307250589853935034414 30
1037276933082870107555261221323794891532424850154784570097745683673 95
7064624532316783427160599513253350384476461804529889100892576142364 56
8920937121623357779190101698527465074331339403860558383560512529911464
7525104974008392381880409524665697821906750077451273404137469485989 03
2430384217737576080925883639849428524916612397421340306639968399457 31
5314592189561854297369416392912745866021491932560629083547889453870 58
9099102877684263449092427581953822771544550755082820784883600938857 50
4071338064314464351066357725420010721512821487380127832552194772666 69
6435196399513880976645324332723557684264153138097822980463213153774 62
5235404290603580170561927446884847759849178086745549832965851953461 62
0010812542242676672446591985003737246700094531418328513802244338672 64
2501595675921141474962451849120472064675609405933598879179790590013674
8853864506869620656149908349682257856811345564839572728890376856473485
8702787470924437841701540033745698274823246922177670738059985075586 16
6871378718683096809676558370216611140772207852210640268269888730728960
5168437835203674022500330129422087997280733552033208498251879476366 17
4290552837591285641649741372819365114332541321596654479750889663784405
8341384482455733859312236750877569174580777066637614313837033604334 58
6746501571999949357092631498313539476010997460000053765814494573326 74
5861063304932150297383939354427370993864150604817313381076058253094 39
4198785753236572332304795924957505802346554857601740783004076489467 68
2586409510388043743992695534150692609552099668496362196097541990256 68
9273001830398841155263548758410191862585651958949917543670137752629621
2355626089075981447245106345316843742039269634125122549425532446603 92
2385414921802547488287657536406695665685449904948149152805038253528 55
6467200442522894314635745970560541321113477618345914350068040975165789
3967117854851652292067783571075255139531452823122246077432648578021471
0696712582490549532520029801187432980385609820847498781051624257385362
1749468345607944013868042725973721779959761348492683692590494544728 54
5348555476728550926269663335154395319199262090222901179165035405320535
4155732396286587788501001210509448364369355456565298702510427337311270
3686432701853930462298639018498497790852704663810074106064199346768 34
8792149018237926231535776760045253983094883499531297315673811035767138
0950602689881032606604431764355029953307435121783536374226307308941189
0983341196386055152202496844393942530531427282384519772446016604039958
3547279137257994876905630996389204706293760505652182054213457997735 54
8935383680336528207608125148943624690017425014836948910324978639419114
6005402306216185569908610246731548646098802027810734737377704918834 39
8152960696061717154770915580453914721379448863070275106259100795373 99
9513948617449030229789218152339558821015764964020945919409001606116587
4111119807343351033819020401202992932403144329877164721941875892567634
5923219909229015572393372888607136940617761645093456715228049982747 50
9278302635993198163991685562604495679935194832038447039650098998538011
2658613333794775521303288916197879337327684474132831621538213505022 32
9824795198558425306440627327567040485421579537173343830136579227169 76
5815254227253190269172158356347906550143393222118454577433731865452718
5594102106229488252043473087838122229831687235778373373445155994823 29
2339269578929447998242009493926642707394323274713200971603475707441 07
2850307963039075727028380502095916175507000501662779242931812450523 86
7239968585193177959038840467556513325575821494315351795949879017593 99

5401869958616206697153893332575600180920779578501271585250132437026798381532168315105880273745589398225165079655680674055293358041645869285231652892506244103450725475174669695766475991206556847983177883862444164695419191341166383135950942698407897055494658072945983183865462177521063114551043363353661775730503740634292089127750223620941830938203794204943018325648815146217473149531227249665194033266694654817482534172522912474970511461616005428188054035419894723457255907901419851829814814599027140514326607102622963491948125934214533789872458309760486188866958513039072917339207722568960983652091279311482179747506446559761340387575922402239603473570849183378112149892582953233544437853183336101743721712707556161914380532726602449486684750343807525183922459239571783023471419022350350380794112727748728950400230804740722455600124762073159921250457886191338649903391268514724330910608559436605624848676475330103363659857748963154641346528176374126158110078173670124954479654116012249009394603499330999402392749438135040080294489916879393667610867550354692386570894147039461647784558930701189503601696843007815886653291356205568916972515781275439554162151952105300131336221871938145719744354678463679883187413333055129221001574730478222747354362338060820098336645368558689256331574692024315168312340672977314170507985368300211465536273578120633869732468790648595875816722867648874376546504490483805651802297321117954056543794461504202156340664560806217490834492965788882953793035047260862168232015498493360658850369596066660761363412546677142657669669382533335382968667780185547637587413756149740851683629386444454372825282127596573341880697804038637562432135935333827691436403187220519444882699899867804379050317265195333242884761680065162980299075023247883443424065678288128860769637406496025630715656767505203705308391361662839216418450982844674305122844423983346413015302739217504201192661457275082813903767336357639254460529716017653757738989469139770671718421230296681287204971364532552899308640123305232260540816113878892531948786172327631527480204769970108414222399792911010289569196329428033277083535253890351431858828631937429265422212927628526004225453979981005955366783999892392918091503877736140092815308194078606647484238225957635285178492414744484368434252066821565966919769728805736670362156355124994436122668933058039480454627750978873567271612375825713839139410872431955195160533765155558925355182697971475606689317353105319152122983591730230267583927416493142243938974431008744911962224400737158524947552758284137168733885684513971935717435137665104895239029017063092712264684066927834839988628595942396793645641735587184019901875725463460676207062627896232203480537183635179469108776385199110783793669022647896142652819899498944095836469265144316565821247179207892033514059366782849401779896529798150547543580317758562255869061012302340109361295535357635843299746307928840816702336678897012814595884742819942874986614377118597010460786118312228567494691319004482564302826200724878752539439790125220351799067010886444417333294270385047776295948438149909989126253488800224701126853866059437662227036508267221232223515725503765038540952531017575868733835311996936024166003965092807274380713754704848445688684891968721231098199098730747953205414010395973619696752305244216405619005267427599397913726868627853543055179125750471576601849237182239348493919692953944998838019657266250365175749403311969597941172125762371383165114796260557917844027818812255383408963982704978907257430443033411791081090599505417122077373797477503036812582030995844119486799985794011171393324239526270361992706377241703397811133323827156827734201479054726165434019322671442180196105337050263337427319045518794871348524986266822221111131891445576221042289834739034998125977811080901318642567088910367429803049136365142132498203398923826233114577540076316382512686668485031584111114115588642679072134604092217050745982472070245524314035201195653139245833100914253634

5878979074393713659709552725556666007024202839100745946246631307454467511305993777512041192805564972915123491505532781022986430608405376440

440859724123572813629395024877213229181447460352824090500401017736626
986417021816703518189746705120427960543666279452174941485648640342337
595905490601360969309168410629163679468923218912091274019517061803872
1228430708796077311372544130605417298995054837882772704666386419113779
8869740632776799960810327556562870906770161485811851671525572067310925
943266024855593887184124304225616774615108389728834242258914850508472
9051760618997775830070656525208474082088421733739107673981148807733322
0165889114100515854223884063672865672508971288503845294031629188371445
378786613054000917050111547185436355831033207211981334858631153423601
920293718304352616908440195500481450658937687152384712418582070564413
5304874205156145120866680968865536473070145171155583996458356780034909
4903932744514411779916379631033825445061267296629820768928347383482756
376171383960793925089382875193889083742482839533422566401300588877665
7917835977404067075017710871939114578468254250012110401156781381295662
5725510917646036596778057996130862820011501251679248494760484988420373
3393954346866859023545752309540738153041167591919640339500823221212203
194858219244347552933753017393518181466920530067683549832608976267360
3011784585548752703073220035324122391029670664816719559254532213478249
7402500270274805998168376214118183387608348792580981381516616041464208
075202053745495801305135529753878317955606609534527502899952843052599
5863149779903125995926852386759975764413602257604706511987193235262649
108130193591599676247754200546833291360809332318453091032664269570273
636886158684198635589869662161263694234626987065295164603659088977630
943695328921497180259712631079198634234336833798542781592437536105952
313676705884251472686692596225562333882544491533895148078035316009623
627236262932109383812134429259616897760712961096532858126385635284069
187072690950871990848758805976806154343849833078622373299505385954465
287258009173848216395247618669194284409202032528586359734273652108417
7924065337699487091904006536284002657991027808588169428112419867803212
6766119082120687694390256898318550295073581362833258813293497875611996
570647703233546013593301573718699852759527884015523130446664670070445
7016737473029447784258379713395798102341927430114166335631047200206230
346672004347363362091860740637938741083779837265910226226628166836817
461450888105867940209169623707026722707855670246696621523592324890655
6541142321653001230668315813709501175164974741770771047867114423127030
825964970280652309726522595350260937603204641810401282570297152909966
301797287496716078187386434604365603126009130801990559134496982430598
104481214223239198832330517487617761060380242248693360782698348799053
1871201936565718811379882854700036618033764616418080056211065665713544
5738035572162702066987066596116302669281335128597234227347404355045030
184366157059758602591897297176293782075851521436630058441375435301528
736386393755920249401991229614783120533902040215249571623751771392074
0481216320695616878374406751427661181935704092622544281257244674793566
990224000161627935699977379362229328899510966718814725472447442332450
8328161135885062617781347522637741668930679618906981738542620711683452
020866172255402151315203014261536352924176248872401938432847031453356
8553211634603241191096900498066163653704830044010118129186561089746980
695576919135851555938337915890679818785736968733491665317029348327448
262349678936713440726772268408403907850447337091690161948341749284476
8576605582389499762665707260959172810261123708822042404896741798176105
971216524341898769732540518357639068967524643049459814039960198336818
628217058607337201469935697285000231851541357699941300289798454638720
609259916567500425745577213855821606623818818432608559086488423057729
0245837548332719465922189060822557719303102442845088023804118245874545
9540599118793898665243467776067162411186100101040907349130306713696907
3215943484812974545321465061611701587079237826776752243663566391919604
273126428902144018734759285470742567034499691767523359847813886556570

5899983318601234615036475938171158603856970478924993590444127976041889
8209130348330214953067826196903024060825099184094962411171475019366825
4719668444733985153038785005110697902006497353545593857570788333676889
2461107934627144419802729030596670946542694668000365572482505385372657
003464552984375485605766436548468959198703255509085909374209804862413
0992674323728635611761809716368736588525875429289986840706674091310523
3311691390175906117790840555041040973012675087716768600432640471731730
8748944579536828065166828841880976387687751677225401507003933693798883
7135823136755015852875240337553986870947839756157946308525991462120722
3856095229220102419422643655009643728162123659295649212034193108558804
8057925207056097073311003610872573365512443639741726877515322065422563
9339142498791922029924304015135326183042516398217599879940327177063066
5296019659466033166091932252139785174202756045328225580091107055701608
5197780657101431630121188091255806498603094804914667610772074550263450
6956158153283070441964462644401978953041673808332923846545153725133316
6840331525638965894711008798811829532364680046133945376701491217704282
1942828505066221884630508804097835701153266549162552495263850962757967
4947577160349234735962801761556267439062330347004453811940952869755093
8580679702661145684844846308991494315152488178024416974099890603908439
4418502530473572469373056161853793406882946014254022114233731397240857
4494586237761932255185568911036463768407051600360614064357081184779777
0405995641200104601413000890788089377595295745047655039053183599146858
4554075702541944535881728230217184087340156065947706698217296638659113
2127716519251666291242160026082404556418182824207155593041412847921236
8148595144839965671505764602713610407345488817072271800832968140120396
6622375240917625930501196457437538992864618902187410750169415517307487
9655579434122134018619457111141451434767911050873858437954322814623925
1032152517806102200298506117151152292468440623367092708922645324107817
8623493002036486152993070136846970506636958762130387191849673626286612
8773135307721316622088806901178452231994936532272443177479044080521012
4268282757760576852072110323533635517332228465853855790725929976584978
6886901193452927464227525558504878241741596277439272695086300373919723
2432809642332098580674697455115723670387955932445758453122600239564518
6342413700109861502651950965012763338281967365976435594000089837050722
1922683756253424579642152081415381403528342327457452821886539984540277
7441222545229422654145010246288388525706463919904127385863747237719706
1816615015593065525804024490929824495350132778095325642634262634327988
9951686692296919787694623076382134287918534016638265861389810556650677
4010634208285394781800204536422696790163479917796814269701962431418375
0179332392082069639114568653435751789370246642695952596006543260916042
7090327733412487937622089785456943184741943451062039746655514720561700
6101946122268668159690483839429043099283167735414442937221925763921777
7923422377339714848818191016998201827862113181284536326398438621565509
6776531988541783185586741582390043053451170737372867280188233545785306
9599677880674179643009793841325405448123808319030586540851532278542311
3542837423537587216882363220550706527064952513569636752121046320641846
3223935637795209989654547200169683510743077019398841978707094769498744
8642008554707457267060217127409566926654314383377690240131427899977566
7787241795713572230606323052385635147631325572644675977337769862841757
0940339381216921426735638646235434020669430635075139402744288976582377
0030756493010657345186982126947578850411919613610460934316440741533743
9577243588525650231378094754319577305451878520720986386116227304334532
9587547485512733832797221918503504787189788424928710689618210899417155
8677612083801516188865145400128585971646301364496516055149382279283444
4908376743281989211429104310611108686921655279207982016493293745813421
5076551187848927673825487935117832351611208551784108376211752815007851
8547781860767942864148432332331910972668500329341289140458582044315577

6107787857625774238384899315723739598381106078124677863585568996527368
8452409425287045964359207605793466843241453255963562487488211791208183
9703478464175492914224861988169835836819129231902407171295700076874563
3450585460536189741365291148748788266701276631750412100720315781088924
3766403677309117553090409281711961362105392341387334225937678768526257
1351224341348244924378633188527682753743104903544552421435713691313856
4029040006569936253681779918785587184473077058252974350574866412708460
5442603847274453318352984893683898897808289018623074484047084490852840
9403039434295546385274085475901526881600037477252281178116115742371398
1950740674175343184146350544342438357451924861158088003960668343940190
8987378192440400219832284520765154792113692550747874165836602422185462
1946430775152186135581519887540463551761409590543738570052501358093900
4859672162021606984416156907877168406812741437661409111813963108559915
1661481079544515324959921366825499632712373562568414745414312312060480
8195654935028235797994376777571835665900690204179933690917282410490620
3132712442494160142851609628077906360383358414199270915422768425817740
9922199305725803259512377120129944248407012279686794447341806792582650
7934958914767888378915440932631656700608894731093256105619880308605480
6520877456454524748535315405011168124284749579043721594155394367029071
2577865368975422894964011618502443713140843463035435806477212711435043
1362548438660924361550031965108550050907158337041502556889102458400410
8193352025212449845716767925568221802326639623157096458907968699494130
7343262118149547389785624882172010558278984533333136548489450888785675
1904044595926531952158119244898113529022134550383565982719369493176565
7818676004700773169181645503419476677438018159033309930256659566680600
1025092653011515016062246861638971930902143214170400219145772685840786
5209722168098063403409743086907298822309751951983100298612670489081770
8827687757961178330223290184600190716087476842315224050774360779330699
7142082661884079404692580632742472750415657425467147233099626039572860
5385905528880059112225774689762192823890406555213719749452232127683384
5155145768466112776688207883475885860064886573576316527556999411910834
6614456186706812749463392864273661511558912240868597078927007503394219
8758365359734300410695592267610355330599310591763127935116297140796065
0125329361940136650630794157005021118804358149453379132085873254843046
3659635754453470236895764075477044155714931768679302277753119882184837
3019117862893069401115893599512748299120530681295519298249382721477955
4101294437734517564251171652621616699918583564687464935792409772455133
2802362936675709907697852514226641191193585434501374096079376005086552
8342280657264780220420613079516996395332476166228915466846940969145150
2525634154269767270965428923669684031925350949067384509020297243180910
2312701825519513834600293788217620777676614701791056987095327706600308
4161810592065874865600514839521848249925432548561325085851974364170720
5538031964069280715632213221733454518766155755263903183339396568420029
4607011191290037403223439767010625918954941108166177756219216231211370
9031397199510930006010300715333345290159788935879859588478418005253790
6008798347110926578754895419075386106622018995978954059343787394706384
2367677502183369288728660527834544522024058057113629600759746651977711
1126309694695034238465105314336670951107606862905878290788220871334642
0036439036633298098850085133781496316618857710806631255804432420769860
4751221658236162083468148414083152527539605062706669652630190259384870
4403412660635747377192472521516522939406695524534224812999183265659440
2375912055988200472864204206707422287275907409713982157237963214549910
6729673080286486448406832219033684902698992971020092041186578702517859
1835750552703347688775638585462739607509976147400572192898182966726200
1203114582608158553826922251013825611025429443067962436400899781005440
0678021342767076425499259367101022846748662259411752940516675558186269
4175059399711537675399665098330161573697092270055730969595564927238518

2575787553417888752639788555964624474923264074821628542338036335949374
8995268060167541421978835090237310576875032819182590521253318493183
0610070220267858052785156302432419555393856571133062252246234147971144
7932578993736265220222845799230346011771041574409412468197295002911413
9867615503525998194807352391545285811182229818156494479275635533223506
2904962376021888577294081893514505639433389353397765545634086655528265
8136000816463334525449484505955566705163107708872505206626022560573629
2144516747211388601691629300542051242064155552724019455873595097526255
3372909389990752880852423425526878962326127453557578081715309102459635
3555394814762771969164198426111827588625890580436615487562068163743408
0047600164419843802937341468286777176160414285412606425641580937439615
9129242713631367317761244589933859177730611332988466552457482834925231
1945870699891238106008382022702659856257633391903367294000126429069966
8384238179436127469866593189619045322223293603166329601494368718280
9327430491523893225625519111473007531481288072064268422269811361855201
5447980876010728760945026924945406148795259778098636006966910137781412
3490020686919838926415376722551768749515204014883031204113020227806459
6458948058713779967688734939187037982143916720645908696518972256916985
0999031020309665736330187721579107878142644572561741158418587769963563
5291576611517161175561912146377213801136522636271278503521453330658424
0427193465708056180564286269988319327273724685080806372534586774314
3564713432991361084587114567017680602415639874524038583363793983563393
4944595030714427694213921659335151610028068260018621710802758990916345
4624602269858671745423109772973060195045575021217866729268633665125807
1050500174721336920726980719277906330129190334291822013011713020686124
6373615361763948055611226790359599834582073680303215605083664016691546
4026087260506651984907574962129633119204608642470105996627520406799085
2111188739395262221717183945674358436625025940756778745520688317702101
8226392892933319946189556214339398753777418233490776385599354008719
3532155781063434926469216680197306958779347172225448079118111196392639
2764800123517725719274788305783971136690606455254331919032228919360954
9718432491009045406627292385027405633838548590188268149435843645843980
2626111161717658428160979576525067876117951163239926351700326195341509
2975005534048866409658351916597949193508634882192615981448436924375455
6511220419480552682307533247697408847277874354523592721088040526258353
6868919931984460989716084467426367359168005528478634062691271721731
7175606167717146347556161980788439031135847771642605104747457663614383
2085499367219745739979786652277503539806189140888838590932137437527203
3623025787795610472928563860851309157784649600087363339203104897781691
9904548372115769326147221016937339567708656913761110869153278354055689
4860507108229542480918055808095852840667352878148038653802146646757
1438965475808604345129553935513095869321108629931110605839939424965760
1065749524026449463655244424073059903652849089666480404679455176056890
2763171719187687277257489033656717785638232165305692129115050326412815
7327075011383551978930940891074880342610908827414137119409123094371678
6961363607247765710462348615040606854704645771878916603821401434750973
0536910311084407969550456237753811982755215952136501877563397073543958
0120471966019512882510545033173051621634109051819226052554631226435
5322592957475728820016262708082360424445903581361990459604491675403755
3727206181988999514777161493276079799935405323179303743527584995426817
1872137473000259335615361921111292616389162184695669562033564970596509
3323716885518784203330418075030665055606251741605052623316640919252
2382588709552189028812957505217116559791713082534046084330797746547688
1666919681447689732848391792177677642710321517452447950735880763289054
1673160318119261024170038177565961182565415251809679876026163430172783
7032796173292508134704765485765605901072767352138545982768929873329758
3299446853656599192720272312841968966632593594772667223500113719502 6

467308449262860959852620522409521822359200314706982697792667225042365
592919249205435035444239094088057620105046530926977313494108572799763
8011304927973986558419898876583320159334396104687507963520178472987317

1118648815477289171865359677653957993350334272821460541696496009847069
7958559264304287036366471307131478233061157641991322242064609989883076
2685836055527409904784676107604241784215062851755735299964786255295 42
8367429870664579433758010140740211618614484329765744263428528704778556
3083096314352787830419450197029465757777328167468580874539316039372 53
3158992805794346314087358608617788263349277461511849116551306818467136
7734882334108513640394793920887688633633946138235834479408156961091 42
9387734713893423773619109646056424447477908207604966027135616895410 64
4483213659808293890972961891211834291490616389638610693752089534688398
3344467189821243478072387407457697554507436846747135024858818399665 56
8196344528811941833172636825050611864900394125520574571203603557802514
1904352671837219213848299058032246958424323158984432510396544353505 35
4322921674704077861468485976255744615351188003143056995492784716745449
7269761283933251838197222328360707522781292813010656941262948730634 26
8837338181742170608647548276394242391402753218042951903411635170469807
4233515560578575624509992532017874996366404734770389855873065076038 70
9977318431281098978988208543559550943253902371895216820233442455725 75
3078792633985509016455942373396625223351648750589556942172972448959 98
8250892321120347958941546546030378786175915716613988693268737496847305
4965329378214756481057938082853005324470805065692942234001095934829 46
1453907889066162640215013073533003319207456372637707709993999228862 12
2432488020626348508885303601072343689013606427581425283987859491799 79
6112196379757651924521867096088092137111977500087815930430729344883930
9575741592413752859777972918934538505080383198677459002518657917237 08
0857416429715380788406071306868036198241971577476389507253468404569 19
2759531937223702229015580065607604738547359904477996748749969769427 13
7668695533195125337764098587096683863263926164945608684140374568420 71
9405950701743035469182150900466493998551741389385197573121568261622 86
2231881096729747606013028331193716114087472706762558567775119956667486
1519649129701933180849941096181392964927893609021253544332737506426 06
2429941203273625582441749834509473094534366159072841631936830757197 98
0682315357371555718161221567879364250138871170232755557793022678580 31
9993081083057630765233205074001393909580790163771762925928376487479 01
7727412567819055556218050487674699114083997791937654232062337471732470
3369763357925891515260315614033321272849194418437150696552087542450 59
89567879613033116462839963464604220901061057794581 5

Nous espérons que ce livre vous ait donné des outils supplémentaires **pour réaliser vos rêves**. Si c'est le cas, n'hésitez pas à laisser un avis et à partager votre propre expérience en **laissant un commentaire**. Cela nous motivera à continuer à fournir des livres de qualité.

MERCI

Fait avec AMOUR

Gil TAVARES

Notes

www.ingramcontent.com/pod-product-compliance
Lightning Source LLC
LaVergne TN
LVHW010542160826
845677LV00013B/2968